Klaus Birker

Einführung in die Betriebswirtschaftslehre

Grundbegriffe, Denkweisen, Fachgebiete

2., erweiterte Auflage

W0332960

Cornelsen

Die 1. Auflage dieses Buches erschien im Jahr 2000 im Cornelsen Verlag, Berlin

Verlagsredaktion: Annette Preuß / Erich Schmidt-Dransfeld
Technische Umsetzung: Type Art, Grevenbroich
Umschlaggestaltung: Knut Waisznor, Berlin

Informationen über Cornelsen Fachbücher und Zusatzangebote:
www.cornelsen-berufskompetenz.de

2., erweiterte Auflage

© 2006 Cornelsen Verlag Scriptor GmbH & Co. KG, Berlin

Das Werk und seine Teile sind urheberrechtlich geschützt.
Jede Verwertung in anderen als den gesetzlich zugelassenen Fällen
bedarf deshalb der vorherigen schriftlichen Einwilligung des Verlages.
Hinweis zu §52a UrhG: Weder das Werk noch seine Teile dürfen ohne eine solche
Einwilligung eingescann und in ein Netzwerk eingestellt werden. Dies gilt auch für
Intranets von Schulen und sonstigen Bildungseinrichtungen.

Druck: CS-Druck CornelsenStürtz, Berlin

ISBN-13: 978-3-589-23790-6
ISBN-10: 3-589-23790-2

Inhalt gedruckt auf säurefreiem Papier aus nachhaltiger Forstwirtschaft.

Inhaltsverzeichnis

/ nicht Klausurrelevant

1 Betrieb – Aufgaben und Umfeld

1.1 Gegenstand der Betriebswirtschaftslehre

In zweckgerichtet organisierten Wirtschaftseinheiten vollzieht sich der Prozess der Leistungserstellung und Leistungsverwertung. Dabei werden Güter bzw. Dienstleistungen beschafft, verwertet, verwaltet und abgesetzt.

Diese Wirtschaftseinheiten werden als Betrieb oder auch als Unternehmen bezeichnet und sind Gegenstand der Betriebswirtschaftslehre (BWL).

Die Begriffe Unternehmung und Betrieb werden z. T. unterschiedlich zueinander abgegrenzt

Die Begriffe Unternehmung bzw. Unternehmen und Betrieb werden in der BWL teilweise synonym verwendet, teilweise auch mit unterschiedlicher Zuordnung und Bedeutung:

- **Unternehmung** als die rechtlich-finanzielle und **Betrieb** als produktionstechnische Seite; die beiden Begriffe stehen also nebeneinander (so z. B. Lehmann und Schäfer, bei Letzterem ist Unternehmung jedoch höherrangig).
- **Unternehmung als Oberbegriff**, Betrieb ist demnach Unterbegriff entweder im Sinne einer gewissen Reduktion (z. B. bei Walter) oder einer Dreiteilung der Unternehmung (Soloman) in Betrieb (technisch-produktionswirtschaftlich), Geschäft und Führung.
- **Betrieb als Oberbegriff**, diese Auffassung hat sich zunehmend durchgesetzt. Sie unterstützt den Begriff »Betriebswirtschaftslehre« und ermöglicht es, auch andere Arbeitsstätten wie Behörden und Verwaltung, die hier im engeren Sinne keine Unternehmungen darstellen, in die Betrachtung einzubeziehen; Unternehmungen können dabei als historische, nur in der Marktwirtschaft vorzufindende Erscheinungsformen der Betriebe aufgefasst werden (beispielsweise Gutenberg, Mellerowicz und Wöhe).

In den Rechtswissenschaften wird meist der Begriff Unternehmen statt Unternehmung verwendet.

Grundlagen und Gegenstand der betriebswirtschaftlichen Betrachtung

Grundlagen und Gegenstand der betriebswirtschaftlichen Betrachtung sind die im Betrieb ablaufenden Prozesse einschließlich der Faktoren, die dabei eingesetzt und miteinander kombiniert werden, das betriebliche Umfeld sowie die den Handlungen und Entscheidungen zugrunde liegenden betriebswirtschaftlichen Prinzipien. Dies sind auch die Themen der nachfolgenden Absätze dieses Kapitels.

Das zweite Kapitel wird sich mit der Einordnung der BWL in das System der Wissenschaften befassen sowie insbesondere auch mit dem Verhältnis zur Volkswirtschaftslehre.

Hierauf aufbauend werden dann in sieben weiteren Kapiteln grundlegende Aspekte und entsprechende Themen mit ihren Begriffen und Konzepten dargestellt.

Der Zweck einer Unternehmung besteht darin, Leistungen zu erstellen und diese auf dem Absatzmarkt den Kunden anzubieten. Orientierung ist die Deckung des Bedarfs potenzieller Abnehmer. Um diese Aufgaben erfüllen zu können, werden zunächst Leistungen von außen aufgenommen, d.h. beschafft (Input). Aus der Kombination dieser Faktoren entsteht das Leistungsangebot.

1.2 WIRTSCHAFTSPROZESSE

Im Bereich des Absatzes erfolgt die Leistungsverwertung (Output), d.h. der Verkauf an Abnehmer. Aus diesem Leistungsstrom ergibt sich der güterwirtschaftliche Prozess, der in den Bereichen Beschaffung und Absatz zugleich die Verbindung zum vorgelagerten bzw. nachgelagerten Markt aufzeigt – siehe folgende Abbildung.

Güterwirtschaftlicher Prozess

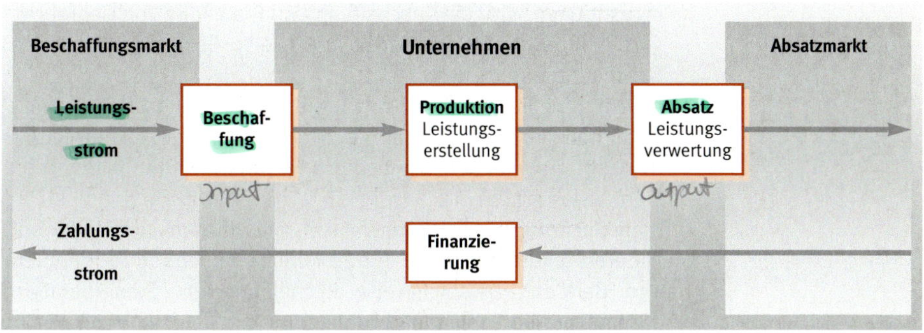

Abb. 1.1: Darstellung der betrieblichen Prozessstrukturen

Aus den mit der Beschaffung verbundenen Zahlungsverpflichtungen (Auszahlungen) und den sich aus dem Absatz ergebenden Zahlungsansprüchen (Einzahlungen) entwickelt sich der Zahlungsstrom, der finanzwirtschaftliche Prozess, der entgegengesetzt zum Leistungsstrom verläuft.

Zahlungsstrom

Schließlich prägt der Informationsfluss – der als informationeller Prozess bezeichnet wird – Abläufe und Entscheidungen im Unternehmen.

Informationsfluss

1.2.1 Güterwirtschaftlicher Prozess – Leistungsstrom

Der güterwirtschaftliche Prozess umfasst die unmittelbar am Leistungsprozess beteiligten Funktionen. Dabei stehen die einzelnen Bereiche nicht isoliert, sondern in gegenseitiger Abhängigkeit zueinander.

Der güterwirtschaftliche Prozess umfasst die unmittelbar am Leistungsprozess beteiligten Funktionen

Zum einen orientiert sich die Beschaffung am geplanten Absatz und an den Erfordernissen der Produktion. Zum anderen wird der Absatz beispielsweise durch die im Unternehmen erbrachten Leistungen geprägt.

1.2.1.1 Beschaffung

Es ist üblich, bei der Bereitstellung der für die betrieblichen Leistungsprozesse notwendigen Faktoren allgemein von Beschaffung zu sprechen.

Da es sich jedoch um sehr unterschiedliche Güter und Leistungen handelt, ist weiter zu differenzieren, zumal die organisatorischen Regelungen und Zuständigkeiten zumeist verschiedenen Bereichen zugeordnet sind:

Die Beschaffung der Faktoren erfolgt in verschiedenen Abteilungen

- Materialwirtschaft, sie sorgt sowohl für die Bereitstellung von Verbrauchsgütern, wie z.B. Roh-, Hilfs- und Betriebsstoffe in Produktionsbetrieben, als auch für den Wareneinkauf bei Handelsunternehmungen.
- Investitionen, d.h. die Anschaffung und Erstellung von Gebrauchsgütern (Betriebsmittel) wie beispielsweise Gebäude, Maschinen, Geschäftsausstattungen etc.
- Arbeit, also die der Unternehmung durch Personen zur Verfügung gestellten Arbeitsleistungen gegen Arbeitsentgelt, für deren Betreuung im weitesten Sinne das »Personalwesen« im Unternehmen zuständig ist.
- Dienstleistungen, sie können von öffentlichen Betrieben und anderen Unternehmungen erbracht werden oder von Freiberuflern und Beratern, beispielsweise Rechtsanwälten, Steuerberatern, Werbeagenturen, Ingenieurbüros etc.

1.2.1.2 Produktion – Leistungserstellung

Kombination der eingesetzten Produktionsfaktoren zu der vom Betrieb angebotenen Leistung

Leistungserstellung bezeichnet die Kombination der eingesetzten Produktionsfaktoren zu der vom Betrieb angebotenen Leistung. Zur betrieblichen Leistungserstellung gehört sowohl die Produktion im engeren Sinne – wie die Herstellung von Erzeugnissen, die Gewinnung von Rohstoffen oder deren Bearbeitung bzw. die Veredlung von Vorprodukten – als auch die Ausführung von Dienstleistungen.

2) *1.2.1.3 Absatz – Leistungsverwertung*

Absatz der erstellten Güter und Dienstleistungen unter Einsatz entsprechender Instrumentarien an die Abnehmer

Diesem auch als Marketing bezeichneten Bereich kommt die Aufgabe zu, die erstellten Güter und Dienstleistungen unter Einsatz entsprechender Instrumentarien an die Abnehmer abzusetzen. Nur wenn sich genügend Kunden finden, die zum entsprechenden Preis das Angebot annehmen, haben sich letztendlich die vorangegangenen Tätigkeiten gelohnt. Damit steht zwar der Absatz am Ende eines güterwirtschaftlichen Prozesses, bei der Planung gehört er jedoch zu den Anfangsüberlegungen, um eine kundengerechte Leistungserstellung zu gewährleisten.

Häufig gehen die beschafften Güter nicht unmittelbar in die Leistungserstellung ein, sodass sich ein entsprechendes Lager für Roh-, Hilfs- und Betriebsstoffe ergibt. Andererseits kann auch zwischen Produktion und Absatz ein Lager für Fertigteile geführt werden, um so die Produktion unabhängiger von Schwankungen im Absatzbereich planen zu können. Durch Investitionen werden Betriebsmittel bereitgestellt, die längerfristig der Leistungserstellung dienen, ohne unmittelbar in das Produkt einzugehen. In folgender Abbildung ist der güterwirtschaftliche Prozess mit den Erweiterungen durch Läger und Investitionen dargestellt.

Durch Investitionen werden Betriebsmittel bereitgestellt, die längerfristig der Leistungserstellung dienen, ohne unmittelbar in das Produkt einzugehen

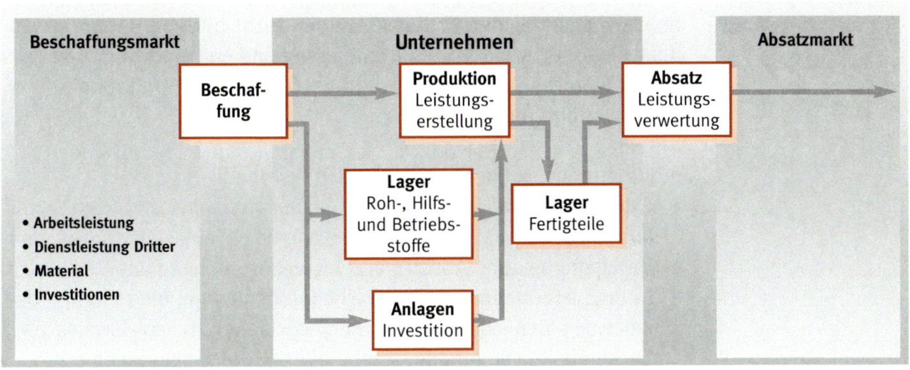

Abb. 1.2: Erweiterung des güterwirtschaftlichen Prozesses

1.2.2 Finanzwirtschaftlicher Prozess – Zahlungsstrom

Die Dauer des Leistungsprozesses beeinflusst die Zeit, die benötigt wird, bis aus dem Input und den damit verbundenen Ausgaben ein Output mit damit verbundenen Einnahmen wird. Der finanzwirtschaftliche Prozess bezieht sich auf die für die Leistungserstellung notwendigen Ausgaben und die aus der Leistungsverwertung freigesetzten Einnahmen. Er steht also im wechselseitigen Verhältnis zum Leistungsstrom, jedoch in umgekehrter Richtung verlaufend.

Der finanzwirtschaftliche Prozess bezieht sich auf die für die Leistungserstellung notwendigen Ausgaben und die aus der Leistungsverwertung freigesetzten Einnahmen

Da im Leistungsstrom der Input früher anfällt als der Output, ergibt sich beim Zahlungsstrom, dass dem Prinzip nach die Einnahmen später anfallen als die Auszahlungen. Läger und Investitionen erhöhen die Verweildauer.

Für die Finanzwirtschaft ergeben sich daraus folgende Aufgaben:

- die Steuerung des Zahlungsstroms im Rahmen von Finanzdisposition und Zahlungsverkehr,
- die Kapitalbereitstellung und Kapitalbeschaffung, also eine recht-

zeitige und ausreichende Versorgung des Unternehmens mit Eigen- und Fremdkapital, um den Finanzierungsbedarf zu decken.

Da Investitionen eine besonders langfristige Kapitalbindung bedeuten, werden sie häufig im Zusammenhang des Finanzmanagements behandelt, worauf im 4. Kapitel noch eingegangen wird.

1.2.3 Informationeller Prozess – Informationsfluss

Informationsgewinnung, Informationsverarbeitung und Informationsübermittlung

Der Informationsprozess im Unternehmen ist vielschichtig. Er besteht aus den Teilbereichen Informationsgewinnung, Informationsverarbeitung und Informationsübermittlung. Die güterwirtschaftlichen und finanzwirtschaftlichen Prozesse werden nicht nur vom Informationsfluss begleitet, sondern zu ihrer Planung und späteren Kontrolle werden entsprechende Planungs- und Entscheidungsinformationen bzw. Kontrollinformationen benötigt.

Informationen können unterschieden werden in:

- **Externe Informationen**, hier geht es um Aufnahme und Abgabe von Informationen zwischen dem Unternehmen einerseits sowie dem Beschaffungs- und Absatzmarkt im weitesten Sinne andererseits.
- **Interne Informationen**, also solche Informationen, die zwischen den einzelnen Bereichen im Unternehmen fließen, beispielsweise über Sachverhalte, als Arbeitsvorgabe oder als Rückmeldungen etc.

Informationsmanagement hat die Aufgabe, im Unternehmen für entsprechende Transparenz zu sorgen

Das **Informationsmanagement** gewinnt immer stärkere Bedeutung und hat die Aufgabe, im Unternehmen für entsprechende Transparenz zu sorgen. Hierzu zählt auch das betriebliche Rechnungswesen. Ihm kommt zunächst die Dokumentations- und Kontrollaufgabe zu, alle Vorgänge aufzuzeichnen, die sich aus dem Leistungsstrom und dem Zahlungsstrom ergeben. Sodann sind diese Daten in geeigneter Weise zu gliedern, sodass sie als Informationen für die Planung, Steuerung und Kontrolle des Unternehmens dienen können. Die Themen Informationsfluss und Rechnungswesen werden im 5. Kapitel vertieft.

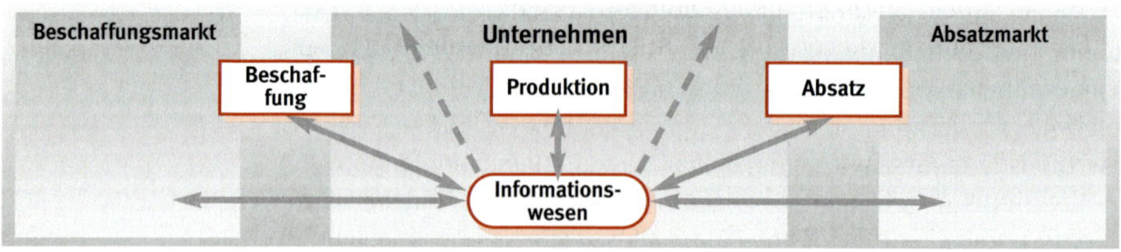

Abb. 1.3: Informationeller Prozess – Informationsfluss

1.2.4 Betrieblicher Wertekreislauf

Beschaffung, Leistungserstellung und Leistungsverwertung bilden einen sich ständig wiederholenden Prozess, aus dem sich auch der Finanzierungsprozess ergibt. Durch eine andere, in folgender Abbildung aufgezeigte Darstellung des betrieblichen Wertekreislaufs wird dieser Wiederholungscharakter besonders deutlich.

Ständig wiederkehrender Prozess

Mit Beschaffung und Produktion erfolgt eine Kapitalbindung, für die zunächst durch die Finanzierung entsprechende Kapitalmittel zur Verfügung zu stellen sind. Im Absatz wird mit dem Verkauf der Güter und Dienstleistungen Kapital freigesetzt, das nunmehr im Rahmen der Finanzierung entweder intern weiterverwendet wird zur erneuten Beschaffung etc. im Wertekreislauf, oder aber als Kapitalabfluss nach außen geht.

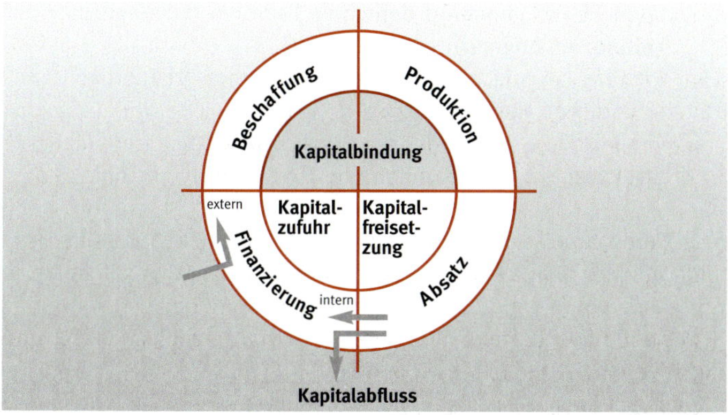

Abb. 1.4: Betrieblicher Wertekreislauf

1.3 Faktor- oder funktionsbezogene Betrachtung

Im betrieblichen Leistungsprozess erfolgen der Einsatz und die Kombination der benötigten Faktoren (Input) zum Leistungsergebnis (Output). Im Vorangegangenen wurde die Struktur der Abläufe dieser Prozesse dargestellt, aus denen sich auch die Funktionen (die einzelnen Aufgaben) im Unternehmen ableiten lassen.

Die Zuordnung dieser Tätigkeiten auf bestimmte Personen und/oder Bereiche führt zur Bildung entsprechender Instanzen, z. B. Abteilungen. Im Einzelnen wird später noch auf Funktionen und Instanzen eingegangen.

Ein anderer Ansatz der Betrachtung konzentriert sich auf die zum Einsatz kommenden Faktoren. Man spricht hierbei von Produktionsfaktoren.

1.3.1 Betriebliche Produktionsfaktoren

Auf Gutenberg geht folgende Einteilung zurück:

- **Elementarfaktoren**, sie gliedern sich in:
  - objektbezogene, **ausführende Arbeit**,
  - **Betriebsmittel**, z.B. Grundstücke, Gebäude, Maschinen, Werkzeuge, Transportmittel etc.,
  - **Werkstoffe**, z.B. Roh-, Hilfs- und Betriebsstoffe.

  Da die Elementarfaktoren in einer unmittelbaren Beziehung zum Produktionsobjekt stehen, werden sie auch als objektbezogene Faktoren bezeichnet.

Die Elementarfaktoren stehen in unmittelbarer Beziehung zum Produktionsobjekt

- **Dispositiver Faktor**: Ihm obliegt die Gestaltung des Kombinationsprozesses, also beispielsweise die unternehmerische Leistung. Gutenberg unterscheidet hierbei in:
  - **Leitung**, Geschäfts- und Betriebsleitung; sowie hiervon abgeleitet als so genannte derivative Faktoren (im Gegensatz zur Leitung als originär):
  - **Planung** als die gedankliche Vorwegnahme zukünftigen wirtschaftlichen Handelns,
  - **Organisation**, also die dauerhafte Ordnung bzw. regelnde Strukturen im Unternehmen und für die jeweiligen Abläufe.

Dem dispositiven Faktor obliegt die Gestaltung des Kombinationsprozesses

Nach Wöhe ergibt sich das System der betrieblichen Produktionsfaktoren, bei der die Überwachung als weiteres Element gesondert ausgegliedert wurde (vgl. folgende Abbildung).

Weitere Aspekte der Leitung werden im 7. Kapitel »Führung und Organisation« detaillierter behandelt.

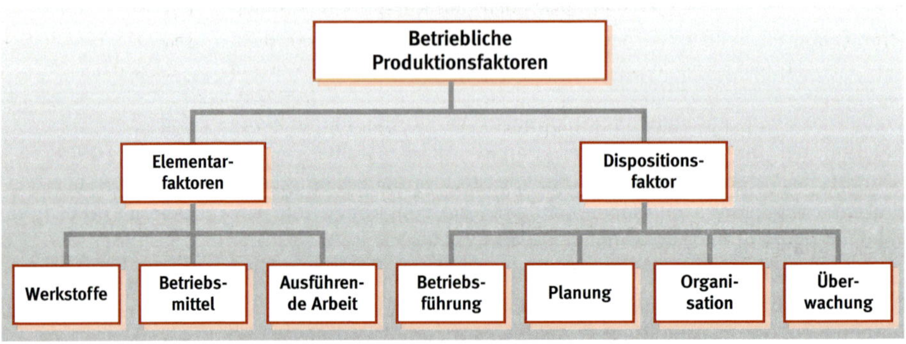

Abb. 1.5: System betrieblicher Produktionsfaktoren gemäß Wöhe

Insbesondere Gutenberg und Heinen unterscheiden die Produktionsfaktoren ferner in:

- Potenzialfaktoren, die während einer Periode in ihrem Bestand erhalten bleiben und nur aus ihrem Leistungspotenzial Leistungen abgeben, z.B. Betriebsmittel;
- Verbrauchsfaktoren (bei Heinen Repetierfaktoren genannt), die während einer Periode bzw. einem einmaligen Einsatz restlos in die Produktion eingehen, z.B. Werkstoffe.

Potenzial- und Verbrauchsfaktoren

1.3.2 Produktionsfaktoren in der Volkswirtschaftslehre

Insbesondere, um Verwechselungen zu vermeiden, sei hier gewissermaßen als Exkurs auf die in der Volkswirtschaftslehre übliche Einteilung der Produktionsfaktoren hingewiesen, die sich vor allem aus der unterschiedlichen Themenstellung (siehe hierzu auch Kapitel 2) ergibt. Die klassische Dreiteilung besteht hier in:

Die Volkswirtschaft gliedert die Produktionsfaktoren anders als die BWL

- **Arbeit**
- **Boden**
- **Kapital.**

Bei Kapital geht es jedoch im volkswirtschaftlichen Sinne nicht um Geldkapital, sondern um Kapitalgüter, so genanntes Realkapital, mit dem die Arbeit ausgestattet und ergiebiger gemacht werden soll, beispielsweise Maschinen, Werkzeuge, Werkstoffe, Hilfsmittel etc. (also auch so genannte Vorausprodukte).

Entsprechend wird bei Arbeit und Boden auch vom originären und bei Kapital vom derivativen Produktionsfaktor gesprochen.

Aus der Kombination der Produktionsfaktoren ergeben sich Leistungen, aus denen Erträge erzielt werden. Die Volkswirtschaftslehre befasst sich mit der Verteilung dieses Ertrages als Einkommen auf die beteiligten Produktionsfaktoren, also nach den Kategorien: Arbeitslohn, Grundrente (beispielsweise Miete oder Pacht) und Zins (Profit). Ein verbleibender Rest des Ertrages stellt den Unternehmensgewinn dar, im negativen Fall den Verlust. Es handelt sich also um eine Restgröße nach Verrechnung der Produktionskosten im volkswirtschaftlichen Sinne.

Aus der Kombination der Produktionsfaktoren ergeben sich Leistungen, aus denen Erträge erzielt werden

Bereits Say (1767–1832) fügte als weiteren Faktor die unternehmerische Tätigkeit hinzu, die über entsprechende Einkommen am Ertrag beteiligt ist.

1.4 Umfeld des Unternehmens

Auch wenn die Unternehmung im Mittelpunkt der betriebswirtschaftlichen Betrachtung steht, kann sie nicht isoliert behandelt werden. Unternehmungen stehen in vielfacher Wechselbeziehung zu ihrer Umwelt. Entwicklungen dort beeinflussen wesentlich betriebswirtschaftliche Entscheidungen. Zunehmend wird hierbei statt von Umwelt von

Umfeld gesprochen. Dies erscheint sinnvoll, insbesondere, da der Begriff »Umwelt« oftmals stark mit ökologischen Sichtweisen verbunden wird, die nur einen Teilaspekt des Umfeldes darstellen.

Die Personen, Firmen und Dienstleister, mit denen die Unternehmung in unmittelbaren Kontakt tritt, bilden ihr engeres Umfeld, den **Markt im engeren Sinne**:

Der Markt im engeren Sinne

- Einerseits sind dies die Kunden, die auf dem Absatzmarkt die Leistungen abnehmen.
- Andererseits zählen hierzu die Mitarbeiter, Lieferanten und Dienstleister, also diejenigen, von denen die Unternehmung Leistungen in Anspruch nimmt. Hierzu zählt auch die Zurverfügungstellung finanzieller Mittel für den Aufbau und die Aufrechterhaltung der Leistungsbereitschaft durch Anleger und Kreditgeber, beispielsweise Banken.

Darüber hinaus muss das Unternehmen aufgrund gesetzlicher Bestimmungen und Verordnungen Steuern und Gebühren zahlen. Soweit durch die Aufnahme bzw. Abgabe von Leistungen Zahlungsverpflichtungen bzw. Zahlungsansprüche entstehen, gibt das externe Rechnungswesen der Unternehmung Auskunft über die Entwicklung dieser Geschäftsbeziehungen und deren Erfüllung.

Das für die Unternehmung wirtschaftlich relevante Umfeld geht über diejenigen, mit denen es in Geschäftsbeziehungen steht, hinaus

Das für die Unternehmung betriebswirtschaftlich relevante Umfeld geht jedoch über den engeren Rahmen derer, mit denen es in Geschäftsbeziehungen steht, hinaus.

Entscheidungen und Handlungsweisen eines Unternehmens werden auch durch sein weiteres Umfeld, den **Markt im weiteren Sinne**, beeinflusst:

- Auf der Absatzseite sind dies die Konkurrenten, die sich um die gleichen Abnehmer bemühen, und die potenziellen Abnehmer, die noch nicht zum eigenen Kundenstamm gehören.
- Auf der Beschaffungsseite erweitert sich der Markt um all jene Anbieter, von denen das Unternehmen alternativ oder ergänzend zu seinen bisherigen Geschäftspartnern Leistungen in Anspruch nehmen könnte.

Umfeldbedingungen beeinflussen den Unternehmenserfolg

Der sich hieraus auf dem Markt ergebende Wettbewerb konkurrierender Anbieter sowie infrage kommender Abnehmer beeinflusst für das Unternehmen den Preis, den es einerseits für seine Leistungen auf dem Absatzmarkt erzielen kann bzw. den es auf dem Beschaffungsmarkt für beanspruchte Leistungen zahlen muss. Daraus ergibt sich eine unmittelbare Einwirkung auf den wirtschaftlichen Erfolg eines Unternehmens.

Vom Markt im engeren Sinne wird auf der Absatzseite auch gesprochen, wenn sich Anbieter der gleichen Branche um dieselben Abnehmer, die Zielgruppe, z.B. in einer Region, dem Einzugsgebiet, bemühen.

Je stärker die Wettbewerbssituation ist und je unproblematischer der Kunde die angebotene Leistung auch von einem Mitbewerber erhalten kann, umso enger ist der Spielraum des Unternehmens bei seiner Preisbestimmung und seinem übrigen Marktverhalten.

Entsprechendes gilt für den Beschaffungsmarkt.

Der für das Unternehmen relevante Markt ist jedoch nicht auf die unmittelbare Konkurrenz begrenzt. So können zusätzliche Wettbewerber auftreten, die bisher noch nicht oder in anderen Märkten tätig waren. Dies wird insbesondere dann geschehen, wenn sie sich von dem Markteintritt wirtschaftlichen Erfolg versprechen. Gründe hierfür können sein:

Der für das Unternehmen relevante Markt ist nicht auf die unmittelbare Konkurrenz begrenzt

- Überdurchschnittlich hohe Margen in diesem Marktbereich,
- bessere Voraussetzungen der Neueintretenden gegenüber den bisher im Markt Tätigen, die Kunden für sich zu gewinnen (z.B. neue Verfahren und Vorgehensweisen, bessere Kostenstruktur und daher günstigere Preisgestaltung, Innovationen etc.), oder
- ungünstige Aussichten auf den Märkten, in denen die Neueindringenden bisher tätig waren.

In aller Regel fragen die Abnehmer Güter auf verschiedenen Märkten nach und verfügen zumeist über begrenzte finanzielle Mittel. Deshalb steht auch nur ein bestimmter Geldbetrag als Nachfrage zur Verfügung, den sie bereit sind, auf dem Markt des Unternehmens auszugeben. Werden insgesamt die verfügbaren Mittel geringer oder erfolgen höhere Ausgaben auf anderen Märkten, so wird für den speziellen Markt das finanzielle Nachfragevolumen geringer.

Begrenzte finanzielle Mittel

Beispiel

Müssen beispielsweise private Haushalte bei konstantem verfügbarem Einkommen höhere Ausgaben für das Autofahren tätigen, so werden sie möglicherweise ihr Budget für Urlaub, Möbelkauf, Bekleidung etc. reduzieren.

Ein Unternehmen und der spezielle Markt seiner Branche konkurrieren mit anderen Marktbereichen, dem Markt im weiteren Sinne

Somit konkurrieren das Unternehmen und der spezielle Markt seiner Branche mit anderen Marktbereichen und daher mit einem Markt im weitesten Sinne. In Abb. 1.6 ist dies durch fließende Grenzen zwischen dem engeren Markt und dem Gesamtmarkt gekennzeichnet.

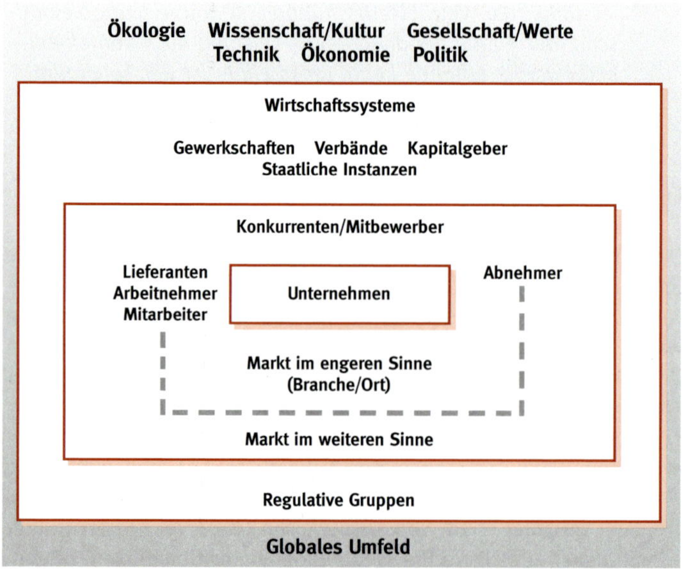

Abb. 1.6: Umfeld des Unternehmens

Regulative Gruppen

Über die unmittelbar am Markt Beteiligten hinaus gibt es Institutionen, die deren Verhalten beeinflussen. Sie werden als **regulative Gruppen** bezeichnet. Zu ihnen gehören beispielsweise:

- **Gewerkschaften** und **Verbände** wie Handwerkskammern, Arbeitgeberverbände etc., die bemüht sind, ihren Mitgliedern im Wettbewerb eine bessere Position zu verschaffen, als sie sie als Einzelne erreichen könnten – auch dies beeinflusst das Marktgeschehen;
- **Kapitalgeber** können ihr Geld in unterschiedlichen Branchen und bei unterschiedlichen Unternehmungen anlegen. Erhöhen oder verringern sie ihre Mittelbereitstellung für ein Unternehmen, so beeinflussen sie damit gleichzeitig dessen Gestaltungsrahmen. Insoweit wirken auch sie regulativ. Für die Unternehmensführung ist es wesentlich, stets für genügend Kapitalgeber interessant zu bleiben, um die notwendigen finanziellen Mittel zur Verfügung gestellt zu bekommen;
- **Staatliche Instanzen** haben über ihre Steuern, Gebühren, eventu-

elle Subventionen und steuerliche Anreize etc. Einfluss auf die Ergebnisse, Entscheidungen und Verhaltensweisen der Unternehmen. Außerdem wirken gesetzliche Regelungen auf Unternehmensentscheidungen ein.

Globales Umfeld

Das Verhalten staatlicher Instanzen und sonstiger regulativer Gruppen wiederum wird durch verschiedene Strömungen und Entwicklungen beeinflusst, die als **globales Umfeld** aufgezeigt sind.

Die hier genannten Faktoren wirken darüber hinaus auch auf die Entscheidungen der unmittelbar am Marktgeschehen Beteiligten ein.

Beispiel

Neue Techniken oder ein gewandeltes Ökologie-Verständnis verändern beispielsweise das Käuferverhalten und veranlassen eine entsprechende Anpassung bei den anbietenden Unternehmungen. Der Wertewandel prägt das gesellschaftliche und wirtschaftliche Umfeld und mit mehr oder weniger zeitlicher Verzögerung auch das Verhalten derer, die am Markt agieren.

→ *Je früher das Unternehmen solche Veränderungen erkennt, umso rechtzeitiger kann es sich darauf einrichten.*

Die Unternehmung ist Teil ihres Umfeldes

Die Betriebswirtschaftslehre kann also das Unternehmen nicht isoliert betrachten, wenn sie dessen komplexe Führungsaufgaben durch eine relevante Hilfestellung unterstützen will. Die Unternehmung ist Teil ihres Umfeldes.

Zu den Aufgaben der Führung (auf die in nachfolgenden Kapiteln noch weiter einzugehen sein wird) zählt, die Unternehmung sinnvoll im Markt zu positionieren. Auf der anderen Seite sind die Prozesse innerhalb des Betriebes zweckgemäß zu gestalten. Hilfestellung für die dabei notwendigen Entscheidungen bieten die betriebswirtschaftlichen Prinzipien.

1.5 Betriebswirtschaftliche Prinzipien

Prinzipien in der Betriebswirtschaftslehre sind Grundlagen, an denen sich Entscheidungen orientieren und die zur Beurteilung von Handlungen und Handlungsalternativen hinzugezogen werden.

Diese Prinzipien lassen sich dahingehend unterscheiden, inwieweit sie generell für wirtschaftliches Handeln gelten oder aber abhängig sind vom jeweiligen System der Wirtschaftsordnung.

Bezüglich eines angestebten Zieles die optimale Alternative auswählen

Das **Rationalprinzip** als allgemeine Regel für das Verhalten von Wirtschaftssubjekten in Entscheidungssituationen besagt, dass bezüglich eines angestrebten Zieles die optimale Alternative ausgewählt wird. Man spricht auch vom allgemeinen Vernunftsprinzip. Es wird bereits hier deutlich, wie sehr es in seiner Konkretisierung von den jeweiligen Zielen abhängig ist – hierauf wird noch mehrmals eingegangen.

Lange Zeit wurde häufig bei der Beurteilung wirtschaftlichen Handelns die Vielzahl möglicher Ziele und ihr Zusammenwirken reduziert auf das Streben nach einem maximalen Gewinn. Dies vereinfacht zwar die Betrachtungsweise und das Ableiten von Normen, von Verhaltensregeln, reicht aber zur Beurteilung der Realität nicht aus. Bei einem solchen – auch als **Homo ökonomikus** bezeichneten – Wirtschaftssubjekt wird außerdem vollkommene Transparenz unterstellt über die Rahmenbedingungen, die für die Entscheidung von Bedeutung sind.

1.5.1 Ökonomisches Prinzip – Wirtschaftlichkeitsprinzip

Nach dem Grundsatz eines zweck- und vernunftsorientierten Verhaltens wird hier ein möglichst günstiges Verhältnis zwischen Zielerreichung und Mitteleinsatz angestrebt. Je nachdem, ob der Input (Verbrauch von Gütern und Leistungen) oder der Output (das Leistungsergebnis) als gegebene Größe angenommen wird, findet das ökonomische Prinzip zwei verschiedene Ausprägungen:

Drei Ausprägungen des ökonomischen Prinzips

- **Maximalprinzip**: Mit einem gegebenen Input ist ein größtmöglicher Output zu erreichen.
- **Minimalprinzip**: Ein vorgegebener Output soll mit minimalem Input erzielt werden.

5)

In vielen konkreten Entscheidungssituationen ist jedoch weder der Input noch der Output fest vorgegeben – es wird vielmehr die günstigste Kombination unter Beachtung vorliegender Rahmenbedingungen gesucht. Somit ergibt sich zusätzlich:

- **Optimalprinzip**: gesucht wird die Alternative mit dem günstigsten Verhältnis von Output zu Input.

Außerdem kann unterschieden werden in:

»*Absolut* wirtschaftlich« muss nicht die *relativ* beste Alternative sein

- **Absolute Wirtschaftlichkeit**: Das Handlungsergebnis ist größer als der erforderliche Mitteleinsatz.
- **Relative Wirtschaftlichkeit**: Die Beziehung der absoluten Wirtschaftlichkeiten verschiedener Handlungsalternativen zueinander.

So kann beispielsweise eine Entscheidung absolut wirtschaftlich sein, jedoch nicht relativ, da eine andere Alternative zu einem besseren Ergebnis führt. Andererseits kann eine Handlung, die absolut nicht wirtschaftlich ist, dennoch die relativ wirtschaftliche sein, wenn mögliche Alternativen zu noch schlechteren Ergebnissen führen würden. Als Maßstab kann herangezogen werden:

- ein absoluter Wert, also Input minus Output, beispielsweise Ertrag minus Aufwand gleich Gewinn, oder
- eine relative Kennzahl, also Verhältnis Output zu Input, beispielsweise Erträge durch Aufwendungen.

Absoluter Wert oder Kennzahlen

Im Sinne einer absoluten Wirtschaftlichkeit müsste im ersten Fall der Wert positiv sein und im zweiten Fall größer als 1.

Je nachdem, ob die Ergiebigkeit der Leistungserbringung lediglich mengenmäßig oder bewertet erfolgt, wird unterschieden in Produktivität und Wirtschaftlichkeit. Zusätzlich gibt Rentabilität Auskunft über das Verhältnis des Erfolges zu anderen Größen.

Produktivität oder Wirtschaftlichkeit

1.5.1.1 Produktivität

Die Ergiebigkeit der betrieblichen Faktorkombination wird als Produktivität bezeichnet, also die Gegenüberstellung von Faktor Ertrag zu Faktor Einsatz. Die allgemeine Formel lautet:

$$\textbf{Produktivität} = \frac{\text{Ausbringungsmenge}}{\text{Faktor Einsatzmenge}}$$

Auf die einzelnen Produktionsfaktoren bezogen wird unterschieden:

a) $\text{Arbeitsproduktivität} = \frac{\text{Ausbringungsmenge}}{\text{Einsatzmenge des Produktionsfaktors Arbeit}}$

Ergiebigkeit der betrieblichen Faktorkombination wird als Produktivität bezeichnet

Z.B. Ausbringungsmenge geteilt durch Arbeitszeit bzw. Zahl der Arbeitnehmer etc. oder auch Anzahl hergestellte Stück pro Arbeitsstunde.

b) $\text{Material- bzw. Werkstoffproduktivität} = \frac{\text{Ausbringungsmenge}}{\text{Material (Einsatzmenge d. Faktors Werkstoffe)}}$

also $= \frac{\text{Ausbringungsmenge}}{\text{Verbrauchsmenge}}$

Z.B. Km-Leistung je Liter Benzin oder herzustellende Menge je Ballen Rohstoff etc.

c) $\text{Betriebsmittelproduktivität} = \frac{\text{Ausbringungsmenge}}{\text{Einsatzmenge des Faktors Betriebsmittel}}$

Z.B. Ausbringungsmenge je Maschinenstunde.

Produktivität verdeutlicht den technischen Aspekt der Leistungserstellung

Die Produktivität wird auch als mengenmäßige bzw. technische Wirtschaftlichkeit bezeichnet und verdeutlicht den technischen Aspekt der Leistungserstellung. Probleme können sich ergeben, wenn unterschiedliche Endprodukte erstellt werden, da sich dann reine Mengengrößen nicht ohne weiteres addieren lassen. Ähnliches ergibt sich, wenn bei unterschiedlichen Kombinationen von Faktoren Einsatzmengen verglichen werden sollen.

Beispiel

Was ist für die Erstellung eines Erzeugnisses effizienter, der Einsatz von 5 Arbeitsstunden und 1,5 Maschinenstunden oder 3 Stunden Arbeitsleistung und 2 Stunden Maschinenzeit?

Bereits bei solch einfachem Vergleich ist eine Bewertung erforderlich, um die unterschiedlichen Input-Mengen addierbar zu machen. Die Realität ist weit komplizierter.

1.5.1.2 Wirtschaftlichkeit

Wirtschaftlichkeit ist wertmäßig erfassbar

Gegenüber der Produktivität ist sie wertmäßig erfassbar, d. h., es wird eine bewertete Beziehung zwischen Mitteleinsatz und Handlungsergebnis ermittelt. Die Bewertung erfolgt üblicherweise in Geldbeträgen. Diese können Verrechnungspreise oder Marktpreise sein.

Erfolgt eine Bewertung zu den jeweiligen tatsächlichen Preisen (Marktpreisen), so ergibt sich:

$$\textbf{Wirtschaftlichkeit} = \frac{\text{Leistung nominal}}{\text{Kosten nominal}}$$

Hierbei verändert sich das Maß der Wirtschaftlichkeit nicht nur durch mengenmäßige Veränderungen, sondern auch bei konstantem Mengeneinsatz und Ausbringung durch Preisveränderungen.

Damit ist die Orientierung der Wirtschaftlichkeit nicht nur am innerbetrieblichen Leistungsprozess orientiert, sondern zugleich an den Bedingungen der jeweils relevanten Beschaffungs- und Absatzmärkte.

Reale statt nominale Wirtschaftlichkeit

Sollen Preisschwankungen bei der Ermittlung der Wirtschaftlichkeit ausgeschaltet werden, so ist dies möglich über Verrechnungspreise, die beispielsweise über eine gewisse Zeit hinweg konstant gehalten werden, um so eine Vergleichbarkeit des Kombinationsprozesses zu ermöglichen, unabhängig von Preisveränderungen aus Markteinflüssen. Dies bedeutet, dass eine Veränderung der Wirtschaftlichkeit Rückschlüsse zulässt auf reale Veränderungen bei den Mengen der eingesetzten Faktoren und/oder Ausbringungungen.

Gelegentlich wird die Relation von Soll- und Ist-Größen (zur Definition der Wirtschaftlichkeit) als zweckmäßiger betrachtet (beispielsweise Olfer-Rahn unter Bezug auf Gutenberg), somit also:

$$\text{Wirtschaftlichkeit} = \frac{\text{Soll-Kosten}}{\text{Ist-Kosten}}$$

Hiermit entfällt jedoch der Bezug zu den Erträgen, den Ausbringungen, dem Output. Wirtschaftlichkeit konzentriert sich dann auf die Frage, inwieweit im tatsächlichen Vollzug eine als optimal angesehene Vorgabe eingehalten wurde.

Für die Entscheidungen zwischen unterschiedlichen Faktorkombinationen mit ggf. auch unterschiedlichen Ausbringungen erscheint die zuvor genannte Wirtschaftlichkeit, die Input und Output berücksichtigt, sinnvoller.

Soweit hierbei Marktgegebenheiten und -entwicklungen zu berücksichtigen sind, kann dies durch den Ansatz tatsächlicher (nominaler) Preise geschehen.

1.5.1.3 Rentabilität

Rentabilität ist das Verhältnis einer Erfolgsgröße (z.B. Ertrag minus Aufwand einer Periode) zu anderen Größen.

Rentabilität ist das Verhältnis einer Erfolgsgröße zu anderen Größen

Bei diesen Bezugsgrößen kann es sich einerseits um **Bestandsgrößen** handeln (z.B. Kapital) oder um eine **Bewegungsgröße** (z.B. Umsatz der gleichen Periode, auf die sich der Erfolg bezieht). Demnach können als gewinnorientierte Rentabilitätsanalyse unterschieden werden (in Prozent):

Eigenkapitalrentabilität $= \dfrac{\text{Erfolg}}{\text{Eigenkapital}} \cdot 100$

Gesamtkapitalrentabilität $= \dfrac{\text{Erfolg + Kapitalzinsen}}{\text{Gesamtkapital}} \cdot 100$

Betriebsrentabilität $= \dfrac{\text{Betriebsgewinn}}{\text{betriebsnotwendiges Kapital}} \cdot 100$

sowie

Umsatzrentabilität $= \dfrac{\text{Erfolg}}{\text{Umsatz}} \cdot 100$

1.5.2 Prinzip des finanziellen Gleichgewichts – Liquidität

6)

Ein Unternehmen befindet sich im finanziellen Gleichgewicht, wenn es jederzeit in der Lage ist, seinen Zahlungsverpflichtungen nachzukommen.

Notwendigkeit, das finanzielle Gleichgewicht aufrechtzuerhalten

Ist diese Zahlungsfähigkeit aktuell und nachhaltig nicht mehr gegeben, so führt dies zu einer Existenzbedrohung und gefährdet den Fortbestand des Unternehmens.

Insoweit haben sich unternehmerische Entscheidungen nicht nur am Wirtschaftlichkeitsprinzip zu orientieren, sondern auch an den mit dem Vorhaben verbundenen Einzahlungen und Auszahlungen sowie ihrer zeitlichen Verteilung.

Das nachhaltige Unvermögen, berechtigte Zahlungsanforderungen zu erfüllen wird als Illiquidität bezeichnet und ist ein Grund zur Insolvenz

Das nachhaltige Unvermögen, berechtigte Zahlungsanforderungen zu erfüllen – also nicht nur die vorübergehende Zahlungsstockung – wird als Illiquidität bezeichnet und ist ein Grund zur Insolvenz. Insoweit kann die Notwendigkeit, das finanzielle Gleichgewicht aufrechtzuerhalten, konkurrieren mit dem Wirtschaftlichkeitsstreben, z.B. wenn Erträge trotz langfristiger Gewinne erst später anfallen und so die Einzahlungen zunächst nicht ausreichen, Zahlungsverpflichtungen zu erfüllen.

1.5.3 Zusätzliche Prinzipien und Ziele

Aus der ökonomischen Dimension lassen sich als **drei Elementarziele** ableiten:

Mehrere Ziele sind zu beachten

1) Sicherung der Liquidität
2) Erwirtschaftung eines (angemessenen) Gewinnes, zumindest Kostendeckung
3) Schaffung notwendiger Erfolgspotenziale

Hierzu dienen:

- die Sicherung der erforderlichen Produktionsfaktoren,
- die Schaffung der Voraussetzungen für einen entsprechenden Leistungsprozess durch die Unternehmensleitung und Organisation,
- die Beachtung des Wirtschaftlichkeitsprinzips und des Prinzips des finanziellen Gleichgewichts.

Bei aller Akzeptanz der ökonomischen Dimensionen wird zunehmend eine solche Verengung der einzelwirtschaftlichen Betrachtungsweise infrage gestellt und die Beachtung zusätzlicher Prinzipien und Grundhaltungen gefordert.

Sie können in zwei Gruppen eingeteilt werden:

- **Humane (soziale) Dimension:**
  Hierzu zählen insbesondere Arbeitsmotivation bzw. -zufriedenheit, humane Arbeitsbedingungen, Arbeitsplatzgestaltung, Mitbestimmung, Arbeitsplatzerhaltung etc., also insbesondere Anliegen, die bezogen auf die Stellung der menschlichen Arbeit mit Begriffen wie »Humanisierung der Arbeit« und »Selbstverwirklichung und -bestätigung« verbunden sind.

Zusätzliche Prinzipien und Grundhaltungen

- **Ökologische Dimension:**
  Hier geht es um das Aufstellen von Prinzipien, um zu verhindern, dass die Umwelt ausgebeutet wird, womit dem ökologischen Anliegen Rechnung getragen wird, beispielsweise durch schonenden Umgang mit Rohstoffen und Energien etc., Minderung der Umweltbelastungen, u.a. Emissionsschutz, Wahrung der natürlichen Lebensgrundlage und Sicherung der Lebensqualität.

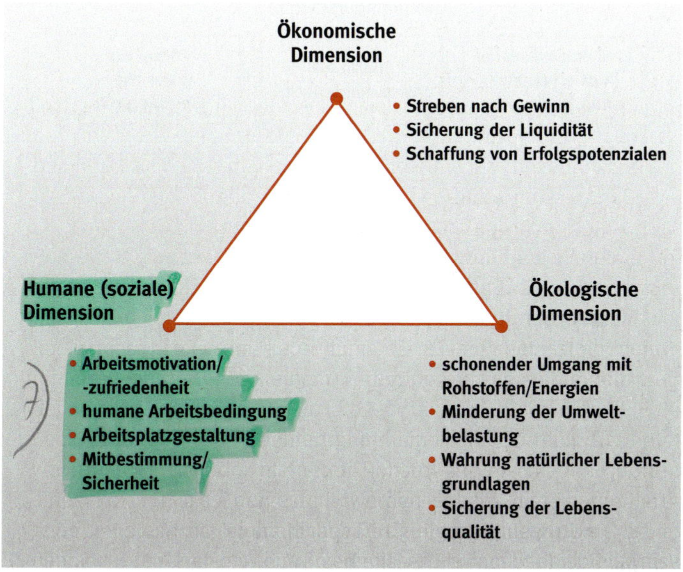

Abb. 1.7: Spannungs-Dreieck

Die Abbildung zeigt alle drei Dimensionen im Spannungsdreieck. Hierbei gilt es, einen sinnvollen Interessenausgleich anzumahnen, der in einer entsprechenden Zieldefinition des Unternehmens seinen Niederschlag findet. Soweit die sich aus einer Umweltbelastung ergebenden Kosten den entsprechenden Faktorpreisen zugerechnet wer-

Alle drei Dimensionen befinden sich in einem Spannungsdreieck

den (beispielsweise Ökosteuer), haben sie zugleich auch Auswirkungen auf die ökonomische Dimension, wenn nunmehr Alternativprodukte wirtschaftlicher werden.

1.6 Wirtschaftsordnung / Wirtschaftssystem

Die Behandlung der beiden Begriffe Wirtschaftsordnung/-system und ihre Abgrenzung zueinander ist in der Entwicklung der Wirtschaftswissenschaften und bei den verschiedenen Schulen nicht einheitlich. Die Wirtschaftsordnung wird betrachtet unter der idealtypischen Einteilung in Marktwirtschaft (Verkehrswirtschaft) und Planwirtschaft (zentralgeleitete Wirtschaft).

Systemabhängige und systemunabhängige Aspekte

In diesem Kontext sind systemabhängige und systemunabhängige Aspekte zuordenbar:

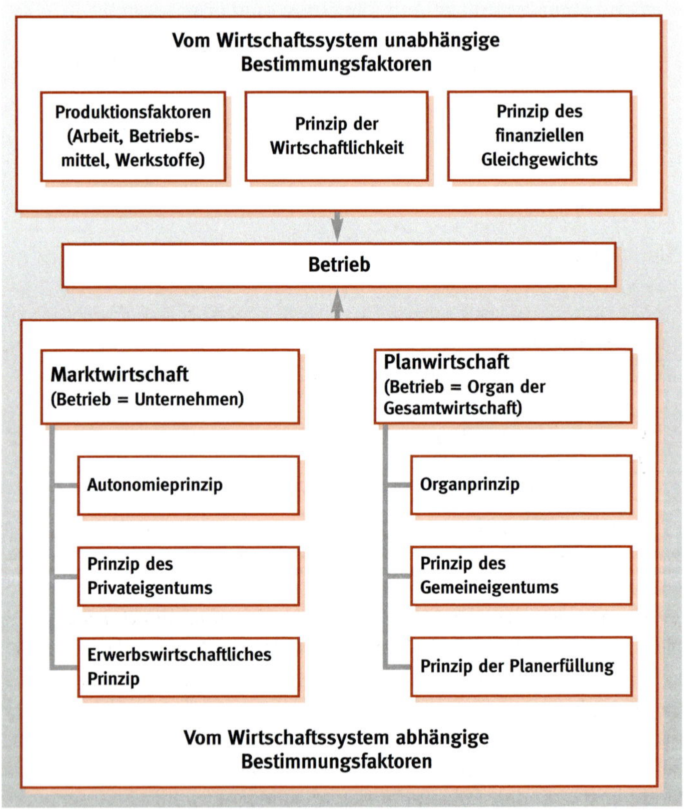

Abb. 1.8: Betrieb und Wirtschaftsordnung

Unabhängig vom Wirtschaftssystem werden zur Produktion die betriebswirtschaftlichen Produktionsfaktoren benötigt, die in einem sinnvollen Produktionsprozess zu kombinieren sind.

Dabei gilt das Wirtschaftlichkeitsprinzip und grundsätzlich ebenfalls das Prinzip der Einhaltung des finanziellen Gleichgewichts, auch wenn möglicherweise Zuschüsse im Rahmen der Planvorgaben gewährt werden.

Wirtschaftlichkeitsprinzip und Prinzip der Einhaltung des finanziellen Gleichgewichts

Typisch für die **Marktwirtschaft** sind:

- Autonomieprinzip:
  Der einzelne Betrieb darf seine Produktionsprogramme und seine Preise selbstständig festlegen, prinzipiell ohne staatlichen Einfluss.
- Prinzip des Privateigentums:
  Die Produktionsfaktoren befinden sich im Privatbesitz und privater Verfügungsgewalt; das Eigentum wird vom Grundgesetz geschützt, wenn auch mit dem Zusatz »Eigentum verpflichtet«, der Sozialbindung des Eigentums.
- Erwerbswirtschaftliches Prinzip (auch »Gewinnmaximierungsprinzip«):
  Erlaubt dem Unternehmen das Streben nach optimalem Gewinn.

Merkmale der Marktwirtschaft
- Autonomieprinzip
- Prinzip des Privateigentums
- Erwerbswirtschaftliches Prinzip

Typisch für die **Planwirtschaft** sind:

- Organprinzip:
  Anstelle dezentraler Planungen durch die einzelnen Betriebe tritt die zentrale Wirtschaftsplanung, zumeist durch Behörden, welche Produktionsprogramme, Preise etc. festlegen.
- Prinzip des Gemeineigentums:
  Anstelle des Privatbesitzes tritt der Gemeinschaftsbesitz an Produktionsfaktoren und die Schaffung volkseigener Betriebe.
- Prinzip der Planerfüllung:
  Oberstes Ziel des Betriebes ist nicht die Gewinnerzielung, sondern die Erfüllung bzw. gar Übererfüllung des Plansolls.

Merkmale der Planwirtschaft
- Organprinzip
- Prinzip des Gemeineigentums
- Prinzip der Planerfüllung

→ *Mit der* **sozialen Marktwirtschaft** *wird eine Marktordnung angestrebt, die die Vorteile der (freien) Marktwirtschaft und der entsprechenden Eigeninitiative verbinden soll mit sinnvollen staatlichen Eingriffen.*

Diese sollen insbesondere dazu geeignet sein:

- den Missbrauch von Marktmacht etc. einzuschränken (Beispiel: Gesetze zur Förderung des Wettbewerbs) und

- allgemeine volkswirtschaftliche Belange und auch die Anliegen von Minderheiten und wirtschaftlich schwächeren Mitgliedern zu beachten (Beispiel: Sozialverpflichtung des Eigentums im Grundgesetz, wirtschafts- und sozialpolitische Maßnahmen etc.).

2 Einordnung der BWL als Wissenschaft

2.1 BWL im System der Wissenschaften

Grundlage der Wissenschaften ist das Wissen im Gegensatz zu reinen Meinungen oder Dafürhalten. Das Wissen kann überliefert oder durch Forschung und Lehre entwickelt sein. Es umfasst den Prozess methodisch betriebener Erkenntnisarbeit.

Die Erkenntnisarbeit geht über das einfache Sammeln, Beschreiben und Klassifizieren von Tatsachen hinaus, denn sie versucht, die Tatsachen auch zu erklären, ihre Zusammenhänge aufzuzeigen und Schlussfolgerungen zu ziehen. Die methodische Behandlung der Wissenschaften wird auch als Meta-Wissenschaft oder Wissenschaftstheorie bezeichnet.

Je nach Betonung des Erkenntnisgegenstandes lassen sich Einzelwissenschaften unterscheiden.

2.1.1 Stellung der Wirtschaftswissenschaften

Einteilung der Einzelwissenschaften

Folgende Abbildung zeigt ein gängiges System zur Einteilung der Einzelwissenschaften. Die Zielsetzung einer Wissenschaft kann entweder rein theoretisch oder praktisch-angewandt sein. Danach wird dann unterschieden in **Ideal-Wissenschaften**, zeitlose Gegenstände betreffend, und in Real-Wissenschaften, die auf konkrete Gegenstände abzielen.

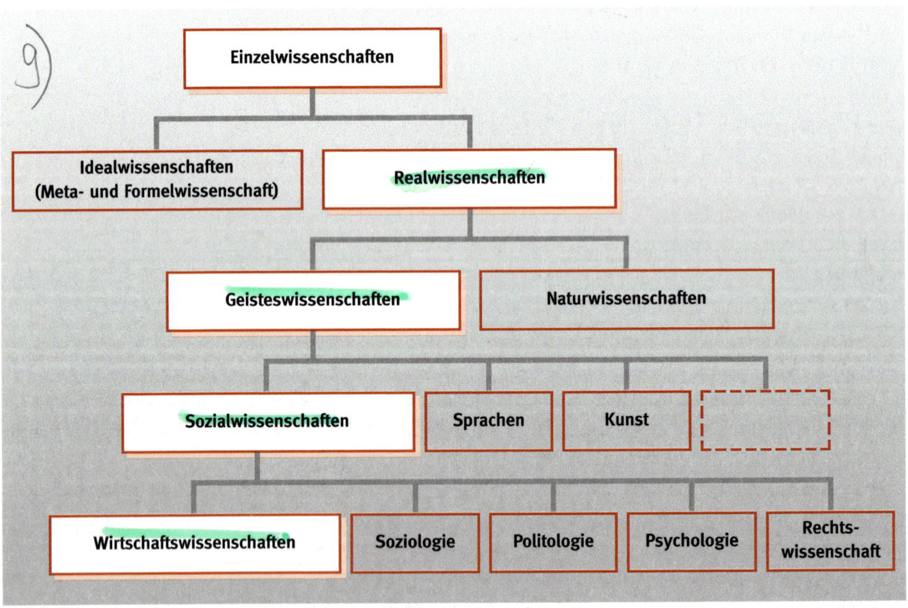

Abb. 2.1: System der Wissenschaften

Die **Realwissenschaften** lassen sich wiederum unterscheiden in:

- **Naturwissenschaften**, die durch Beobachten, Sammeln und Vergleichen von Tatsachen Naturerscheinungen erforschen, Regelmäßigkeiten erkennen (z. B. Naturgesetze); zu ihnen gehören als Grundfächer Physik und Chemie, aber auch Geowissenschaften etc.
- **Geisteswissenschaften**, sie umfassen die Deutung der Welt in Sprache, Mythos, Religion, Kunst und Philosophie, aber auch die Ordnung des Lebens in Staat, Gesellschaft, Recht, Sitte, Erziehung, Wirtschaft etc.

Die Wirtschaftswissenschaften zählen innerhalb der Geisteswissenschaften (die teilweise auch als Kulturwissenschaften bezeichnet werden) zur Untergruppe der Sozialwissenschaften.

Gegenstand der Wirtschaftswissenschaften ist die Erforschung der Wirtschaft im Sinne des rationalen Umganges mit knappen Gütern, zu denen sowohl Realgüter als auch Dienstleistungen zählen, die zur Befriedigung menschlichen Bedarfs dienen.

»Wirtschaftlicher Umgang« ist die Verwaltung des Mangels

→ *Ein wirtschaftlicher Umgang ist dann erforderlich, wenn die gewünschten Güter nicht im Überfluss zur Verfügung stehen (das Angebot also größer ist als der Bedarf), sondern es sich um die Verteilung knapper Güter handelt, der Bedarf also das Angebot übersteigt.*

Die Abgrenzung der Wirtschaftswissenschaften von anderen Sozialwissenschaften wird teilweise dadurch erschwert, dass eine Interdependenz der sozialen Tatbestände gegeben ist.

2.1.2 Abgrenzung BWL zur Volkswirtschaft

Traditionell werden die Wirtschaftswissenschaften untergliedert in:

- **Volkswirtschaft**, hierzu gehören auch Volkswirtschaftstheorie, Finanzwissenschaft, Wirtschaftspolitik, Statistik, Ökonometrie, Wirtschaftsgeschichte und Wirtschaftsgeografie.
  Sie beschäftigt sich mit der Gesamtwirtschaft, den fundamentalen Erkenntnissen über Zusammenhänge und Abläufe volkswirtschaftlicher Art sowie das Ineinandergreifen der (durch gegenseitige Abhängigkeit) aufeinander angewiesenen und im regelmäßigen Tausch miteinander verbundenen Einzelwirtschaften. Üblicherweise erfolgt eine weitere Aufteilung in Mikro- und Makro-Ökonomie. Teilweise wird auch von Nationalökonomie gesprochen, da sie sich vorrangig globalen wirtschaftlichen Vorgängen und Zusam-

VWL beschäftigt sich mit der Gesamtwirtschaft, den fundamentalen Erkenntnissen über Zusammenhänge und Abläufe volkswirtschaftlicher Art sowie das Ineinandergreifen der Einzelwirtschaften

→ Bruttoinlandsprodukt

menhängen in einem Staat sowie zwischen mehreren Staaten befasst.

Im Mittelpunkt steht der Betrieb als Einzelwirtschaft

- **Betriebswirtschaftslehre** (BWL), hier steht im Mittelpunkt der Betrieb als Einzelwirtschaft, der – gegenüber den Haushalten, die auf Eigenbedarfsdeckung ausgerichtet sind – den Zweck der Fremdbedarfsdeckung verfolgt.
  Dabei werden sowohl die Aspekte innerhalb des Betriebes analysiert als auch die Beziehungen zum Umfeld (vgl. 1. Kapitel).

Vor allem in angelsächsischen und romanischen Ländern ist die Trennung zwischen Volks- und Betriebswirtschaftslehre begrifflich und sachlich nicht so scharf erfolgt wie im deutschsprachigen Raum.

Die Geschichte der Volkswirtschaftstheorie ist wesentlich älter als die der Betriebswirtschaftslehre, deren Entwicklung zur selbstständigen wirtschaftswissenschaftlichen Disziplin allgemein in der Gründung der ersten Handelshochschule 1898 im deutschsprachigen Raum gesehen wird.

Die traditionelle Zweiteilung ist also zum einen geschichtlich gewachsen und zum anderen im heutigen Lehrbetrieb an deutschen Hochschulen üblich. Teilweise wird in theoretischen Abhandlungen eine stärkere Integration zu *einer* Wirtschaftswissenschaft gefordert.

→ *Sinnvoll erscheint es, die Interdependenz der beiden Gebiete zu betonen und wechselseitig gesicherte Erkenntnisse der jeweils anderen Disziplin in den eigenen Betrachtungen zu berücksichtigen.*

Dies erfolgt auch bei anderen Wissenschaftsgebieten, ohne dass es zu einer Verschmelzung kommen muss. Die Trennung ermöglicht es, das Erkenntnisobjekt der jeweiligen Wissenschaft konkreter und spezifischer zu bestimmen.

2.1.3 Interdependenz zu anderen Wissenschaften

Umgang mit knappen Gütern

Die BWL betrachtet den Betrieb vorrangig unter wirtschaftlichen Aspekten, insbesondere dem, wie mit knappen Gütern umgegangen wird und wie ihre Verteilung erfolgt. Wesentliche Bedeutung kommt hier den betriebswirtschaftlichen Prinzipien (vgl. Kap. 1.5) zu.

Nicht alle im Betrieb auftretenden Phänomene sind jedoch aus Faktorkombinationen und Wirtschaftlichkeitsprinzip etc. zu erklären. Will die BWL auch diese in ihrem Erkenntnisobjekt mit umfassen, so darf sie den Betrieb nicht abstrakt und spezialisiert betrachten.

Beispiel

- Der Betrieb ist zugleich ein soziales Gebilde, in dem Menschen entscheiden und agieren und das nicht allein nach dem Rationalprinzip.
- Entwicklungen in Naturwissenschaft und Technik beeinflussen ebenfalls die betrieblichen Prozesse der Leistungserstellung.
- Entscheidungen im Betrieb und das Verhalten auf dem Markt werden neben ökonomischen Gesichtspunkten von Rechtsnormen mitbestimmt.

Insoweit sind relevante Erkenntnisse aus anderen Wissenschaftsgebieten mitzuberücksichtigen.

Die BWL nutzt vielfach Erkenntnisse anderer Wissenschaften:

- Rechtswissenschaft
- Psychologie
- Soziologie
- Technik
- Arbeitswissenschaft
- Mathematik

Während am Anfang der relativ kurzen Geschichte der BWL als selbstständige Wissenschaft eine Konzentration des Erkenntnisobjekts im Mittelpunkt stand – wohl teilweise auch, um sich deutlich als eigenständige Wissenschaft von anderen abzugrenzen –, wird nunmehr zunehmend die Interdependenz berücksichtigt:

- Hierbei spielen neben den Berührungen zur **Rechtswissenschaft** Erkenntnisse aus der **Psychologie** und **Soziologie** eine wesentliche Rolle, gerade auch bezüglich der Entscheidungsprozesse, des Führungsverhaltens, des Umganges mit Mitarbeitern, der Verhaltensweisen auf dem Markt etc.
- Des Weiteren sind Erkenntnisse aus der **Technik** und den **Arbeitswissenschaften** zu berücksichtigen und es werden Methoden aus der **Mathematik** und insbesondere der Statistik etc. zunehmend angewandt.

Vielfach wird hierbei in der Literatur auch von Hilfswissenschaften der BWL gesprochen, was sprachlich der Selbstständigkeit der jeweiligen Wissenschaften nicht ganz gerecht zu werden scheint.

Ohne auf theoretische Erläuterungen hier weiter einzugehen, bleibt als wesentlich festzuhalten:

→ *Studierende der BWL sollten sich sinnvollerweise auch mit entsprechenden Aspekten angrenzender Wissenschaftsdisziplinen befassen, um den Betrieb und seine Einbindung als Ganzes besser zu erkennen.*

2.2 Betriebstypologie

Betrachtet man die Vielfalt der Betriebe in ihrer konkreten Ausgestaltung, so zeigen sich erhebliche Unterschiede. Um die vielfältigen Arten der Betriebe konkreter beschreiben und analysieren zu können, haben sich verschiedene Einteilungskriterien herausgebildet, mit denen das jeweils Typische betont werden soll. Hierbei wird von Typologie gesprochen.

2.2.1 Gliederung der Einzelwirtschaften

Die einzelnen am wirtschaftlichen Prozess teilnehmenden Wirtschaftseinheiten lassen sich folgendermaßen gliedern:

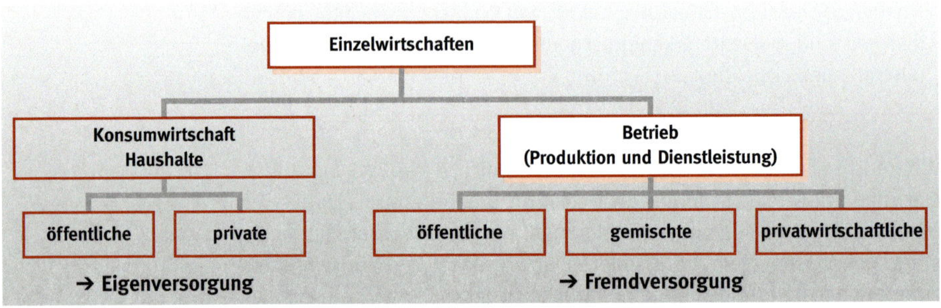

Abb. 2.2: Gliederungen der Einzelwirtschaften

Input und Output

Gegenstand der Betriebswirtschaftslehre sind die Betriebe, also jene Einheiten, die auf Fremdversorgung ausgerichtet sind und dazu sowohl Produktionsfaktoren einsetzen (Input), als auch Produkte bzw. Leistungen (Output) an andere erbringen.

2.2.2 Kriterien zur Gliederung der Betriebe (Typologie)

Gliederung der Betriebe z.B. in Sachleistungs- und Dienstleistungsbetriebe

Zunächst kann unterschieden werden nach der **Art der erstellten Leistung**. Hiernach wird getrennt in:

- Sachleistungsbetriebe (in der Regel Industrie- und Handwerksbetriebe), die nach Art der erstellten Leistung weiter unterschieden werden können u.a. in Rohstoffgewinnungs-, Produktionsmittel- und Verbrauchsgüterbetriebe.
- Dienstleistungsbetriebe, hierzu gehören die Erbringer von Dienstleistungen wie Banken, Versicherungen, Verkehrsbetriebe etc., aber auch die Handelsbetriebe, deren zentrale Aufgabe in der Verteilung von Sachgütern besteht.

Oder Einteilung nach Branchen

Gängig ist darüber hinaus eine Einteilung nach **Wirtschaftszweigen (Branchen)**. Teilweise kann dies in Ergänzung zur Gliederung nach Art der Leistungserbringung erfolgen (vgl. folgende Abb.).

Hier wird dann beispielsweise der Handel weiter untergliedert in Groß-, Einzel- und Versandhandel etc. oder die Verbrauchsgüterbetriebe in Industrie- und Handwerksbetriebe etc.

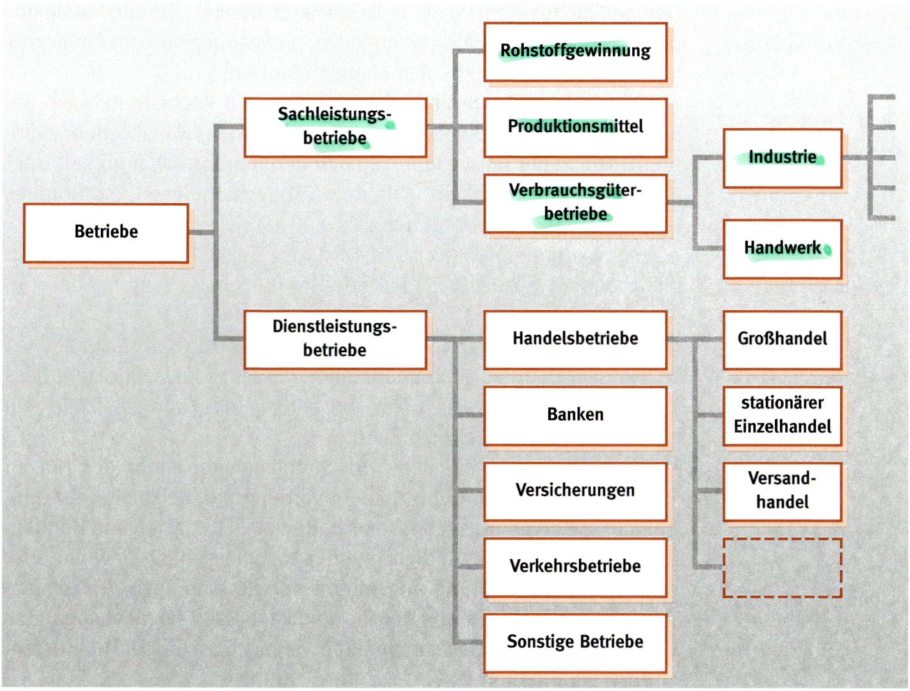

Abb. 2.3: Betriebstypen

Die Branchenbildung kann jedoch auch am Produkt orientiert werden und dabei sowohl Produktion als auch Dienstleistung (insbesondere Handel) mit umschließen, z.B. Lebensmittel-, Textil-, Baustoff-, Automobil-Branche etc.

Einteilung nach Art des vorherrschenden Materials

Eine Einteilung nach Art des vorherrschenden Materials könnte sein Metall-, Holz-, Kunststoff-Betriebe etc.

Stufen im Leistungsprozess können sein Rohstoffgewinnung, Veredlung, Verarbeitung, Handel etc.

Weitere Kriterien ergeben sich aus der Art der **Leistungserstellung**, und zwar untergliedert nach:

Oder nach Art der Leistungserstellung

- Fertigungsprinzip, d.h. Massen-, Sorten-, Serien-Fertigung, Partie- und Chargenfertigung oder Einzelfertigung.
- Fertigungsart (Arbeitstypen), beispielsweise Werkstattfertigung, Fließ-, Gruppen- oder Baustellenfertigung mit Auswirkungen auf die Gestaltung der Betriebsstätten.

Hierauf wird im Rahmen der Produktion nochmals eingegangen.

Oder nach dem vorherrschenden Produktionsfaktor

Darüber hinaus kann nach dem **vorherrschenden Produktionsfaktor** gegliedert werden in arbeitsintensive, anlageintensive oder materialintensive Betriebe (ggf. auch energieintensive).

Oder nach Rechtsform, Betriebsgröße, Standortabhängigkeit, Beweglichkeit, Geschäftsprinzip

Weitere Einteilungen ergeben sich nach der **Rechtsform**, nach der **Betriebsgröße** (beispielsweise Groß-, Mittel- oder Kleinbetrieb, eventuell auch weiter untergliedert), nach der **Standortabhängigkeit** oder nach der **Beweglichkeit** (Kriterien: Bodenständigkeit, stationäres Geschäft, Wandergewerbe usw.).

Eine weitere Einteilung kann nach dem **Geschäftsprinzip** erfolgen, insbesondere hinsichtlich der Kriterien der Ausgestaltung des Gewinnstrebens:

- Ein Unternehmen, das sich an dem erwerbswirtschaftlichen System orientiert, ist bemüht, sein Handeln so auszurichten, dass im Leistungsprozess unter Beachtung der übrigen Ziele ein Gewinnmaximum erreicht wird.
- Bei genossenschaftlichen Wirtschaftseinheiten steht der Nutzen der Mitglieder, der Genossen, im Vordergrund, beispielsweise Einkaufs- und Verkaufsgenossenschaften etc. Für das eigene Handeln wird dabei häufig lediglich ein »angemessener« Gewinn oder bloße Kostendeckung angestrebt, so wie dies auch für gemeinwirtschaftliche Betriebe der Fall sein kann, falls sie nicht sogar aus übergeordneten Gesichtspunkten heraus Zuschüsse zur Kostendeckung erhalten.

Die Gliederungsmöglichkeiten sind also vielschichtig und können für besondere Untersuchungen durch zusätzliche Kriterien erweitert werden, wie beispielsweise Betriebsalter, Regionszugehörigkeit, regional, überregional oder international tätig etc.

Je tiefer die Untergliederung, umso konkreter die Beschreibung

Je weiter eine Untergliederung erfolgt, umso konkreter lässt sich der einzelne Betrieb beschreiben, wobei häufig zur Typenbildung mehrere Kriterien gleichzeitig und ergänzend aufeinander abgestimmt hinzugezogen werden können.

Dieser spezifischen Aussagefähigkeit steht auf der anderen Seite das Bemühen gegenüber, grundsätzliche (typische) Regeln und Verhaltensweisen zu erkennen.

2.2.3 Allgemeine und spezielle BWL

Das Gesamtgebiet der Betriebswirtschaftslehre kann danach untergliedert werden, ob Themen und Probleme behandelt werden, die in mehr oder weniger starker Ausprägung für alle Betriebe von Bedeutung sein können (allgemeine BWL) oder die Besonderheiten einzelner Wirtschaftszweige betreffen (spezielle BWL).

- **Allgemeine BWL:**
  Sie beschreibt und erklärt betriebliche Erscheinungen und Aufgabenbereiche, die für alle Betriebe unabhängig von ihrer Zugehörigkeit zu einem speziellen Wirtschaftszweig von Bedeutung sind.
- **Spezielle BWL:**
  Gegenstand hier sind die betriebswirtschaftlichen Themen, die sich aus der Besonderheit einzelner Wirtschaftszweige ergeben. Hierzu gehören beispielsweise Industrie-, Handels-, Bankbetriebslehre oder die Betriebswirtschaftslehren der Versicherungen, des Verkehrs, der Touristik und sonstiger Spezialeinrichtungen oder weitere Unterteilungen.

Diese lange Zeit gängige Unterscheidung findet zunehmend nicht mehr allgemeine Zustimmung, zumal die Trennlinie unscharf ist, wo das Allgemeine endet und das Spezielle beginnt. Häufig wird daher heute von Einführung in die BWL oder Grundlagen der BWL etc. gesprochen und geschrieben, wenn ein allgemeiner umfassender Überblick geboten werden soll, ohne auf die speziellen Gebiete einzugehen.

Wo endet das Allgemeine, wo beginnt das Spezielle?

Dem wird auch im vorliegenden Band gefolgt mit der entsprechenden Gliederung. Dabei sind die Darstellungen der Leistungsbereiche im 3. Kapitel naturgemäß eher abstrakt gehalten bzw. orientieren sich vornehmlich an allgemeinen Werten eines Produktionsunternehmens – insbesondere im Bereich Produktion –, um nicht durch die Vielzahl der Spezialaspekte zu verwirren.

In der weiteren Vertiefung des betriebswirtschaftlichen Studiums werden zum einen Spezialthemen zu den einzelnen Branchen behandelt. Zum anderen erfolgt eine Vertiefung der einzelnen Funktionsbereiche, die im Rahmen einer allgemeinen Darstellung eher in ihren Grundzügen behandelt werden.

In der weiteren Vertiefung: Spezialthemen und einzelne Funktionsbereiche

2.3 Praxisorientierte Theorie der BWL

Im ersten Abschnitt dieses Kapitels wurde dargelegt, dass die BWL wegen ihres in der Wirklichkeit existierenden Erkenntnisobjektes zu den **Realwissenschaften** zählt.

Da die betrachteten Institutionen, die Betriebe, vom Menschen geschaffene Sozialgebilde sind, zählt die BWL darüber hinaus in der weiteren Spezifizierung zu den **speziellen Sozialwissenschaften**.

Schließlich kann sie aufgrund ihrer angesprochenen Interdependenz zu anderen Wissenschaftsgebieten und der Nutzung der dort gewonnenen Erkenntnisse auch als eine **angewandte Wissenschaft** bezeichnet werden.

Ihre (relative) Eigenständigkeit wurde früher häufig aus dem Identitätsprinzip heraus erklärt, heute überwiegend aus der Eigenständigkeit der Institution und ihrer Erkenntnisobjekte Betrieb und Markt, die auch disziplinbegründend waren.

Ergebnisse sollen für die praktische Betriebsführung Hilfestellung leisten

Zum einen geht es in der BWL um theoretische Erkenntnisse und entsprechende Methodik. Zum anderen sollen die Ergebnisse für die praktische Betriebsführung Hilfestellung leisten. Die Akzente werden dabei von den einzelnen Wirtschaftswissenschaftlern teilweise unterschiedlich gesetzt, worauf im abschließenden 9. Kapitel »Entwicklung und Standortbestimmung der BWL« nochmals kurz eingegangen wird. Hier geht es um die Grundlagen.

2.3.1 BWL als theoretische Wissenschaft

Die Gewinnung wissenschaftlicher Erkenntnisse erfolgt zumeist in zwei Schritten:

Modelle sind bedeutsame Hilfen

1) Bildung von Hypothesen, d. h. Aussagen über die Wirklichkeit,
2) Überprüfung der Hypothesen.

Eine Hypothese besteht aus zwei Teilen: der ursprünglichen Aussage (Prämisse) und der abgeleiteten Aussage (Theorem). Die Verifikation gibt Auskunft darüber, inwieweit dieser Lehrsatz eine wirklichkeitsrelevante Schlussfolgerung darstellt.

In fast allen Wissenschaftsgebieten spielt das Bilden von Modellen eine besondere Rolle, um abstrahiert vom speziellen Einzelfall zu allgemeinen Schlussfolgerungen zu gelangen. Die Aufgaben sind dabei:

Beschreibungs-, Erklärungs- und Entscheidungsmodelle

- Fragen und Zusammenhänge übersichtlich darzustellen und zu beschreiben (Deskription): **Beschreibungsmodelle**,
- Struktur von Bedingungen und Auswirkungen zu erklären oder Theorien für entsprechend typische Tatbestände zu interpretieren: **Erklärungsmodelle**.
- Informationen zu liefern, wie bei entsprechender Zielvorgabe der Erreichungsgrad optimiert werden kann, also mehr oder weniger abgesicherte Schlussfolgerungen gezogen werden können: **Entscheidungsmodelle**.

In den Wirtschaftswissenschaften werden sprachlich semantische Darstellungen verwendet (Semantik gleich Bedeutungslehre). Häufig wird auch mathematische oder formale Symbolik benutzt, oftmals auch als funktionsbeschreibende Darstellung, ohne dass eine Auswertung nach den üblichen mathematischen Gesetzmäßigkeiten vorliegen muss. In anderen Bereichen wie Architektur, Physik etc. werden auch so genannte ikonische, materielle Modelle verwendet, beispielsweise der Globus als Abbildung der Erde.

Je besser das Modell mit dem Original bzw. den tatsächlichen Gegebenheiten übereinstimmt, umso zuverlässiger lassen sich modellhafte Rückschlüsse auf den konkreten Einzelfall übertragen. Andererseits fördert die Konzentration auf die wesentlichen Elemente die Übersichtlichkeit der Anwendungen.

Je besser das Modell mit den tatsächlichen Gegebenheiten übereinstimmt, umso zuverlässiger lassen sich Rückschlüsse auf den Einzelfall übertragen

Ein **Beschreibungsmodell** ist beispielsweise auch das betriebliche Rechnungswesen. Hier werden – das Unternehmen betreffende – Geschehnisse nach besonderen Gesichtspunkten ausgewählt und in spezieller Systematik aufbereitet und dargestellt. Man kann unterscheiden in die Unterarten Erfassungsmodelle und Ermittlungsmodelle, letztere, wenn nicht nur Informationen verdichtet werden, sondern durch entsprechende Rechenvorgänge oder Auswertungen zusätzliche Erkenntnisse gewonnen werden.

Die Konzentration auf die wesentlichen Elemente fördert jedoch die Übersichtlichkeit

Beschreibungsmodelle können durch **induktive Deskription** geschaffen werden, indem die Realität beobachtet, beschrieben und systematisiert wird. Aus solcher empirischen Vorgehensweise kann auch die im vorhergehenden Abschnitt beschriebene Betriebstypologie abgeleitet werden. Ein anderer Weg ist die **deduktive Deskription**, indem Modelle durch gedanklich logisches Vorgehen geschaffen werden. Da häufig in der unternehmerischen Realität Experimente (im naturwissenschaftlichen Sinne) kaum möglich sind, ist die BWL häufig auf deduktive Methoden angewiesen.

Erklärungsmodelle basieren auf der Annahme entsprechender Regeln über Ursache und Wirkung, nach denen sich Sachverhalte interpretieren lassen. Ist ein bestimmter Sachverhalt gegeben, so werden die Elemente und die Struktur des Zusammenwirkens (aus denen die Auswirkung resultiert) gesucht, um daraus ein entsprechendes Erklärungsmodell zu entwickeln.

Eine Landkarte ist nicht die Wirklichkeit, dennoch ist sie hilfreich zur Orientierung

Entscheidungsmodelle sollen Hilfestellung bieten, die Regeln nutzbar zu machen für das konkrete Handeln, insbesondere die Auswahl zwischen Handlungsalternativen. Durch Kenntnis des entsprechenden Erklärungsmodells und der zugrunde liegenden Regelungen soll im Wege einer **Prognose** auf einen künftigen Sachverhalt geschlossen werden. Dies setzt jedoch voraus, dass die einzelnen Wirkzusammenhänge eindeutig bestimmbar sind. Ist dies nicht der Fall, ergeben sich mehrdeutige und ungenaue Antworten sowie ein interpretationsbedürftiges Prognosespektrum.

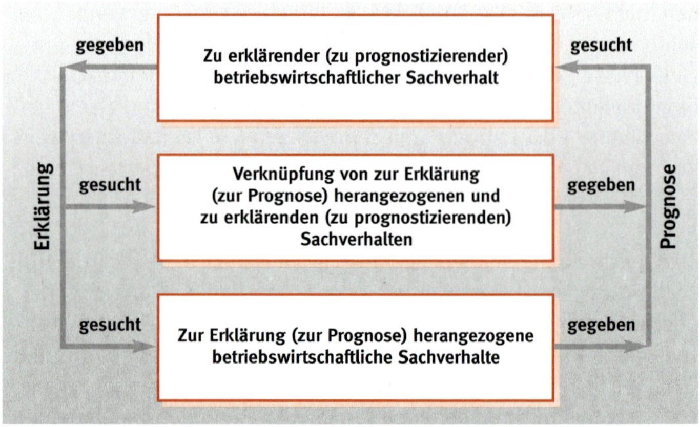

Abb. 2.4: Zusammenhang zwischen Erklärungs- und Entscheidungs-(Prognose-)modell

Schlussfolgerungen durch Induktion und Deduktion

Die Abbildung zeigt den Zusammenhang zwischen Erklärungs- und Entscheidungs-(Prognose-)Modell. Die Schlussfolgerungen können in der wissenschaftlichen Methodik auf zweierlei Art gezogen werden:

- Induktion: Wissenschaftliche Methode, welche vom Einzelnen, dem Besonderen, auf etwas Allgemeines, etwas Gesetzmäßiges, schließt.
- Deduktion, die Ableitung des Besonderen aus dem Allgemeinen.

Beide Methoden finden in der wirtschaftstheoretischen Forschung Anwendung.

Modelle sind Abbilder, sie enthalten selten alle Elemente

Ein Problem für die Modellbildung stellt der Grad der Abstraktion dar: Erfolgt eine Reduktion auf die wesentlichen, typischen Merkmale, so ist zwar häufig ihr Zusammenwirken bestimmbar und das Ziehen von Schlussfolgerungen wird leichter möglich. Demgegenüber beschreibt dieses Modell jedoch nicht die ganze Wirklichkeit, sodass möglicherweise bedeutsame Einflüsse außen vor bleiben.

Wird andererseits versucht, das Modell vollkommen zu beschreiben, so ergibt sich ein Netz von Abhängigkeiten, das eindeutige Schlussfolgerungen im Sinne von Ursache-Wirkung nicht mehr zulässt oder aber zumindest das Ableiten und die Handhabbarkeit deutlich erschwert. Häufig müssen Reduktionen in Kauf genommen werden, um zu übersichtlichen Modellen und eindeutigen Schlussfolgerungen zu gelangen.

Erkenntnisse dürfen nicht überinterpretiert werden

Zu beachten ist, dass die Erkenntnisse nicht überinterpretiert werden: Über die Wirkungsweise von Elementen, die nicht in das Modell eingingen, können keine unmittelbaren Aussagen abgeleitet werden.

2.3.2 BWL als Management-Lehre

BWL ist eine angewandte Wissenschaft in doppelter Hinsicht:
Zum einen im Sinne einer **anwendenden Forschung**, die Ergebnisse aus anderen Wissenschaftsgebieten nutzt, um ihr Erkenntnisobjekt, den Betrieb, nicht nur unter wirtschaftlichen Gesichtspunkten zu beschreiben und zu analysieren, sondern auch die sich dort zeigenden Verhaltensweisen unter zusätzlichen Aspekten zu verstehen.

Beispiel

Untersuchung des Einflusses auf Entscheidungen und Handlungsweisen, die nicht nur ökonomisch geprägt sind, sondern von Menschen getragen werden in ihrer Gesamtpersönlichkeit mit unterschiedlichsten Zielen, Bedürfnissen und Emotionen.

Je mehr diese Einflüsse in die Analyse und Erklärung wirtschaftlicher Vorgänge im Betrieb eingehen, umso mehr wird der Betrieb nicht nur als ein ökonomisch determiniertes Gebilde betrachtet, sondern – wie es häufig beschrieben wird – als ein sozio-technisches System mit vielfältigen Vernetzungen zu seinem Umfeld im weitesten Sinne.

Erkenntnisse aus Soziologie und Psychologie etc. fließen u.a. in die Betrachtung des Betriebes mit ein

Zum zweiten ist BWL eine **angewandte Lehre**, da sie aus ihren Erkenntnissen zugleich Handlungshilfen ableiten will für diejenigen, die im Betrieb agieren und Entscheidungen zu treffen haben.
In diesem Sinne geht es also nicht nur um Erklärungsmodelle in der BWL, sondern zugleich um Prognose- und Entscheidungsmodelle.

Dies hat Auswirkungen auf die angewandte Methodik:
Beim Entwurf von Erklärungsmodellen kann es durchaus sinnvoll sein, die Abbildung der zu betrachtenden Realität auf wesentliche Bestandteile zu reduzieren, beispielsweise auf Elemente, die sich weitgehend eindeutig beschreiben lassen, auch in ihren Ursache-Wirkungs-Verhältnissen untereinander. Dies ermöglicht, eindeutige Rückschlüsse zu ziehen, Regeln abzuleiten im Sinne allgemeiner, in diesem Modell geltender Gesetzmäßigkeiten.

Das bedeutet jedoch auch, dass Aspekte, die nicht in die Modellbildung eingingen, dann nicht in ihrem Einfluss bei den Rückschlüssen berücksichtigt wurden. Hierzu zählt beispielsweise das individuelle, subjektive Verhalten von Menschen, das auch in seiner wirtschaftlichen Aktivität nicht allein aus ökonomischen Rationalüberlegungen heraus erklärbar ist. Wenn die aus Erkenntnissen abgeleiteten Regeln jedoch zugleich Handlungsanweisungen oder doch

Individuelles, subjektives Verhalten von Menschen ist nicht allein aus ökonomischen Rationalüberlegungen heraus erklärbar

zumindest Hilfestellungen, z. B. für die Führungskräfte im Unternehmen, werden sollen, so ergibt sich eine Realitätslücke, je mehr die komplexe Wirklichkeit nur reduziert im Modell abgebildet wurde.

Die Tendenz, die BWL vorrangiger als Führungs- und Managementlehre zu sehen, hat deutlich zugenommen. Dieser Ansatz prägt gerade auch im angelsächsischen Raum schon länger eine eher pragmatische Sichtweise.

Kritiker vermerken, dass bei einer solchen mehrdimensionalen Sicht nicht nur eine Nutzung von Erkenntnissen anderer Wissensgebiete erfolgt, sondern sie zur interdisziplinären Integration führt. Das wiederum führt zu einer Lehre, die nicht mehr zwingend und allein einer Wissenschaft zugeordnet werden kann.

Theoretisch eindeutige und praxisbezogen vielfältige Modelle stehen z. T. im Widerstreit, dennoch können sie nebeneinander Berechtigung haben

Auf methodische Details kann hier im Rahmen einer Einführung nicht weiter eingegangen werden. Die Aspekte waren jedoch anzusprechen, um das Verständnis für die Denkweisen der BWL zu wecken im Spannungsfeld einer Forschung, die möglichst theoretisch eindeutige Gesetzmäßigkeiten ableiten will, und einer eher pragmatischen Lehre, die konkrete Hilfestellung leisten soll für Entscheidungen, Wirtschaftspolitik und Handeln im betrieblichen Alltag.

Die BWL, die heute zumeist gelehrt wird, deckt beide Bereiche ab, wenn auch ggf. mit unterschiedlicher Akzentuierung. Theoretisch und methodisch eindeutige Gesetzmäßigkeiten streben nach Allgemeingültigkeit – pragmatische und konkrete Handlungsanweisungen gelten im jeweiligen speziellen Kontext, den einbezogenen Rahmenbedingungen. Diese unterschiedliche Sichtweise sollte möglichst bei der Beurteilung der jeweiligen Lehrsätze beachtet werden:

Je genereller Aussagen getroffen werden, umso eindeutiger können sie Ursache-Wirkung-Zusammenhänge aufzeigen

- Je genereller Aussagen getroffen werden unter Abstraktion der Details konkreter Einzelfälle, umso eindeutiger können sie Ursache-Wirkung-Zusammenhänge und daraus abgeleitete Gesetzmäßigkeiten aufzeigen; bei der Anwendung im speziellen Einzelfall gilt jedoch die Einschränkung, dass eine Reihe – möglicherweise entscheidender – Aspekte nicht in die Betrachtung einbezogen wurden.

Je spezieller und detaillierter Handlungshinweise formuliert werden, umso praxisnäher können sie Empfehlungen in einer bestimmten Situation geben

- Je spezieller und detaillierter konkrete Handlungshinweise formuliert werden, die auch vielfältigen, zum Teil äußeren und nicht genau determinierbaren Einflussfaktoren Rechnung tragen, umso praxisnäher können sie Empfehlungen in einer bestimmten Situation geben; sie erheben dann aber nicht den Anspruch auf Allgemeingültigkeit auch bei anderen Rahmenbedingungen.

Beide Ansätze haben ihre Berechtigung und können sich wechselseitig befruchten.

3 Bereiche im Leistungsprozess

3.1 Beschaffung / Materialwirtschaft

Materialwirtschaft: Einkauf von Werkstoffen

Die Bereitstellung der für die betrieblichen Leistungsprozesse notwendigen Faktoren ist die Aufgabe der Beschaffung. Es wurde bereits im ersten Kapitel darauf hingewiesen, dass üblicherweise die Bereitstellung der menschlichen Arbeit gesondert im Rahmen der Personalwirtschaft behandelt wird und die Investitionen, die Bereitstellung von Betriebsmitteln, im Zusammenhang mit der Finanzierung. Somit konzentriert sich das Thema hier auf die Materialwirtschaft, den Einkauf von Werkstoffen.

Einige Autoren, insbesondere jene, die auf Gutenberg und Wöhe zurückgehen, behandeln die Beschaffung als einen Teil der Produktion, also der Leistungserstellung. Hierbei wird im Vordergrund gesehen, dass es sich aus dem Produktionsprozess ergibt, welche Güter einzukaufen und bereitzustellen sind. Gelegentlich wird auch der Einkauf bezeichnet als »Absatz mit umgekehrten Vorzeichen«. Diese Sicht betont die Marktbezogenheit beider Bereiche. Strategien und Verhaltensweisen eines Nachfragers (Beschaffung) sind aber nicht gleich oder umgekehrt denen eines Anbieters (Absatz), insbesondere, wenn es sich um unterschiedliche Märkte und Marktstrukturen handelt.

Beispiel

Es ist denkbar, dass sich bei einem Unternehmen der Absatz auf das Inland konzentriert, die Beschafffung aber auch im Ausland – durch Importe – erfolgt oder entsprechend umgekehrt.

Je härter der Wettbewerb im Absatzbereich, umso mehr entscheidet ein erfolgreicher Einkauf über die Gewinnmarge

Sowohl in der Unternehmenspraxis als auch in der Betriebswirtschaftslehre wird der Materialwirtschaft als selbstständigem Teilbereich zunehmendes Interesse entgegengebracht. Je härter der Wettbewerb im Absatzbereich, umso mehr entscheidet ein erfolgreicher Einkauf über die Gewinnmarge: »Was im Einkauf gespart wird, muss nicht zusätzlich verdient werden«.

Störungen in der Funktionsfähigkeit und unwirtschaftliche Durchführung im Einkauf haben erheblichen Einfluss auf die Leistungsfähigkeit anderer Bereiche und damit auch auf den Unternehmenserfolg.

3.1.1 Aufgaben und Ziele

Gegenstand der Materialwirtschaft, z.B. im Produktionsunternehmen, sind:

Gegenstand der Materialwirtschaft

- **Rohstoffe**, die als wesentliche Bestandteile unmittelbar in die Fertigerzeugnisse eingehen,
- **Hilfsstoffe**, die zwar auch ein Bestandteil des Fertigerzeugnisses werden, aber wert- und mengenmäßig eine weit geringere Bedeutung haben,
- **Betriebsstoffe**, die nicht in das Fertigerzeugnis eingehen, sondern verbraucht werden,
- **Zukaufsteile**, die von anderen Firmen bezogen werden und unmittelbar in das Fertigerzeugnis eingehen (also vergleichbar den Rohstoffen), aber bei einer arbeitsteiligen Produktion an Bedeutung zunehmen und daher als höherwertige Güter (höhere Veredelung) zunehmend gesondert ausgewiesen werden.

Roh-, Hilfs- und Betriebsstoffe werden als **Werkstoffe** bezeichnet. Unter **Handelsware** versteht man die Güter, die eingekauft und ohne weitere Be- und Verarbeitung wieder vertrieben werden.

→ *Die Beschaffung ist verantwortlich für die Verfügbarkeit der Güter zur rechten Zeit in ausreichender Menge und richtiger Qualität.*

Im Hinblick auf die Unternehmensziele hat sie diese Funktionen in wirtschaftlicher Weise und im Rahmen der bereitgestellten Finanzmittel durchzuführen.

Wesentliche Ziele

Die wesentlichen Ziele lassen sich auf drei Ebenen beschreiben:

1) Operative Ebene
   - Sicherung der Materialbereitstellung im Unternehmen nach Art, Güte und Beschaffenheit zur rechten Zeit am richtigen Ort,
   - Flexibilität bei Lieferverzögerungen und/oder Sonderanforderungen seitens des Betriebes.
2) Dispositives Vorgehen
   - Sicherung der operativen Maßnahmen,
   - Kostenwirtschaftlichkeit, bezogen auf die Materialkosten einschließlich Nebenkosten und Finanzierungskosten der Materialvorhaltung,
   - Beachtung der Kapitalbindung und Liquiditätsbeanspruchung.
3) Strategische Blickrichtung
   - Sicherung der Basis für die Erfüllung der dispositiven und operativen Aufgaben,
   - Analyse des Beschaffungsmarktes, um rechtzeitig Impulse zu geben für Unternehmensstrategie und Planung in anderen Bereichen.

3.1.2 Materialbereitstellung und Vorratswirtschaft

Unter dem Gesichtspunkt rechtzeitiger Verfügbarkeit und Kostenoptimierung sind im Beschaffungsplan Bestellmenge und Bestellzeitpunkt zu bestimmen. Basis hierfür ist die Ermittlung des Bedarfs, welche Materialien wann in welchen Betriebsabteilungen benötigt werden.

Die **Bedarfsermittlung** kann erfolgen:

Bedarfsermittlung kann auftrags- oder verbrauchsorientiert erfolgen

- Auftragsorientiert: Materialien werden erst beschafft, wenn für die Fertigung ein entsprechender Auftrag vorliegt, oder
- Verbrauchsorientiert: Basis ist eine Lager- und Vorratsfertigung, unabhängig von bereits vorliegenden Aufträgen; Grundlage der Bedarfsermittlung sind dabei Prognosen, Absatzplanung und statistische Auswertungen der Vergangenheit.

→ *Die Beschaffung ist also eng verzahnt mit den Planungen und Vorgaben aus Produktion und Absatz.*

Vorratswirtschaft impliziert Folgendes:

Beschaffung ist Teil des Leistungsprozesses

Die Vorratshaltung dient als Puffer zwischen Materialbeschaffung und Materialverwendung. Hierdurch werden zusätzliche Handlungsabläufe und Vorkehrungen (z.B. Einlagerung, Lagerverwaltung, Materialpflege und -entnahme) erforderlich, die zu entsprechenden Kosten führen. Für die Lagerung sind geeignete Räume und Lagereinrichtungen notwendig, deren Umfang durch das Lagervolumen und die Art der zu lagernden Artikel bestimmt wird. Außerdem werden durch die Lagerhaltung finanzielle Mittel gebunden, was neben Auswirkungen auf die Liquidität auch zu Finanzierungskosten führt. Deshalb gehen die Bemühungen dahin, die Lagerhaltung zu minimieren oder bei Konzepten des »just in time« weitgehend zu vermeiden.

Durch Lagerhaltung werden finanzielle Mittel gebunden

Eine Möglichkeit, die Lagerhaltung zu minimieren bietet das »just in time«-Konzept

In aller Regel besteht die Herausforderung darin, ein Optimum zu finden im Verhältnis zwischen den mit der Lagerhaltung verbundenen Aufwendungen und den sich daraus ergebenden Vorteilen.

→ *Die wesentlichen Nutzen einer Lagerhaltung liegen in der Risikovorsorge und der Optimierung der Beschaffungspreise.*

Eine Optimierung der Beschaffungspreise ergibt sich, wenn:

- durch Einkauf größerer Mengen günstigere Preise (eventuelle Rabatte etc.) erzielt werden können und
- die Nebenkosten, z.B. der Transport, anteilig pro Stück sinken.

Als Risikovorsorge hat die Lagerhaltung die Funktion, die Verfügbarkeit von Waren – selbst bei Unsicherheiten auch in der Planung des

Fertigungs- und Absatzbereiches – zu gewährleisten, ebenso wie bei Störungen und Verzögerungen auf der Lieferantenseite. Gelegentlich kann es sinnvoll sein, z.B. bei bevorstehenden Preissteigerungen oder absehbaren Lieferengpässen, Ware auf Vorrat zu beschaffen.

Es kann sinnvoll sein, Ware auf Vorrat zu beschaffen

Risiken der Lagerhaltung können sich ergeben durch

14)
- Schwund,
- Beschädigung sowie
- technische oder modische Veralterung der Ware.
- Ablauf der Haltbarkeit

Damit die Lagerhaltung sinnvoll geplant werden kann und der Einkauf rechtzeitig informiert wird, wenn erneute Bestellungen notwendig werden, sind entsprechende Informationen erforderlich. Diese liefert die **Bestandsrechnung**.

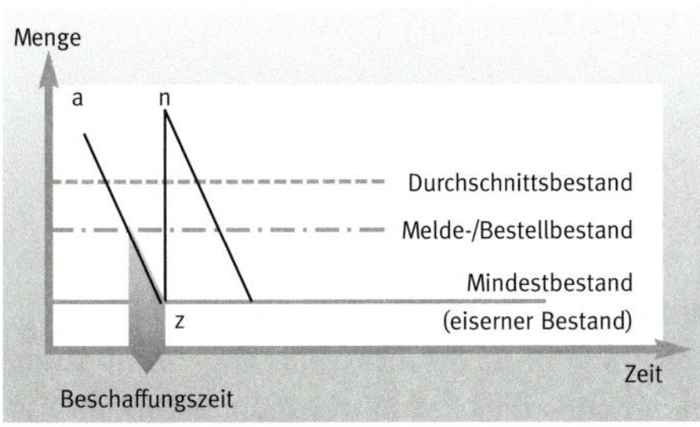

Abb. 3.1 a): Lagerbestand

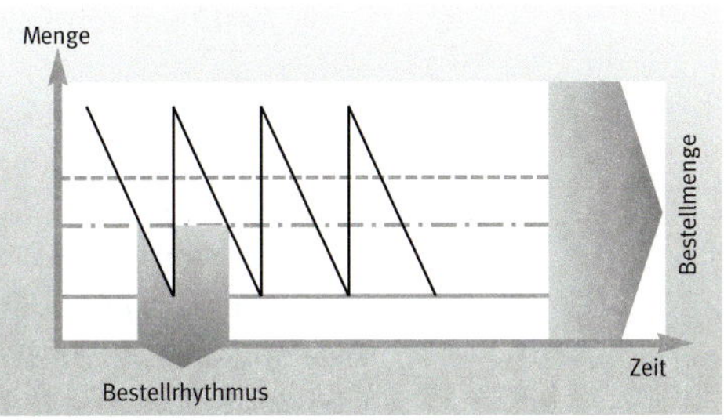

Abb. 3.1.b) Lagerbestand bei geringeren Zugangsmengen

Die Abbildungen verdeutlichen die wichtigsten Daten und Begriffe im Bezug zum Lagerbestand:

Durch Entnahme nimmt der Lagerbestand ab, dargestellt durch die fallende Linie a-z. Der Wareneingang erfolgt im Zugangszeitpunkt z, sodass durch die Zugangsmenge z-n der Lagerbestand auf die neue Bestandsmenge n ansteigt. Es erfolgen weitere Lagerentnahmen.

Mindestbestand stellt die Risikovorsorge dar

Ein **Mindestbestand** stellt die Risikovorsorge dar. Sie ist die geplante Reservemenge, um auch bei unvorhergesehenem Verbrauch oder Verzögerungen in der Belieferung einen reibungslosen Ablauf der Betriebsprozesse zu gewährleisten. Bei normalem Geschäftsbetrieb sollte dieser Mindestbestand nicht unterschritten werden, sodass er auch als »eiserner Bestand« bezeichnet wird.

Zeitspanne zwischen Auslösung einer Bestellung bis zur Verfügbarkeit der Ware wird als Beschaffungszeit bezeichnet

Die Zeitspanne zwischen Auslösung einer Bestellung bis zur Verfügbarkeit der Ware wird als **Beschaffungszeit** bezeichnet. Sie wird beeinflusst durch die Bearbeitung der Bestellung, die Lieferzeit des Lieferanten, die Transportzeit sowie innerbetrieblich durch die Zeit für Warenübernahme, Eingangskontrolle einschließlich eventueller Qualitätsprüfung.

Soll bis zum Eintreffen der Ware der Mindestbestand nicht unterschritten werden, so muss die Bestellung entsprechend dieser Beschaffungszeit früher erfolgen; hieraus ergibt sich der so genannte **Melde-/Bestellbestand**. Der Unterschied zwischen Melde- und Mindestbestand dient zur Überbrückung der Beschaffungszeit.

Das Optimum liegt in einer guten Balance

Zwischen dem Tiefstand der Lagerhaltung unmittelbar vor Wareneingang und dem sich danach ergebenden Höchststand ergibt sich im Zeitablauf der **Durchschnittsbestand**. Dieser bestimmt den aus der Vorratshaltung sich ergebenden durchschnittlichen Finanzierungsbedarf.

Der Bestellrhythmus ergibt sich aus der Folge der Bestellungen. Je häufiger die Bestellungen, desto geringer die durchschnittliche Lagerhaltung, jedoch umso höher die Aufwendungen, die mit einer jeweiligen Bestellung verbunden sind, wie beispielsweise Bearbeitung, Rechnungsprüfung, eventuell Transportkosten etc.

→ *Die **optimale Bestellmenge** ist jene, die zu dem insgesamt wirtschaftlichsten Ergebnis führt.*

3.1.3 Analysen zur Unterstützung des Einkaufs

Aufwand für Optimierung darf nicht größer als der daraus resultierende Nutzen sein

Die optimale Vorratswirtschaft und die Bestellmengenermittlung erfordern umfassende Planungen. Dies ist mit entsprechendem Aufwand in der Einkaufsabteilung verbunden. Dabei soll natürlich der Aufwand für die Optimierung nicht größer als der daraus resultierende Nutzen sein. Insoweit ist es sinnvoll, nicht alle Artikel mit gleicher Intensität zu behandeln, sondern sich auf die wichtigsten zu konzentrieren. Unbedeutendere und im Wert geringere Materialien werden nach einem Standard abgewickelt, der erwarten lässt, dass die Kosteneinsparungen im Ablauf höher sind als ein eventueller Nutzen bei ausgefeilter Optimierung. Hierzu erfolgt eine **Sortiments- und Artikelanalyse**. Ergänzt wird die Entwicklung von Strategien und Verhaltensweisen im Einkauf durch die Erkenntnisse einer **Lieferantenanalyse**, weitere Unterstützungen können sich aus **Warenwirtschaftssystemen** ergeben.

Sortiments- und Artikelanalyse, Lieferantenanalyse, Warenwirtschaftssysteme

3.1.3.1 Sortiments- und Artikelanalyse

Hierzu zählt zunächst die so genannte **A-B-C-Analyse**, vgl. folgende Abbildung. Sie zeigt, dass ein Großteil des Umsatzes mit wenigen Artikeln erzielt wird, hier 70 % Umsatz mit 10 % der Artikel. Ähnliche Werte sind bei Analysen in der Praxis immer wieder bestätigt worden.

Diese Artikel werden als A-Artikel bezeichnet. Die B-Artikel machen im Beispiel 20 % aus und erbringen 25 % des Umsatzes. Bei den C-Artikeln handelt es sich um eine Vielzahl der Artikel, die nur einen geringen Umsatzanteil repräsentieren, in der Abbildung 70 % der Artikel mit 5 % des Umsatzes.

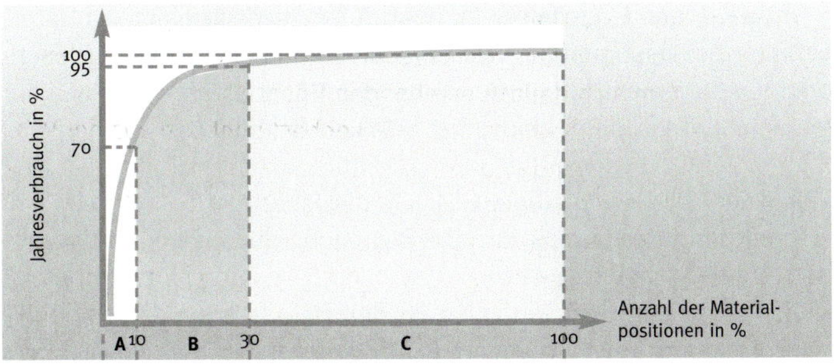

Abb. 3.2: A-B-C-Analyse

Die A-B-C-Analyse findet auch in einer Reihe anderer Bereiche der Betriebswirtschaft Anwendung und führt der Tendenz nach jeweils zu ähnlichen Relationen. Sie ermöglicht, das Augenmerk auf die Bereiche zu verlegen, wo zusätzliche Aufwendungen zur Optimierung einen möglichst hohen wirtschaftlichen Erfolg versprechen.

ABC-Analyse ermöglicht es, das Augenmerk auf die Bereiche zu verlegen, wo zusätzliche Aufwendungen zur Optimierung einen möglichst hohen wirtschaftlichen Erfolg versprechen

Ergänzend zum Anteil der Artikel am Umsatz bzw. am Jahresverbrauch ist für die Bestellbearbeitung von Bedeutung, inwieweit Verbrauchsschwankungen die Genauigkeit der Bedarfsvorhersage beeinträchtigen. Dies wird als **X-Y-Z-Analyse** bezeichnet, siehe Abb. 3.3, in der drei typische Kurvenverläufe dargestellt sind.

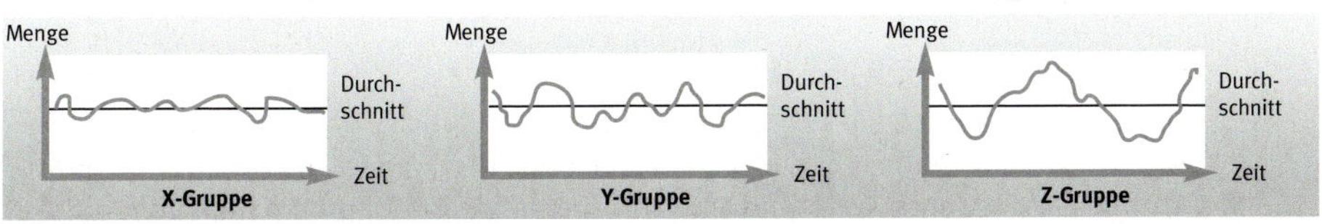

Abb. 3.3: X-Y-Z-Analyse

Ergänzend zu den Analysen wird der Einkauf auf entsprechende Planungen und Prognosen der Produktion und des Absatzes zurückgreifen.

3.1.3.2 Lieferantenanalyse

Der Lieferant ist auch Partner des Einkaufs. Einerseits wollen beide Parteien jeweils für ihr Unternehmen die günstigsten Konditionen aushandeln, andererseits verbindet sie das Ziel einer guten Geschäftsbeziehung. Leistungsfähigkeit und Zuverlässigkeit der Lieferanten erleichtern die Beschaffung. Insoweit ist neben Lieferkonditionen und Preisen der einzelnen Lieferanten zu überprüfen (üblicherweise durch entsprechende Statistiken), wie vollständig, fristgerecht und in vereinbarter Qualität geliefert wird.

Vielfältige Geschäftsbeziehungen oder Konzentration auf einen Lieferanten?

Im jeweiligen Einzelfall ist zu überprüfen, inwieweit sich ein Unternehmen bei bestimmten Artikeln oder Sortimentsteilen auf wenige oder gar nur einen Lieferanten konzentriert oder die Bestellungen auf mehrere aufteilt, denn beides hat Vor- und Nachteile.

Mögliche Vorteile vielfältiger Geschäftsbeziehungen:
- Ermittlung der jeweils für eine Bestellung günstigsten Preis- und Konditionsangebote und
- Sicherung von Bezugsquellen für den Fall, dass ein einzelner Lieferant einmal nicht zu liefern in der Lage ist.

Mögliche Vorteile bei Konzentration auf einen Lieferanten:
- Stärkung des partnerschaftlichen Verhältnisses,
- Ermöglichung eventueller Preisvorteile (z. B. Rabatte und Boni) durch größere Bestellmengen und
- ggf. Sicherung der bevorzugten Belieferung in Zeiten der Knappheit.

Veränderungen frühzeitig erkennen

Neben der Kontaktpflege zu den aktuellen Lieferanten gehört es zu den Aufgaben des Einkaufs, generell die Entwicklungen auf dem Beschaffungsmarkt zu beobachten – beispielsweise auch durch Besuch entsprechender Fachmessen –, um Veränderungen frühzeitig zu erkennen und für das Unternehmen nutzbar zu machen.

3.1.3.3 Warenwirtschaftssysteme

Von einem Warenwirtschaftssystem spricht man, wenn die Bestandsrechnung, das Bestellwesen und der Wareneingang in ein Konzept integriert werden und ein gegenseitiger Informationsfluss vorgegeben ist, in aller Regel EDV-unterstützt.

Warenwirtschaftssystem gibt dem Einkäufer eine Fülle statistischer Dispositionshilfen und Informationen

Es entwickelt sich zu einem geschlossenen Warenwirtschaftssystem, wenn zusätzlich der Warenausgang integriert wird, also die Materialentnahme für den Fertigungsbereich, oder bei Handelsware die Bestandsabbuchung integriert mit dem Verkaufsvorgang erfolgt.

Ein solches System gibt dem Einkäufer eine Fülle statistischer Dispositionshilfen und Informationen über die Erreichung der optimalen Bestellmengen etc. Ferner sind zusätzliche Auswertungen möglich, die interessante Informationen liefern können für das Marketing und das Management.

Arbeitsteilung erhöht die Bedeutung des Einkaufs

Der Einkauf ist die Verbindung des Unternehmens zum Beschaffungsmarkt hin. Gerade auch mit zunehmender Arbeitsteilung in der Wirtschaft kommt diesem eine wachsende Bedeutung zu.

3.2 Produktion / Leistungserstellung

Aus dem Zweck des Unternehmens ergibt sich, welche Leistungen erstellt und bereitzustellen sind. Dies können sowohl Sachgüter als auch Dienstleistungen sein. Die folgende Darstellung konzentriert sich auf Grundzüge der Produktion als industrielle Leistungserstellung mit dem Schwerpunkt der Fertigung von Sachgütern.

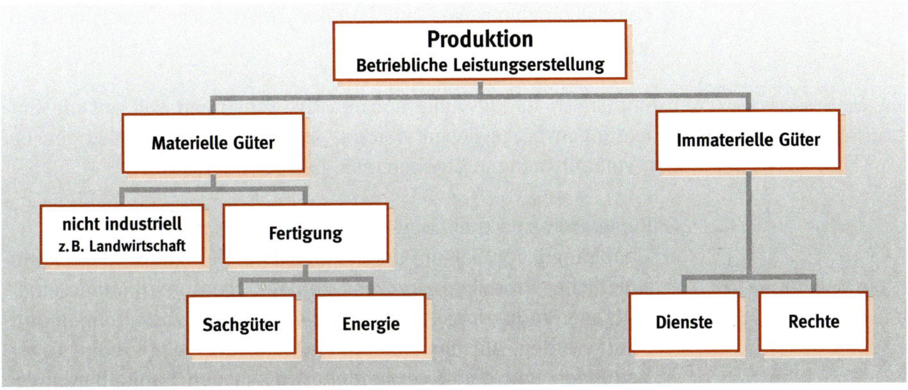

Abb. 3.4. Gliederung der Leistungserstellung

3.2.1 Aufgaben und Ziele

Die Fertigung wird durch zwei Aspekte geprägt, die zu integrieren sind:

- Die **Technik**, die aufbauend auf Naturgesetzen mit industriell anwendbaren Vorrichtungen und Verfahren unter Einsatz entsprechender Werkstoffe die Leistungserstellung bestimmt, und
- die **Betriebswirtschaft**, die, basierend auf dem ökonomischen Prinzip, den Einsatz technischer Verfahren zur Leistungserstellung bewertet, auswählt und steuert.

Ökologische und humanitäre Gesichtspunkte

Zunehmend sind Fragen der Umweltbelastung sowohl im Hinblick auf die Auswahl der verwendeten Materialien als auch der eingesetzten Produktionsverfahren zu berücksichtigen. Neben dem ökologischen Gesichtspunkt spielt gleichfalls der der Humanität eine zu beachtende Rolle.

Zielvorgabe des Produktionsbereiches

Die Zielvorgabe des Produktionsbereiches leitet sich aus den Unternehmenszielen ab. Daraus ergeben sich im Wesentlichen drei Ziele:

- absatzgerechte Leistungserstellung, also Erstellung von Produkten in der richtigen Art und Qualität,
- Kostenoptimierung in der Produktion im vorgegebenen Rahmen,
- optimale Kapitalbindung.

17)

Diese Ziele stehen nicht isoliert, sondern in Wechselbeziehung zueinander. Daraus können weitere Zielvorgaben abgeleitet werden zum Beispiel:

- Reduzierung der Durchlaufzeiten während des Produktionsprozesses
- Kapazitätsvorhaltung bei den Betriebsmitteln
- Lagerhaltung, bezogen auf Vorräte, Zwischenläger und/oder Fertigungsprodukte

Auf Schwankungen kann unterschiedlich reagiert werden

Exemplarisch für die Fülle solcher Abstimmungen soll auf die Entscheidungen hingewiesen werden, die sich aus Schwankungen bei den Verkaufsmengen ergeben, z. B. bei Saisonartikeln.

Drei Vorgehensweisen bei der Produktion

Grundsätzlich sind drei Vorgehensweisen möglich:

1) Unabhängig von Saison- und Absatzschwankungen wird ein **kontinuierlicher Produktionsprozess** geplant. Hierdurch können einerseits die Produktionskosten und die Kapazitätsvorhaltungen optimiert werden. Auf der anderen Seite werden relativ hohe Lagerhaltungen und damit verbundene Kosten und Kapitalbindungen verursacht.
2) Die Produktionsmengen werden den **schwankenden Absatzmengen angepasst**. Dadurch wird zwar die Lagerhaltung minimiert, andererseits sind höhere Produktionskapazitäten vorzuhalten, die für Spitzenzeiten ausreichen und in auftragsschwachen Zeiten nicht ausgelastet sind, was zu höherer Produktionskostenbelastung führt.
3) Es wird ein **Optimum gesucht zwischen der Anpassung der Produktionsmenge und deren Kontinuität** mit entsprechender Lagerhaltung. Dies ist weitgehend an Kostenüberlegungen orientiert, kann aber Begrenzungen finden durch Liquiditätsvorgaben oder produktionstechnische Prämissen etc.

Bei manchen Erzeugnissen werden Produktionsanpassungen durch Saisonschwankungen auf der Beschaffungsseite notwendig, z. B. bei frisch zu verarbeitenden Grunderzeugnissen wie Obst und Gemüse.

3.2.2 Verknüpfungen zu den Bereichen Absatz und Beschaffung

In der Erzeugnisplanung wird festgelegt, welche Produkte in das Leistungsprogramm des Unternehmens aufgenommen werden sollen. In einer an Kunden orientierten Marktwirtschaft gehen die wesentlichen Impulse hierzu vom Absatz- und Marketingbereich aus (hierauf wird daher unter 3.3 eingegangen). Einflüsse ergeben sich jedoch auch durch das in der Produktion geschaffene und bereitgestellte Leistungsvermögen des Unternehmens, beispielsweise geprägt durch die investierten Betriebsmittel, die eingeführten Verfahrenstechniken, das Know-how der Mitarbeiter, eventuelle Lizenzen etc.

Impulse und Einflüsse aus der Erzeugnisplanung, dem Absatz- und Marketingbereich und dem Leistungsvermögen des Unternehmens

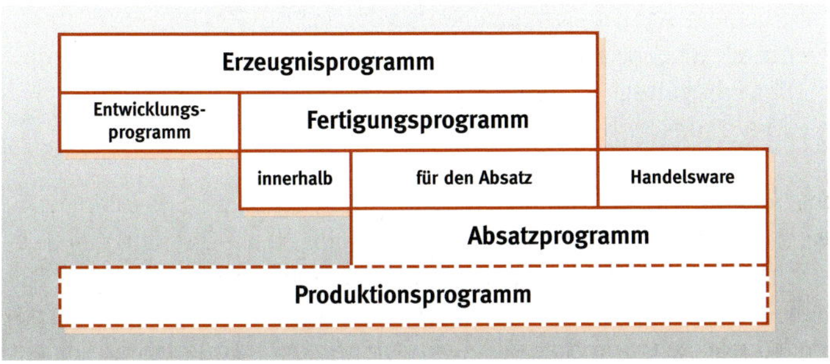

Abb. 3.5: Produktionsprogramm

Obige Abbildung zeigt, dass die Leistungserstellung im Produktionsbereich **(Erzeugnisprogramm)** nicht in jedem Fall mit dem Absatzprogramm identisch zu sein braucht. Neben dem Fertigungsprogramm steht das Entwicklungsprogramm, zu dem beispielsweise noch nicht absatzreife Erzeugnisse zählen, wie Muster oder Prototypen.

Erzeugnis-, Fertigungs- und Absatzprogramm ergeben das Produktions-(Leistungs-)Programm

Das **Fertigungsprogramm** wiederum kann einerseits Leistungen umfassen, die innerhalb des Betriebes selbst verwendet werden, beispielsweise selbst erstellte Anlagen, Vorrichtungen oder Werkzeuge. Andererseits ist das Fertigungsprogramm für den Absatz bestimmt.

Das **Absatzprogramm** wiederum kann über die im Unternehmen (im Bereich Produktion) erstellten Produkte hinaus auch Güter umfassen, die eingekauft und ohne weitere Verarbeitung im Rahmen des Sortiments weiterveräußert werden, so genannte Handelsware.

→ *Aus allem zusammen ergibt sich das* **Produktions-(Leistungs-)Programm**.

Vorsicht: In der Literatur werden die einzelnen Begriffe nicht immer einheitlich abgegrenzt und teilweise auch synonym verwendet.

Lager für Erzeugnisse, um Schwankungen im Absatzbereich auszugleichen oder Lieferbereitschaft zu sichern

Zwischen Produktion und Absatz kann sich das bereits angesprochene Lager für Erzeugnisse ergeben, um Schwankungen im Absatzbereich auszugleichen oder Lieferbereitschaft zu sichern, beispielsweise auch bei Störungen im Produktionsprozess.

Aus dem Erzeugnisplan ergibt sich der Auftrag für die Produktion und daraus letztendlich, welche Ressourcen für die Leistungserstellung zur Verfügung gehalten werden müssen. Auf Einzelheiten dieser Planung, die auch Entscheidungen über alternative Produktionsprozesse und Verfahrensweisen etc. beinhaltet, kann hier nicht eingegangen werden, zumal sie auch abhängig sind von den Bedingungen im konkreten Einzelfall. Hieraus ergibt sich, welche Produktionsfaktoren (siehe 1.3.1) bereitzustellen sind:

- Arbeit, also: wie viele Mitarbeiter mit welcher Qualifikation etc.,
- Betriebsmittel,
- Werkstoffe.

Aus der Art der zu produzierenden Güter ergibt sich, welche Roh-, Hilfs- und Betriebsstoffe zu beschaffen sind

Aus der Art der zu produzierenden Güter ergibt sich, welche Roh-, Hilfs- und Betriebsstoffe zu beschaffen sind. Das Verzeichnis der Rohstoffe, Teile und Baugruppen eines Erzeugnisses wird als Stückliste bezeichnet. Bei mehrstufiger Fertigung zeigt die **Struktur-Stückliste**, in welcher Fertigungsstufe die Materialien oder Baugruppen jeweils verwendet werden.

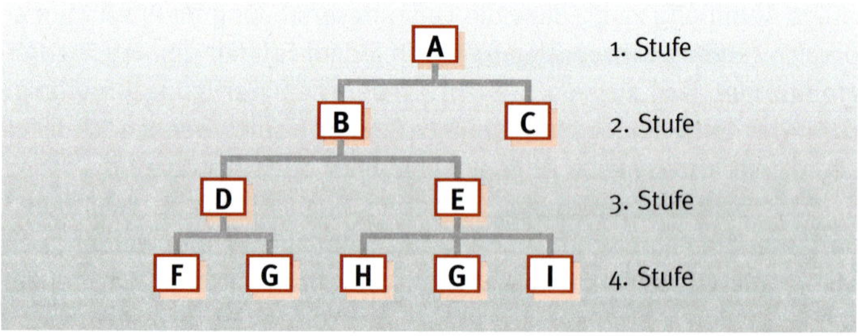

Abb. 3.6: Struktur-Stückliste

In der grafischen Form werden die Strukturen eines Erzeugnisses und die Zahl der in der Produktion erforderlichen Fertigungsstufen veranschaulicht. Es werden jedoch auch tabellarische Darstellungen verwendet. Bei der **Baukasten-Stückliste** wird jeweils eine einzige Fertigungsstufe dargestellt; für ein Erzeugnis mit mehreren Fertigungsstufen wären dann entsprechend viele Baukasten-Stücklisten erforderlich, in obiger Abbildung vier. Die **Varianten-Stückliste** wird verwendet, wenn mehrere Erzeugnisse sich nur geringfügig unterscheiden.

Die **Mengen-Stückliste** dient der mengenmäßigen Dokumentation der einzelnen Bestandteile.

Die Mengen der Rohstoffe und Zukaufsteile (also nicht der Zwischenerzeugnisse) bilden die Basis für die Materialbedarfsrechnung, also gewichtet mit der zu produzierenden Stückzahl die Mengenvorgabe für die Beschaffung.

3.2.3 Fertigungsverfahren

Kriterien für die Unterscheidung der Fertigungsverfahren können entweder auf die z. B. räumlichen oder zeitlichen Strukturen des Fertigungsablaufes bezogen werden (Fertigungsart) oder mengenbezogen sein (Fertigungsausführung).

Unterscheidung der Fertigungsverfahren hinsichtlich Fertigungsart und -ausführung

3.2.3.1 Fertigungsart

Je nach organisatorischer Gestaltung des Fertigungsablaufes, der räumlichen Anordnung der Betriebsmittel und der damit verbundenen auch zeitlichen Struktur werden bestimmte typische Organisationsformen unterschieden.

Verrichtungs- versus Objektzentralisation

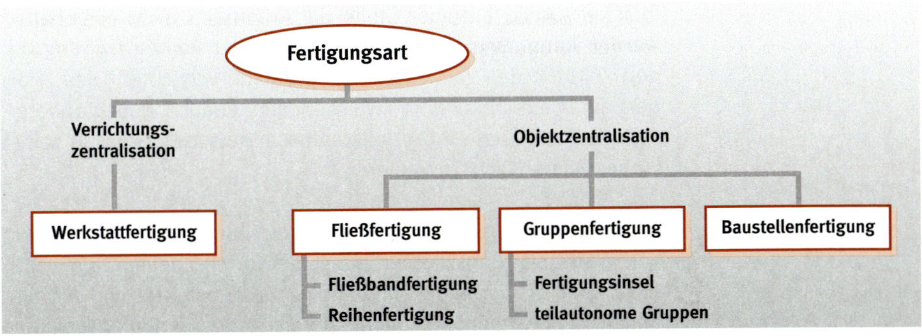

Abb. 3.7: Grundtypen der Fertigungsart

- **Werkstattfertigung:** Maschinen und sonstige Betriebsmittel sowie die Arbeitsplätze mit gleichartiger Arbeitsverrichtung sind zu einer »Werkstatt« zusammengefasst, beispielsweise Stanzerei, Dreherei oder Lackiererei.
  Ist ein Werkstück in verschiedenen Werkstätten zu bearbeiten, so muss es jeweils zur anderen transportiert werden. Diese Transportzeiten und -kosten sowie die eventuell dadurch notwendigen Zwischenläger sowie teilweise eine geringere Transparenz der Abläufe gelten als Nachteile. Die Vorteile liegen in der hohen Anpassungsfähigkeit an unterschiedliche Aufgaben, der geringen An-

Arbeitsplätze mit gleichartiger Arbeitsverrichtung sind zu einer Werkstatt zusammengefasst

fälligkeit bei Störungen in anderen Fertigungsbereichen sowie in einer Leistungsverbesserung durch Spezialisierung.

Transportwege, -zeiten und -kosten minimieren

- **Fließfertigung**: Maschinen und Arbeitsplätze werden räumlich nach dem Fertigungsablauf geordnet, also nach dem Weg, den das Werkstück in seiner Bearbeitung durchlaufen muss.
  Dadurch werden die Transportwege, -zeiten und -kosten minimiert. Dies verbessert die Übersichtlichkeit und die Durchlaufzeiten. Auf der anderen Seite ist zumeist die Anpassungsfähigkeit eingeschränkt. Störungen an einer Stelle beeinflussen den gesamten Ablauf. Erfahrungsgemäß kann sich diese Art der Fertigung auch häufig negativ auf die Motivation des Personals auswirken, insbesondere, wenn sie durch eine Untergliederung in kleinere Teilverrichtungen zur Eintönigkeit führt.
  Bei der Fließfertigung sind zwei Unterarten zu unterscheiden: zum einen die **Fließbandfertigung**, bei der die Werkstücke kontinuierlich oder in einem bestimmten Takt transportiert werden und die Taktzeit bzw. die Fördergeschwindigkeit des Fließbandes die Arbeitszeiten bestimmt. Hieraus ergibt sich eine besondere Störanfälligkeit, wenn an einer Stelle die Arbeitszeit nicht eingehalten werden kann. Dem gegenüber wird bei der **Reihenfertigung** auf den Zeittakt, den zeitlichen Zwangsablauf, verzichtet. Dies erfordert einerseits bestimmte Zwischenläger, erlaubt jedoch andererseits den Arbeitern, ihr Arbeitstempo in gewissen Grenzen selbst zu bestimmen bzw. zu variieren.

Kombination von Werkstatt- und Fließfertigung

- **Gruppenfertigung**: Hier wird versucht, durch eine Kombination von Werkstatt- und Fließfertigung die Vorteile beider Organisationsformen zu verbinden, indem die Betriebsmittel und Arbeitsplätze für bestimmte Tätigkeitsbereiche des Fertigungsablaufes gruppenmäßig zusammengefasst werden, im Prozess jedoch nach dem Fließprinzip angeordnet bleiben.
  Insbesondere im Hinblick auf Personalführung und Personalmotivation sowie ein verstärktes Qualitätsbewusstsein werden hierin besondere Vorteile gesehen. Innerhalb des Gruppenprinzips spricht man von Fertigungsinseln, wenn bei weitgehender Selbststeuerung der Arbeits- und Koordinationsprozesse die Produktionsteile und Endprodukte möglichst selbstständig gefertigt werden. Damit können Planungs-, Entscheidungs- und Kontrollfunktionen innerhalb vorgegebener Rahmenbedingungen verbunden werden sowie der Verzicht auf eine starre Arbeitsteilung. Die notwendigen persönlichen und sachlichen Betriebsmittel sind räum-

lich und organisatorisch in der Fertigungsinsel zusammengefasst. Bei teilautonomen Gruppen wird zusätzlich dem Gruppenprozess und der Zusammenarbeit in Gruppen entsprechende Beachtung entgegengebracht.

- **Baustellenfertigung**: Bei unbeweglichen Erzeugnissen oder bei Großprojekten ist es oft unmöglich, die Werkstücke zu den Betriebsmitteln zu befördern. Stattdessen werden die Betriebsmittel an die Werkstücke herangeführt, z. B. im Hoch-, Tief- oder Anlagenbau sowie im Schiffsbau.

Hoch-, Tief- oder Anlagenbau sowie Schiffsbau

3.2.3.2 Fertigungsausführung

Hier wird nach mengenmäßigen Gesichtspunkten in verschiedene Formen unterschieden, und zwar unter der Fragestellung: Wie viele Erzeugnisse der gleichen Art werden gleichzeitig oder unmittelbar nacheinander im Betrieb hergestellt (Losgröße)?

Wie viele Erzeugnisse der gleichen Art werden gleichzeitig oder unmittelbar nacheinander im Betrieb hergestellt?

- **Einzelfertigung**: Gleichzeitig oder in einem Arbeitszyklus wird nur ein Erzeugnis der gleichen Art hergestellt, beispielsweise im Werkzeug- oder Großmaschinenbau. Hierdurch ist eine hohe Individualisierung in Bezug auf den einzelnen Auftrag möglich. Auf der anderen Seite stehen relativ hohe Vorbereitungskosten bei der Aneinanderreihung unterschiedlicher Einzelfertigungen und begrenzte Möglichkeiten zusätzlicher Rationalisierung.

– Fertigung eines Erzeugnisses

- **Serienfertigung**: Von einer Erzeugnisart wird jeweils eine bestimmte Menge in einem Auftrag (Los) gefertigt. Man unterscheidet in Kleinserien- und Großserien-Fertigung, je nach Anzahl der Erzeugnisse. Eine Serie kann durch die Zusammenfassung mehrerer Kundenaufträge zu einem Fertigungsauftrag gebündelt werden.
  Sonderformen der Serienfertigung sind die Sortenfertigung – wenn aus einem oder mehreren Rohstoffen verschiedene Sorten eines Erzeugnisses hergestellt werden – bzw. die Chargenfertigung, falls es trotz einheitlicher Fertigungsabläufe zu Unterschieden bei den gefertigten Erzeugnissen kommt, beispielsweise beeinflusst durch den Prozess, die Ausgangsbedingungen oder die Rohmaterialien.

– Fertigung einer bestimmten Menge in einem Auftrag (Los)

- **Massenfertigung**: Es wird über eine längere Zeit hinweg gefertigt, ohne eine bestimmte Fertigungsmenge konkret vorzugeben. Prinzipiell wird die Massenfertigung geplant, ohne dass dabei auf einzelne Kundenaufträge Bezug genommen wird (Massengüter), ggf. kön-

– Fertigung über längere Zeit hinweg, ohne Vorgabe einer bestimmten Menge

nen aber einzelne Varianten kundenauftragsbezogen in den Fertigungsablauf integriert werden (z. B. bei der Automobilbranche).

Neben ökonomischen Gesichtspunkten beachten: Motivation und Arbeitszufriedenheit

Die einzelnen Verfahren haben unterschiedliche Auswirkungen auf die Logistik des Unternehmens und die Lagerhaltung. Bei der Auswahl der Fertigungsverfahren sind außerdem verschiedene technische, wirtschaftliche sowie räumliche Gegebenheiten etc. zu berücksichtigen. Weitere Fragen können sich beispielsweise ergeben bezüglich der Flexibilität, des Qualitätsmanagements oder der mitarbeiterbezogenen Fragen, insbesondere zu Motivation und Arbeitszufriedenheit.

3.2.4 Planung des Fertigungsablaufs

Arbeitsplan: In welcher Weise, in welcher Reihenfolge, auf welchen Maschinen, mit welchen Hilfsmitteln und mit welchem Zeitbedarf ist zu fertigen?

Für alle Teile, Halbfabrikate und Enderzeugnisse, jeweils bezogen auf eine Fertigungsstufe, wird ein Arbeitsplan erstellt, also für alle zu fertigenden Stücklistenpositionen. Zusammen mit den Zeichnungen und der Stückliste gehört der **Arbeitsplan** zu den Fertigungsunterlagen, also den Basisdaten für die Fertigung. Aus ihm ergibt sich für jedes zu fertigende Teil, welches durch Nummer und Bezeichnung eindeutig zu identifizieren ist:

- in welcher Weise (Arbeitsgänge),
- in welcher Reihenfolge (Arbeitsablauf),
- auf welchen Maschinen (Arbeitsplätze),
- mit welchen Hilfsmitteln (Werkzeuge und Vorrichtungen) und
- mit welchem Zeitbedarf (Arbeitszeit)

zu fertigen ist. Soweit Transportwege oder Liegezeiten erforderlich werden, sind diese gleichfalls zu vermerken. Die Vorgabezeiten dienen der Terminierung, Kalkulation, Entlohnung sowie der Investitions- und Personalplanung.

Durch den **Bereitstellungsplan** ist sicherzustellen, dass die Produktionsfaktoren zur Verfügung stehen:

Bereitstellungsplan: Produktionsfaktoren in der richtigen Menge, in der richtigen Art und Qualität, zur richtigen Zeit und am richtigen Ort bereitstellen

- in der richtigen Menge,
- in der richtigen Art und Qualität,
- zur richtigen Zeit und
- am richtigen Ort.

Jeweils am Beginn einer Arbeitsperiode – z. B. einer Woche – ist in der so genannten Arbeitsvorbereitung vorauszuplanen, was auf den einzelnen Fertigungsanlagen produziert werden soll und welches Personal wo einzusetzen ist. Bei der Entscheidung, welche Aufträge in den Fertigungsprozess gegeben werden sollen – also welche Erzeugnisse in welchen Mengen produziert werden sollen –, ist zunächst die

Dringlichkeit der Aufträge zu beachten. Bei den Aufträgen kann es sich um Kundenaufträge handeln, aber auch um interne Aufträge zur Lagerauffüllung. Darüber hinaus sind weitere umfangreiche Vorarbeiten erforderlich, um einen sinnvollen und möglichst störungsfreien Ablauf zu sichern.

Begrenzungen können sich ergeben, wenn nicht alle Produktionsfaktoren in ausreichendem Maße zur Verfügung stehen. Auf der anderen Seite sollen weitgehend auch ungenutzte Kapazitäten vermieden werden – dies gilt insbesondere bezüglich der Betriebsmittel (Maschinen etc.) und der Arbeitskräfte. Insoweit sind durch entsprechende Kapazitätsplanungen den Anforderungen die entsprechenden Verfügbarkeiten gegenüberzustellen. Ggf. ist durch Änderung der Produktionsplanung ein Ausgleich herbeizuführen.

Den Anforderungen durch entsprechende Kapazitätsplanungen die Verfügbarkeiten gegenüberstellen

Bei der endgültigen Prozessplanung, in der Aufträge, Zeiten und Kapazitäten aufeinander abzustimmen sind, ist zu berücksichtigen, dass die Belegungszeit für Betriebsmittel größer ist als die einzelne Bearbeitungszeit.

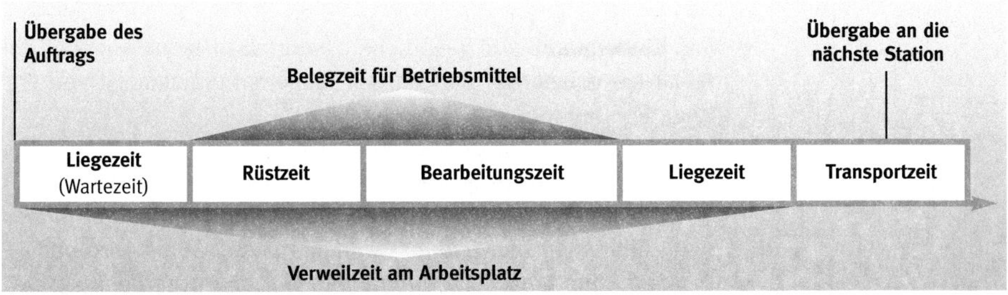

Abb. 3.8: Belegungszeit

Die Bearbeitungszeit ergibt sich aus Arbeitszeit x Losgröße (Menge). Hinzu kommt die Rüstzeit. Sie wird benötigt, um die Maschine für den entsprechenden Arbeitsvorgang vorzubereiten, beispielsweise durch Wechseln der Werkzeuge etc.

Die Rüstzeit ist weitgehend unabhängig von der Losgröße, möglicherweise aber von der Art der vorausgegangenen Arbeiten, weshalb auch die Reihenfolge zu beachten ist. Zusätzlich können sich vor- und nachgelagerte Liegezeiten ergeben. Um bei den vielfältigen Elementen und ihren Abhängigkeiten in der Arbeitsvorbereitung zu einem optimalen Ergebnis zu gelangen, sind umfangreiche Abstimmungen erforderlich, teilweise auch das Setzen von Prioritäten, wenn nicht allen Zielvorgaben entsprochen werden kann. Auf weitere Einzelheiten muss hier verzichtet werden.

Wenn nicht allen Zielvorgaben entsprochen werden kann: Prioritäten setzen

3.3 Absatz / Marketing

Der Begriff Marketing kommt aus dem angelsächsischen Sprachraum und verdrängt oder überlagert doch zumindest zunehmend die früheren deutschsprachigen Begriffe Absatz, Absatzwirtschaft, Vertrieb oder Verkauf. Hiermit ist nicht nur eine sprachliche Verschiebung verbunden, sondern vorrangig eine erweiterte Sichtweise, die den Veränderungen auf dem Absatzmarkt Rechnung trägt:

Verkäufer- oder Käufermarkt?

- Wird von einem Produkt mehr nachgefragt als angeboten **(Verkäufermarkt)**, wie dies beispielsweise in Deutschland nach dem Krieg der Fall war, so bestehen die Aufgaben des Absatzes vorrangig darin, Verkauf und Vertrieb zu organisieren.

→ *Engpass bzw. Begrenzung des möglichen Umsatzes ist weniger die Kundennachfrage als vielmehr das Leistungsvermögen des Unternehmens im Bereich Produktion und/oder eventuelle Engpässe bei der Beschaffung.*

19)

In Extremfällen reduziert sich der Absatz auf die Verteilungsfunktion.

- Vom **Käufermarkt** wird gesprochen, wenn das Produktangebot die Nachfrage übersteigt; dies ist seit längerem die zumeist vorherrschende Situation.

→ *Hier könnte das Unternehmen aus seinen internen Leistungspotenzialen heraus mehr absetzen, wenn es der Markt, der nunmehr den Engpass bildet, zuließe. Somit wird der Markt zum entscheidenden Faktor für den Unternehmenserfolg.*

Gelingt es dem eigenen Unternehmen besser als der Konkurrenz, Kunden für sich und seine Leistungsangebote zu gewinnen? Aus dieser Fragestellung leiten sich die Aufgaben des Marketings ab.

3.3.1 Aufgaben, Ziele und Begriffe

Der Markt rückt in das Zentrum der Unternehmensplanung

Es rückt also der Markt mehr ins Zentrum der Planungen, nicht nur hinsichtlich einer der Produktion nachgelagerten Leistungsverwertung, sondern hinsichtlich der Gesamtausrichtung eines Unternehmens, um solche Leistungen zu erbringen, die auch eine Chance haben, abgesetzt zu werden.

Marketing ist damit im Sinne des Güterstroms zwar das letzte Glied der Kette, bezüglich der Entwicklung von Unternehmensstrategien jedoch häufig der Ausgangspunkt.

Der Markt ist für das Unternehmen das wirtschaftlich relevante Umfeld, in dem die Austauschbeziehungen zwischen den Marktteilnehmern (Anbietern und Nachfragern) erfolgen – auf dem Absatzmarkt tritt die Unternehmung als Anbieter auf und konkurriert mit anderen Mitbewerbern. Der maximal mögliche Absatz ergibt sich aus dem Nachfrageverhalten der Kunden; der tatsächlich realisierte Anteil des Unternehmens aus seiner Stellung im Vergleich zum Wettbewerb. Inwieweit das gesamte Leistungspaket eines Unternehmens besser ist als das der Konkurrenz, entscheidet letztendlich der Kunde mit seinen Bedürfnissen und Nutzenerwartungen.

Stellung im Vergleich zum Wettbewerb

Ein Bedürfnis ist das Empfinden eines Mangels, der Nutzen die möglichst weitgehende Erfüllung des Wunsches nach Bedürfnisbefriedigung.

→ *Je stärker der Wunsch, das Bedürfnis, und je größer der Erfüllungsgrad der gebotenen Leistung, umso stärker der Antrieb, das Gut zu erwerben.*

Steht dem Nachfrager auch eine entsprechende Kaufkraft zur Verfügung, so wird letztendlich aus dem Bedürfnis Nachfrage. Da in aller Regel die Kaufkraft der Nachfrager begrenzt ist und sich auf den Erwerb verschiedenartigster Leistung verteilen muss, bedeutet der Nutzen aus der Befriedigung eines Bedürfnisses zugleich einen Nutzenverzicht in anderen Bereichen. Wie hoch dieser Nutzenverzicht ist, hängt auch ab vom Preis für das zu erwerbende Gut.

Nachfrage entsteht aus Bedürfnis gepaart mit Kaufkraft

Insoweit hängt das konkret für ein Produkt zur Verfügung stehende Nachfragevolumen ab von

- dessen Preis,
- den Preisen für Alternativgüter (auf die ggf. verzichtet werden müsste) sowie
- dem gesamt verfügbaren Einkommen der Nachfrager.

Für weitere Details wird verwiesen auf entsprechende Theorien in der Volkswirtschaftslehre und die vielfältige Spezialliteratur zum Marketing.

Der Anteil des Unternehmens am gesamten Absatzvolumen des für ihn relevanten Marktes wird als **absoluter Marktanteil** angesehen, das Verhältnis zum stärksten Konkurrenten wird als **relativer Marktanteil** bezeichnet. Der Marktanteil gibt Auskunft über die Stellung des Unternehmens im Markt. Ziel des Marketing ist es, diese Marktstellung auszubauen und zu sichern, also aus der Sicht des Kunden eine bessere Leistung (auch in Relation zum Preis und sonstigen Konditionen) anzubieten als die Konkurrenz und dies dem Kunden auch

Absoluter versus relativer Marktanteil

bewusst zu machen. Basis hierfür ist eine möglichst weitgehende Kenntnis der Nutzenvorstellungen und Verhaltensweisen der Kunden.

Marketing ist somit umfassender als eine intern zu organisierende Funktion der Leistungsverwertung, es ist die zielgerichtete Beschäftigung mit dem Markt.

In den nachfolgenden Unterabschnitten werden folgende Themen dieses umfangreichen Gebietes der Betriebswirtschaftslehre kurz behandelt, ohne jedoch in Rahmen dieses Buches ins Detail gehen zu können: der Marketing-Mix, die Marktforschung und Grundzüge zur Entwicklung einer Marketing-Konzeption.

Marketing ist die zielgerichtete Beschäftigung mit dem Markt

Teilweise wird Marketing als »die Erbringung der absatzwirtschaftlichen Leistung unter den Bedingungen eines Käufermarktes« verstanden, überwiegend jedoch darüber hinausgehend als Ausdruck eines marktorientierten unternehmerischen Denkens, das auf die gegenwärtigen und künftigen Erfordernisse des Marktes ausgerichtet ist. Nach Tietz geht das Spektrum der Marketingaufgaben über differenzierte Anforderungen an die Führung innerhalb des Marketing-Bereiches eines Unternehmens hinaus auch auf externe Marktteilnehmer.

Die Begriffe Verkauf und Vertrieb werden heute eher als Teilbereiche des Absatzes aufgefasst. Dabei steht letzterer stärker für die technisch-logistische Seite der Leistungsverwertung, Verkauf oftmals für den persönlichen Kundenkontakt im zwischenmenschlichen Prozess.

3.3.2 Marketing-Mix – absatzpolitisches Instrumentarium

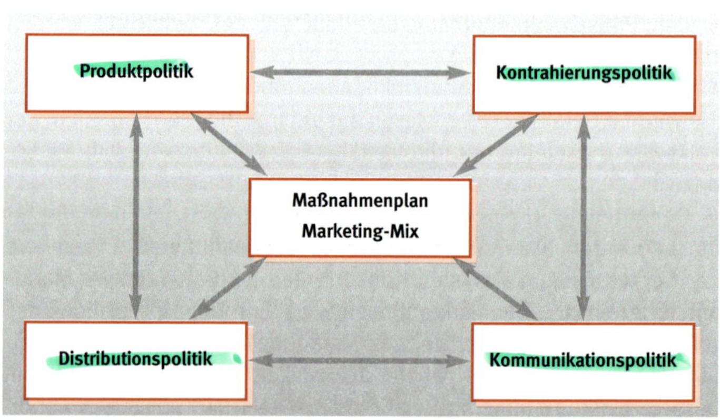

Abb. 3.9: Marketing-Mix

Um die Ziele des Unternehmens auf dem Markt umzusetzen, stehen verschiedene Mittel zur Verfügung, das absatzpolitische Instrumentarium. Üblicherweise wird heute vom Marketing-Mix gesprochen. Dabei ist die optimale Kombination, der richtige Mix, zu finden sowohl jeweils innerhalb der vier Hauptbereiche als auch in ihrer Gesamtkomposition.

Marketing-Mix

3.3.2.1 Produkt- und Sortimentspolitik

Hier geht es um die Bestimmung des Leistungsangebotes. Die Gesamtheit der Güter und Dienstleistungen bildet das Sortiment. Unter **Sortimentsbreite** wird die Anzahl der Warengruppen im Sortiment verstanden. Die **Sortimentstiefe** ist gekennzeichnet durch die Anzahl der Warenarten, Artikel und Sorten innerhalb einer Warengruppe.

Welche Artikel und Dienstleistungen werden angeboten

Die Sortimentspolitik kann sich an unterschiedlichen Prinzipien orientieren:

- Herkunftsorientiert: Das Angebot konzentriert sich auf ausgewählte Materialien oder Lieferanten, Letzteres beispielsweise in ausgeprägter Form der Exklusivvertretungen.
- Problem- bzw. bedarfsorientiert: Die Ausrichtung erfolgt an Problemen und Bedürfnissen der Kunden.
- Preisorientiert: Es werden nur Artikel einer bestimmten Preisklasse geführt, beispielsweise Niedrigpreisläden, hochpreisige Waren oder Luxusgüter.
- Präsentationsspezifisch: Hier ist Entscheidungskriterium die Darbietungsform der Artikel, beispielsweise selbstbedienungsgerecht, beratungsintensiv etc.

Orientierung an unterschiedlichen Prinzipien

Der Sortimentspflege kommt die Aufgabe zu, innerhalb der vorhandenen Sortimentskonzeption – die auch eine Kombination der verschiedenen Ausrichtungen sein kann – neue Artikel hinzuzunehmen, bestehende auszutauschen oder herauszunehmen.

Produktionsorientierte Unternehmen neigten früher dazu, sich an Materialien, den Grundstoffen und/oder entsprechenden Fertigungsverfahren auszurichten. Zunehmend gewinnt die bedarfsorientierte Sortimentsgestaltung Vorrang, um so den einmal geschaffenen Kundenkontakt zu pflegen, indem auch weitere zusätzliche und anders geartete Artikel angeboten werden, beispielsweise unter der Devise »Alles unter einem Dach« oder »Alles für das Kind (den Heimwerker, den Bastler, ...)«.

Dieses Konzept gilt nicht nur für den Handel, sondern kann auch für das fertigende Gewerbe erreicht werden, beispielsweise durch die

Sortimentsabrundung über Zukaufartikel. Zur Produktpolitik gehören auch die Produktgestaltung, der Kundendienst, die Ausgestaltung der Garantie und Ähnliches.

3.3.2.2 Preis- und Kontrahierungspolitik

Der Preis bildet sich einerseits am Markt, andererseits soll er so kalkuliert sein, dass die im Unternehmen angefallenen Kosten ausgeglichen und möglichst noch Gewinne erwirtschaftet werden

Neben Produkt und Leistung wird in der Kaufvereinbarung (Vertrag, Kontrakt, Kontraktierung) die Gegenleistung bestimmt, der Preis einschließlich der Nebenbedingungen und Konditionen.

Der Preis bildet sich einerseits am Markt durch das Verhalten der Nachfrager und der Konkurrenz sowie die eigene Marktstellung. Andererseits soll der Preis so kalkuliert sein, dass die im Unternehmen angefallenen Kosten ausgeglichen und möglichst noch Gewinne, Überschüsse, erwirtschaftet werden.

Beide Aspekte haben ihre Berechtigung; im Käufermarkt dominiert zumeist der Marktpreis gegenüber einem kostenkalkulierten. Daher ist es das Bemühen im Marketing, sich mit dem eigenen Leistungsangebot möglichst so abzusetzen gegenüber der Konkurrenz, dass ein gewisser Gestaltungsspielraum in der Preisfindung dem Kunden gegenüber erreicht werden kann. Ermöglicht andererseits der Markt auf Dauer keinen kostendeckenden Preis, so kann dies Auswirkungen wiederum in umgekehrte Richtung auf Sortiments- und Produktpolitik haben.

Festlegung der Konditionen

Ebenfalls zur Preispolitik gehört – teilweise als Feineinstellung bezeichnet – die Festlegung der Konditionen als zusätzliche Gestaltung:

- Preisnachlässe und Rabatte
- Preisdifferenzierung
- Preisaufschläge
- Liefer- und Zahlungsbedingungen
- Kreditpolitik

Auch hier muss auf Details verzichtet werden, es wird verwiesen u.a. auf das Kapitel »Preis- und Konditionenpolitik« in Birker/Voss »Handelsmarketing«.

3.3.2.3 Distributionspolitik

Alle Fragen, die den Weg des Produktes bzw. einer Leistung vom Erbringer bis zum Verbraucher betreffen

Hierzu gehören alle Fragen und Entscheidungen, die den Weg des Produktes bzw. einer Leistung vom Erbringer bis zum Verbraucher/Anwender betreffen. Insbesondere handelt es sich hierbei um:

- **Absatzwege, Absatzkanäle:** Sie können direkt, also ohne Zwischenhandel, oder indirekt gestaltet sein, wenn Wiederverkäufer, z.B. Groß- und Einzelhandelsbetriebe, eingeschaltet werden.

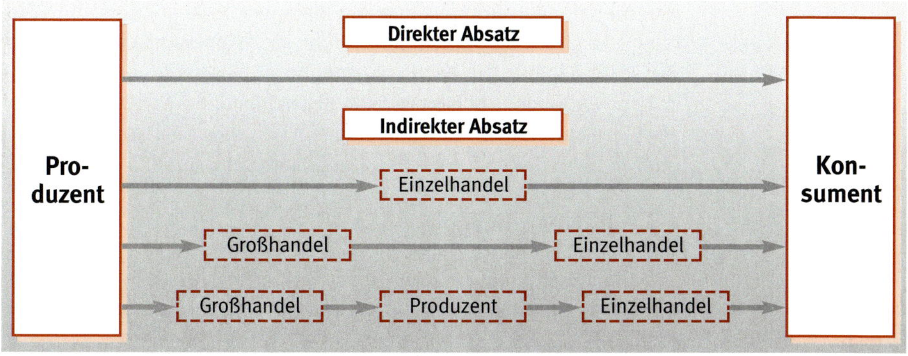

Abb. 3.10: Absatzketten im Binnenhandel

- **Absatzmethoden**: Sie regeln die Kundenkontakte und die Kauffunktionen, beispielsweise die Bedienung in eigenen Verkaufsräumen oder den Besuch über Reisende einschließlich Art und Häufigkeit der Kundenbesuche, Versand- oder Katalogverkauf etc.
- **Absatzorganisation**: Setzt die Konzepte bezüglich der Absatzwege und -methoden um und muss dabei Aspekte der Kunden- und Sortimentsstruktur berücksichtigen. Insbesondere für Handelsunternehmen hat sich hierbei eine Fülle von Betriebsformen in unterschiedlicher Ausgestaltung herausgebildet.
- **Physische Distribution**: Auch Marketing-Logistik genannt, regelt die Fragen der Güterzustellung etc.

3.3.2.4 Kommunikationspolitik

Hierunter werden alle Maßnahmen, mit denen die Unternehmung ihre Abnehmer über ihr Angebot informiert oder die Kaufentscheidung zu beeinflussen sucht, zusammengefasst. Dabei kann untergliedert werden in:

Alle Maßnahmen, mit denen die Unternehmung ihre Abnehmer über ihr Angebot informiert oder die Kaufentscheidung zu beeinflussen sucht

- **Werbung**: Ihr kommt die Aufgabe zu, das Unternehmen und seine Leistungsangebote bekannt zu machen und den Kunden bzw. Interessenten zu »umwerben«.
- **Verkaufsförderung**: Sie umfasst alle Maßnahmen, die Verkaufsbemühungen unterstützen, sowohl bezogen auf den Endabnehmer (beispielsweise Preisausschreiben) als auch den Zwischenhandel und sein Verkaufspersonal (z.B. Händlerschulung).
- **Öffentlichkeitsarbeit, Public Relation (PR)**: Soll imagebildend die vorhergehenden Aktivitäten unterstützen und für ein positives Ansehen in der Öffentlichkeit sorgen, beispielsweise durch Pressekonferenzen, Hauszeitschriften etc.

Untergliederung in Werbung, Verkaufsförderung, Öffentlichkeitsarbeit, Public Relations

Maßnahmen auch in Kooperation mit anderen Unternehmen möglich

Unternehmungen können ihre Maßnahmen, insbesondere die Werbung, für sich allein durchführen oder im Zusammenhang mit anderen Unternehmen in Form so genannter Verbund- oder Gemeinschaftswerbungen, beispielsweise als Mitglieder einer Branche oder als Einzelläden eines Einkaufsplatzes, z.B. eines Einkaufszentrums, oder in Gemeinschaft zwischen Hersteller und Handel.

3.3.3 Marktforschung

Die Aufgabe der Marktforschung ist die systematische Erfassung und Beobachtung von Zuständen, Strukturen und Vorgängen auf einem Markt.

Je besser die Marktkenntnis, umso zuverlässiger die Entscheidungen

Damit ist sie ein wesentlicher Bestandteil der Umfeldanalyse. Die durch die Absatzmarktforschung bereitgestellten Informationen bilden die Grundlage für Marketing-Entscheidungen.

Wesentliche Faktoren für die Abschätzung der eigenen Marktchancen sind das Marktwachstum und der eigene Marktanteil (vgl. oben). Die Qualität einer Marktübersicht hängt von der Zuverlässigkeit der ermittelten Daten und deren sinnvoller Auswertung bzw. Analyse ab.

Qualität einer Marktübersicht hängt von der Zuverlässigkeit der ermittelten Daten und deren sinnvoller Auswertung bzw. Analyse ab

Die Datenerhebung kann unter verschiedenen Aspekten erfolgen:
- **Marktanalyse**, bei der die Marktverhältnisse zu einem bestimmten Zeitpunkt erforscht werden sollen, sei es einmalig, fallweise oder in wiederkehrendem Rhythmus;
- **Marktbeobachtung**, um im Zeitablauf Veränderungen der Marktverhältnisse zu erkennen,
- **Marktprognosen**, die helfen sollen, ein Zukunftsbild zu entwickeln, nicht nur als Fortschreibung bestehender Daten, sondern auch unter Berücksichtigung von Trendanalysen und Umfeldveränderungen.

Bei der Beschaffung der Informationen kann unterschieden werden in:
- **Sekundärerhebung**, es wird auf bestehende Daten zurückgegriffen, beispielsweise veröffentlichte Statistiken etc.,
- **Primärforschung**, bei der die Daten speziell für einen bestimmten Zweck erhoben werden.

Die Auswertung der gewonnenen Daten soll – neben einer Beschreibung des Gesamtmarktes – zuverlässige Informationen für eine Planung konkreter Maßnahmen bereitstellen, insbesondere zur:

- **Kundenanalyse:** Hierzu gehört nicht nur das gesamte Nachfragewachstum, sondern auch das spezifische Kaufverhalten und die entsprechenden Entscheidungsgrundlagen einzelner Kundengruppen, die beispielsweise nach räumlichen, demografischen (Alter, Geschlecht, Familienstand, Haushaltsgröße etc.) oder sonstigen relevanten Kriterien gebildet werden können.
- **Konkurrenzanalyse:** Sie soll helfen, den Wettbewerb realistisch einzuschätzen. Hierbei interessieren sowohl das derzeitige Verhalten der Mitbewerber als auch ihre Potenziale, mit denen sie auf Maßnahmen des eigenen Unternehmens reagieren könnten. Ebenso von Interesse sind potenziell in den Markt neu eintretende Anbieter. Neben dem eigenen absoluten Marktanteil ist hierbei vor allem auch der relative Marktanteil, also das Verhältnis zum stärksten Mitbewerber, von Aussagewert und kann möglicherweise ergänzt werden durch einen direkten Vergleich der jeweiligen Leistungsprofile.

Marktforschungsdaten insbesondere zur Kunden- und Konkurrenzanalyse

Sinnvoll und üblich ist die **Marktsegmentierung:** Sie dient dazu, den Gesamtmarkt in abgrenzbare Teilmärkte, die Gemeinsamkeiten im Hinblick auf bestimmte nachfragerelevante Merkmale aufweisen, zu gliedern.

Die Marktsegmentierung spielt zum einen eine Rolle in der Marktforschung – je genauer die Zuordnung, umso typischer lassen sich Verhaltensweisen beschreiben –, zum anderen bildet sie die Basis für eine Schlussfolgerung zur konkreten Bestimmung der Zielgruppen.

Bei der Marktsegmentierung wird der Gesamtmarkt in abgrenzbare Teilmärkte gegliedert

3.3.4 Marketingkonzeptionen und -strategien

Die Marketingplanung ist Teil der gesamten Unternehmensplanung, deren strategische Ausrichtung aufgrund der zuvor beschriebenen Marktabhängigkeit häufig wesentlich von den Entscheidungen über die Marketingkonzeption beeinflusst wird.

Die insbesondere auch periodenbezogene Planung wird vielfach in drei Teilpläne gegliedert:

Planung erfolgt periodenbezogen

- **Absatzplan:** Er soll darauf Antwort geben, mit welchen Produkten und Sortimenten an welche Abnehmergruppen in welchen Absatzgebieten zu welchen Preisen verkauft werden soll und letztendlich welche (produktgegliedert) Verkaufsmengen und daraus resultierenden Umsatzerlöse angestrebt werden.
- **Maßnahmenplan:** Basierend auf dem im vorigen Unterabschnitt dargestellten absatzpolitischen Instrumentarium werden konkret die Maßnahmen bestimmt, mit denen die Realisierung des Absatzplans erreicht werden soll. Es wird deutlich, welche Vielzahl von

Kombinationsmöglichkeiten und somit auch Handlungsalternativen dabei entstehen können.

- **Kostenplan:** Mit der Durchführung der geplanten Maßnahmen ist der Einsatz entsprechender personeller und sachlicher Ressourcen verbunden, die zu entsprechenden Kosten führen.

Auf Einzelheiten der Marketing-Konzeptionen kann hier nicht eingegangen werden. Sie sind Gegenstand vielfältiger Spezialbehandlungen. Diese können sich einmal auf das Objekt beziehen und werden dann unterschieden in Marketing für Konsumgüter, Investitionsgüter, Urprodukte, Dienstleistungen sowie öffentliche Güter (Institutionalgüter), die zumeist in Erfüllung hoheitlicher Aufgaben erbracht werden.

Je nach Funktion und Branchenzugehörigkeit ergeben sich Besonderheiten

Je nach Funktion und Branchenzugehörigkeit eines Unternehmens ergeben sich Besonderheiten, beispielsweise Marketing für Hersteller, Markenartikler, Handel (Groß-, Einzel- und Versandhandel etc.), Dienstleister (wie Banken, Versicherungen, Reiseveranstalter etc.) sowie im internationalen Markt (Außenhandel).

3.4 Logistik als Querschnittsfunktion

Logistik umfasst das Zusammenspiel von Bewegungs- und Lagervorgängen, durch die Raum und Zeit überbrückt werden.
Zu ihr gehören die Gestaltung und Ausführung der betrieblichen Prozesse, die sich auf Transport, Lagerung, Umschlag, Kommissionierung und Verkehrswege beziehen. Sie steuert also den Material-, Energie- und Produktfluss innerhalb eines Betriebes sowie zu den vor- oder nachgelagerten Märkten.

Logistik steuert den Material-, Energie- und Produktfluss innerhalb eines Betriebes sowie zu den vor- oder nachgelagerten Märkten

Aus dem französischen »loger« (unterbringen, versorgen) wurde im 19. Jahrhundert im militärischen Bereich der Begriff Logistik abgeleitet als Bezeichnung für Transport- und Versorgungswesen. Später wurde er dann auch in die Managementlehre übernommen.

Die Bedeutung der Logistik in der Wirtschaft hat stetig zugenommen, nicht zuletzt auch wegen der wachsenden Arbeitsteilung. Je nach Branche und Betriebsstruktur wird heute von einem Anteil der Logistik-Kosten am Umsatz von 10–25 % ausgegangen. Insoweit ist es sinnvoll, der Logistik entsprechende Aufmerksamkeit zu widmen.

3.4.1 Beschaffungs-, Produktions- und Absatzlogistik

Unabhängig von der Bezeichnung erfolgte schon immer eine physische Bereitstellung von Realgütern im Rahmen der betrieblichen Abläufe. Teilweise sind die Aufgaben eng verbunden mit der Wahrnehmung der in den vorangegangenen drei Abschnitten beschriebenen Grundfunktionen im güterwirtschaftlichen Prozess. Insoweit wird auch von Beschaffungs-, Produktions- und Absatzlogistik gesprochen. Bei dieser Einteilung geht es zumeist darum, sich primär um eine Optimierung innerhalb des jeweiligen Bereiches zu bemühen, also um die Logistik in ihrer Unterstützung der übrigen Aufgabenstellungen.

Was wird wann wo in welcher Menge benötigt?

→ *Der Auftrag an die Logistik ergibt sich aus der Fragestellung, was wann wo in welcher Menge benötigt wird.*

Etwas konkreter meint dies:
- die richtigen Güter (Materialien, Energie, Ware)
- in der richtigen Menge,
- in der richtigen Qualität,
- ggf. in richtiger Verpackung bzw. Aufbereitung,
- am richtigen Ort,
- zur richtigen Zeit,
- zu den richtigen, d.h. optimalen Kosten

zur Verfügung zu stellen.

Für die Abwicklung dieser Aufgaben sind die notwendigen Hilfsmittel – z.B. Transporteinrichtungen und Läger – zur Verfügung zu halten, auch diese wieder zur richtigen Zeit am richtigen Ort in der richtigen Qualität und zu optimalen Kosten.

Notwendige Hilfsmittel zur Verfügung halten

Des weiteren kann untergliedert werden in:
- **Interne Logistik:** Die innerbetrieblichen Transporte und die Lagerung innerhalb des Betriebes und die damit verbundenen Aufgaben.
- **Externe Logistik:** Hierzu gehören sowohl die außerbetrieblichen Transporte vom Lieferanten zum Kunden als auch jene zwischen verschiedenen Werken bzw. Niederlassungen etc. eines Unternehmens; sie können sowohl in Eigenregie ausgeführt werden als auch durch Beauftragung Dritter, beispielsweise Spediteure.

3.4.1.1 Beschaffungslogistik

Zu den typischen Aufgaben gehört zum einen die Anlieferung der Güter, also die externe Logistik, durch den Lieferanten, durch Einschaltung von Transportunternehmen oder in Eigenregie, beispielsweise durch Abholen. Weitere Aufgaben sind die Eingangskontrolle und Einlagerung, die Lagerhaltung einschließlich Bestandsüberwachung.

Abgeleitete Aufgaben ergeben sich in der Festlegung von Verpackungs-, Transport- und Versandvorschriften. Dabei können die Verpackungseinheiten in Art und Umfang unterschiedlich geregelt sein für eingehende Ware, Einlagerung und Weitergabe innerhalb des Betriebes.

Inwieweit Lagerentnahmen, Kommissionierung und Bereitstellung von Material für die innerbetrieblichen Leistungsprozesse im Rahmen der Beschaffung oder der Produktion durchgeführt werden, ist unterschiedlich geregelt und hängt davon ab, inwieweit das Materiallager im jeweils konkreten Einzelfall der Beschaffung oder der Produktion zugeordnet wird.

3.4.1.2 Produktionslogistik

Typische Logistik-Aufgaben in diesem Bereich

Unabhängig vom vorgenannten Grenzbereich zählen die Transport- und Materialbereitstellungen innerhalb des Produktionsprozesses und die dabei eventuell sich ergebenden Zwischenläger zu den typischen Logistik-Aufgaben in diesem Bereich.

Teilweise ergeben sich die Anforderungen bei ihrer Ausgestaltung in engem Zusammenhang zu den jeweiligen Fertigungsverfahren. Insoweit sind produktionstechnische Gesichtspunkte zu berücksichtigen. Andererseits ist die bereits angesprochene Verbindung zur Beschaffung und die Bereitstellung der Güter für den Absatz zu berücksichtigen.

3.4.1.3 Absatzlogistik

Physische Distribution

Die mit der Güterverteilung verbundenen Verpackungs-, Versand-, Transport-, Lager- und Serviceaufgaben gehören zu diesem Logistik-Bereich und werden auch als **»physische Distribution«** bezeichnet (in Abgrenzung zu: Distributionskanäle, Absatzwege und Distributionsorgane sowie Absatzpolitik im Zusammenhang mit der Marketingkonzeption).

Eingehende Kundenaufträge möglichst schnell und termingerecht abwickeln

Die Absatzlogistik umfasst die Aufgaben der Warenzustellung an den Kunden einschließlich entsprechender Nebenleistungen sowie der notwendigen Fähigkeit im Unternehmen, eingehende Kundenaufträge möglichst schnell und termingerecht abzuwickeln. Insoweit liegt häufig die Verantwortung ausgehend von der Auftragsbearbeitung über Kommissionierung, Verpackung und Versand beim Vertrieb, falls nicht ein gesonderter Bereich ausgegliedert wurde.

Neben der internen Logistik ist im Rahmen der externen Logistik die Anlieferung durchzuführen, und zwar in Eigenregie, durch Spediteure oder in kombinierter Form – falls nicht der Kunde die Ware selbst abholt.

In manchen Branchen kommt die Rücknahme von Leergut und/oder gebrauchten Gütern (z. B. Rücknahme von Altwagen) hinzu.

3.4.2 Bereichsübergreifende Logistik

In der Logistik zwischen den aufgezeigten Bereichen ergeben sich eine Reihe von Schnittstellen, insbesondere auch im Gesamtbereich der Lagerhaltung einschließlich der Entscheidungen über Verpackung und Gebindegrößen etc. Dies macht Abstimmungen erforderlich. Dabei kann die Optimierung in einem Bereich zu Ergebnissen führen, die im anderen ggf. zusätzliches Handling und entsprechende Kosten verursachen.

Eine Reihe von Schnittstellen macht Abstimmungen erforderlich

Im Interesse des Unternehmenserfolges ist eine Gesamtoptimierung anzustreben.

Unter der Berücksichtigung der bereits angesprochenen zunehmenden Bedeutung der Logistikkosten führte dies in vielen Betrieben zur Ausgestaltung eines selbstständigen Bereiches Logistik, neben den Hauptbereichen im Rahmen des Güterstroms. Hiermit wird zugleich der Prozesscharakter unterstrichen – eine prozessorientierte Denkweise, die zunehmend in der Managementlehre Beachtung findet, um verschiedene zusammengehörende einzelne Aufgabenbereiche nicht isoliert, sondern im Verbund zu gestalten, zu steuern und zu überwachen.

Prozessorientierte Denkweise findet zunehmend in der Managementlehre Beachtung

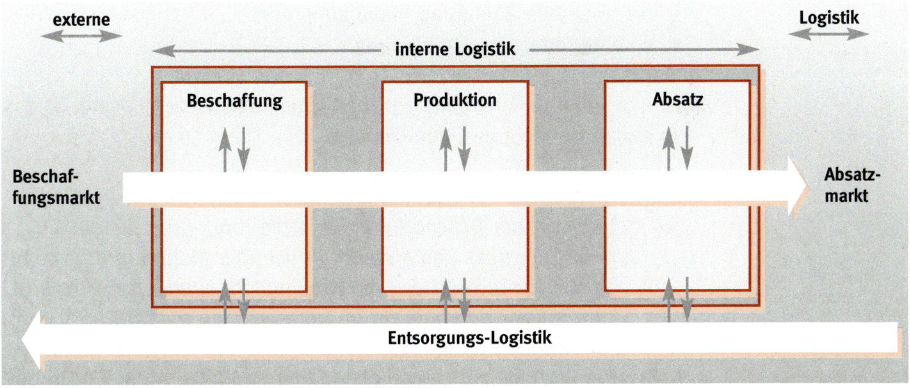

Abb. 3.11: Bereichsübergreifende Betriebslogistik

Die Abbildung veranschaulicht die bereichsübergreifende Betriebslogistik.

Dabei kommt der Logistik die Aufgabe zu, den Güterstrom in seinem ganzen Prozess zu begleiten – wobei entsprechende Abstimmungen mit den jeweils betroffenen Bereichen vorzunehmen sind.

Ergänzt wird das System durch den bereits aufgezeigten und in umgekehrter Richtung verlaufenden Strom der Entsorgungslogistik.

Zu den wesentlichen Aufgaben eines erweiterten Logistik-Bereiches gehören:

- die lückenlose Verfolgung des Material- und Warenflusses,
- die Verbindung der bisher oft isoliert arbeitenden Teilbereiche,
- die Optimierung der Bestände.

Im Prozess sollen die Abläufe über Abteilungsgrenzen hinaus optimiert werden

Hierzu wird ein entsprechendes aussagefähiges Informationssystem verlangt, welches gleichfalls bereichsübergreifend im Sinne einer Querschnittsfunktion alle relevanten Daten bereitstellt, unabhängig davon, in welchem Bereich sie anfallen.

Durch die Optimierung logistischer Prozesse ergibt sich zumeist eine zeitliche Beschleunigung und oft auch eine qualitative Verbesserung der Abläufe. Zudem können sich nicht unerhebliche Kostenersparnisse im Personal- und Sachbereich ergeben durch:

- die Vermeidung von Doppel- und Zusatzverrichtungen (beispielsweise unnötiges Umpacken),
- den Fortfall von Lägern als Puffer zwischen verschiedenen Verantwortungsbereichen,
- die generelle Ablaufbeschleunigung und
- eine geringere Kapitalbindung.

Erhebliche Kostenersparnisse möglich

Eine besondere Form einer ganzheitlichen logistischen Lösung ist das so genannte **»just in time« -Prinzip**.

Hierbei wird in Abstimmung mit den Lieferanten die Disposition von der Beschaffung bis in die Produktion hinein so getroffen, dass das Material in richtiger Menge und Qualität genau zur rechten Zeit am Arbeitsplatz angeliefert wird und somit eine Lagerhaltung im Unternehmen entfällt.

»just in time«-Prinzip als ganzheitliche logistische Lösung

Auf weitere Details zur Logistik kann hier im Rahmen der Einführung nicht eingegangen werden. Sie dennoch anzusprechen geschah insbesondere unter dem Aspekt, exemplarisch die in der Betriebswirtschaftslehre zunehmende Tendenz zur prozessorientierten Betrachtungsweise aufzuzeigen.

3.5 Innovation – Forschung und Entwicklung

Aufgabe und Ziel von Forschung und Entwicklung ist die Sicherung der Wettbewerbsfähigkeit des Unternehmens.

Forschung und Entwicklung sollen die Wettbewerbsfähigkeit des Unternehmens sichern

Dies umfasst planvolle und schöpferische Aktivitäten, die auf den Erwerb neuer Kenntnisse ausgerichtet sind, sowohl bezogen auf das zu fertigende Produkt als auch auf die Produktionsverfahren. Insoweit wurde vor allem auch früher überwiegend dieser Bereich im Rahmen der Produktion mit behandelt. Die Ausgliederung in eine selbstständige zusätzliche Funktion soll Folgendes unterstreichen:

- die zunehmende Bedeutung, insbesondere in Zeiten eines immer dynamischeren Wandels und erhöhter Wettbewerbsanforderungen,
- die Notwendigkeit einer bereichsübergreifenden Sicht, sodass viele Impulse aus den anderen Bereichen aufzunehmen und zu integrieren sind, insbesondere auch im Sinne einer kundenorientierten Ausrichtung aus dem Marketing-Bereich, und
- die Tatsache, dass die richtige Ausrichtung sowie erfolgreiche und zeitgerechte Durchführung in Forschung und Entwicklung wesentlich zur Existenzsicherung eines Unternehmens beitragen (und jedoch auch mit erheblichen Risiken verbunden sind).

Damit wurde Forschung und Entwicklung zu einem wesentlichen Teil der strategischen Planung, auf die im Rahmen der Unternehmensführung noch eingegangen wird.

Innovationsfähigkeit meint die Bereitschaft und die Fähigkeit zu Veränderungen in einem sich ändernden Umfeld

Sie ist Teil der Innovationsfähigkeit eines Unternehmens, also der Bereitschaft und der Fähigkeit zu Veränderungen in einem sich ändernden Umfeld. Hierbei spielen nicht nur technische Aspekte eine Rolle.

Die Forschung wird üblicherweise unterschieden in:

- **Grundlagenforschung**, die unabhängig von einer unmittelbaren praktisch-kommerziellen Verwertbarkeit ihrer Ergebnisse auf eine Wissensbereicherung abzielt und grundsätzliche Erkenntnisse anstrebt;
- **angewandte Forschung**, die auf unmittelbare praktische Verwertbarkeit ausgerichtet ist.

Vom Gegenstand her kann die Forschung nach dem im Mittelpunkt stehenden Wissensgebiet gegliedert werden, beispielsweise Physik, Biologie, Sozialwissenschaften etc.

Grundlagenforschung erfolgt vielfach auch außerhalb der Betriebe in Hochschulen und speziellen (staatlich geförderten oder von Stiftungen getragenen) Forschungseinrichtungen, aber auch in besonderen Zentren, z.B. bei Großunternehmen.

Die zweckgerichtete Auswertung und Anwendung von Forschungsergebnissen wird als Entwicklung bezeichnet.

Gewerbliche Schutzrechte können auch an andere verkauft oder die Nutzung über Lizenzen mit anderen Unternehmen geteilt werden

Die Ergebnisse von Forschung und Entwicklung können im Hinblick auf ihre gewerbliche Nutzung schutzfähig sein. Gewerbliche Schutzrechte sind beispielsweise Patente, Gebrauchsmuster, Geschmacksmuster und Warenzeichen. Diese Rechte können auch an andere verkauft oder die Nutzung über Lizenzen mit anderen Unternehmen geteilt werden, insbesondere, wenn die eigenen Absatzstrukturen für eine umfassende Nutzung nicht ausreichen.

Auf diese Weise ist es außerdem möglich, dass Unternehmen einen Teil ihrer Aufwendungen für Forschungen und Entwicklung über solche Lizenzgebühren etc. zurückerstattet erhalten.

Andererseits können Unternehmungen neben oder anstelle eigener Forschungs- und Entwicklungs-Aktivitäten Lizenzen erwerben oder Aufträge an einschlägige Institute vergeben.

4 Geldwirtschaft und Investitionen

4.1 Finanzierung

Das vorangegangene Kapitel befasste sich mit dem güterwirtschaftlichen Prozess. Durch die Bereitstellung und Bindung von Ressourcen im Leistungsprozess entstehen Finanzierungsnotwendigkeiten.

Nur soweit es gelingt, auch Anforderungen in diesem Bereich zu erfüllen, kann im Betrieb ein reibungsloser Ablauf gesichert und der Bestand des Unternehmens gewährleistet werden.

4.1.1 Aufgaben und Ziele

Aufgaben der Finanzierung im engeren Sinne sind:

- die Steuerung des Zahlungsstroms im Rahmen von Finanzdisposition und Zahlungsverkehr,
- die Kapitalbereitstellung, also eine rechtzeitige und ausreichende Versorgung des Unternehmens mit Eigen- und Fremdkapital.

Aufgaben der Finanzierung im engeren Sinne sind die Steuerung des Zahlungsstroms und die Kapitalbereitstellung

Mit der Konzentration auf die Funktion der Kapitalbeschaffung ist der klassische Finanzierungsbegriff überwiegend ausgerichtet an der Passivseite der Bilanz. Für die finanzwirtschaftliche Analyse – also die Beurteilung der Bonität und Liquidität eines Unternehmens – ist neben der Finanzierung ebenso die Mittelverwendung zu berücksichtigen, sowohl in der Fristigkeit der Mittelbindung als auch in ihrem Wirtschaftlichkeitsaspekt.

Insoweit wird überwiegend unter Finanzwesen nicht nur die Planung und Steuerung der Zahlungsströme verstanden, sondern ebenso die Aspekte der Zuführung, der Bindung, der Freisetzung und Sicherung von Finanzmitteln im Hinblick auf die Erreichung der jeweiligen Unternehmensziele.

Daher wird hier auch im Rahmen des Kapitels über Geldwirtschaft in einem gesonderten Abschnitt neben der Finanzierung die Investition behandelt, weil die Entscheidungen in aller Regel nicht losgelöst von den Finanzierungsfragen getroffen werden können; diese Einordnung überwiegt in der betriebswirtschaftlichen Literatur.

Ziele für den Finanzbereich

Aus den Aufgaben der Finanzierung und den Unternehmenszielen leiten sich die Ziele für den Finanzbereich ab:

- Aufrechterhaltung des finanziellen Gleichgewichts, Sicherung der Liquidität,
- Beachtung des Wirtschaftlichkeitsprinzips bei den einzelnen Maßnahmen und Entscheidungen,
- Sicherung der finanziellen Unabhängigkeit.

24)

4.1.1.1 *Sicherung der Liquidität*

Die Fähigkeit eines Unternehmens, berechtigte Zahlungsanforderungen jederzeit termingerecht erfüllen zu können, wird als Liquidität bezeichnet. Fehlende Liquidität führt zur Zahlungsunfähigkeit (Illiquidität) und führt bei Nachhaltigkeit (also nicht nur Zahlungsstörung) zur Insolvenz und ggf. zur Auflösung des Unternehmens.

Aber auch nur kurzfristige Zahlungsunfähigkeit kann den Betriebsablauf und das Verhältnis zu Geschäftspartnern erheblich stören und die Erreichung des Unternehmenserfolges beeinträchtigen. Dementsprechend kommt der Sicherung der Liquidität besondere Bedeutung bei der Finanzierung zu.

4.1.1.2 *Wirtschaftlichkeit*

Ein Maßstab dieser Wirtschaftlichkeit ist die Rentabilität, beispielsweise die Eigenkapitalrentabilität, also der Gewinn im Verhältnis zum Eigenkapital.

Die Forderung der Liquiditätssicherung ergänzt die Bemühungen um Wirtschaftlichkeit und beeinflusst sie zugleich

Im Finanzbereich kann die Rentabilität durch verschiedene Aktivitäten positiv beeinflusst werden:

- Bei der Abwicklung des Zahlungsverkehrs, der Geldbeschaffung und den Fremdkapitalzinsen sollten kostengünstige Alternativen ausgewählt werden.
- Überschüsse an liquiden Mitteln sollten bis zu ihrer Verwendung zinsbringend – also möglichst ertragreich – zwischenangelegt werden, z.B. als Termin- oder Festgeld.
- Die Bereithaltung von Liquiditätsreserven ist mit Kosten oder mit Ertragsminderungen belastet, sodass sie aus Rentabilitätsgründen möglichst klein gehalten werden sollte. Dem kann jedoch das Streben nach Sicherheit bei der Aufrechterhaltung der Liquidität entgegenstehen. Hier gilt es, eine optimale Balance zu finden.

4.1.1.3 *Finanzielle Unabhängigkeit*

Ein Kapitalgeber fordert möglicherweise mit der Bereitstellung finanzieller Mittel auch Mitbestimmungsrechte.

Sichern der Unabhängigkeit des Unternehmens gegenüber Einwirkungsmöglichkeiten Dritter durch rechtzeitige Disposition im Rahmen der Finanzplanung

Hierzu können Informations- und Kontrollrechte gehören, aber auch Mitwirkung bei der Festsetzung der Unternehmensziele oder der Beteiligung in den Aufsichtsgremien oder der Geschäftsführung des Unternehmens. Je mehr das Unternehmen – z.B. bei drohender Illiquidität – auf zusätzliche Mittel angewiesen ist und keine Zeit für das Verhandeln über Alternativen verbleibt, umso eher wird es solchen Forderungen nachgeben müssen.

Der Finanzführung obliegt also auch das Ziel, durch rechtzeitige Disposition im Rahmen der Finanzplanung die Unabhängigkeit des

Unternehmens gegenüber übermäßigen Einwirkungsmöglichkeiten Dritter zu sichern.

Oft gibt es einen Konflikt zwischen Sicherheitsbedürfnis und Gewinnstreben

Die einzelnen Ziele stehen, wie so oft in der Betriebswirtschaftslehre, nicht isoliert nebeneinander, sodass in der Führung jeweils immer wieder die sinnvolle Balance zu finden ist, insbesondere zwischen dem Bedürfnis nach Sicherheit und dem Gewinnstreben.

4.1.2 Arten der Finanzierung

Dem Unternehmen stehen für die Kapitalbereitstellung eine Reihe von Finanzierungsalternativen zur Verfügung. Die Gliederung nach Art der Finanzierung erfolgt normalerweise unter zwei Gesichtspunkten:

- der Rechtsstellung des Kapitalgebers,
- der Mittelherkunft.

Folgende Abbildung zeigt eine Übersicht, aus der sich auch die weitere Gliederung dieses Unterabschnitts herleitet:

Rechtsstellung des Kapitals	Herkunft des Kapitals	
	bei Außenfinanzierung	bei Innenfinanzierung
Eigenfinanzierung	Beteiligungsfinanzierung	Selbstfinanzierung
Fremdfinanzierung	Kredite etc.	Rückstellungen
Neutral	–	Finanzierung aus Kapitalfreisetzung

Abb. 4.1: Übersicht der Finanzierungsarten

- Eigenkapital, nach den Kriterien Außen- und Innenfinanzierung unterteilt in Beteiligungs- und Selbstfinanzierung;
- Fremdkapital, einschließlich Rückstellungen als Innenfinanzierung;
- Finanzierung aus Kapitalfreisetzung.

Zusätzlich werden kapitalschonende Finanzierungen – oftmals auch als Sonderform der Finanzierung bezeichnet – behandelt.

4.1.2.1 Eigenkapital

In einem Unternehmen kann die Bildung von Eigenkapital (Eigenfinanzierung) wie aufgezeigt in zweifacher Form erfolgen:

1) Mittel von außen können als **Beteiligungsfinanzierung** zur Verfügung gestellt werden.

2) Gewinne werden – ganz oder teilweise – nicht ausgeschüttet, sondern verbleiben im Unternehmen (und erhöhen so das Eigenkapital); es ist also eine **Selbstfinanzierung** als Innenfinanzierung gegeben.

Zu 1) Bei der Beteiligungsfinanzierung kann das Eigenkapital dem Unternehmen von außen in unterschiedlicher Form zur Verfügung gestellt werden:

Eigenkapital kann in verschiedener Weise eingebracht werden

- Als **Bareinlage** (auch Geldeinlage genannt), bei der das Unternehmen die Verfügungs- und Dispositionsgewalt über Barmittel erhält.
  Sie ist problemlos und daher am häufigsten, weil der nominelle Wert der Geldbeträge feststeht und somit eine Bewertung nicht notwendig ist.
- Als **Sacheinlage**, bei der die Eigenkapitaleinbringung geleistet wird durch die Überlassung von z.B. Maschinen, Waren und sonstigen Gütern, aber auch von Rechten wie z.B. Patenten, Wertpapieren oder Forderungsrechten.
  Damit besteht das Problem, den realistischen Wert zu ermitteln. Hierbei können die Auffassungen der verschiedenen Beteiligten auseinandergehen, da durch die Höhe der Eigenkapitaleinlagen bei Gesellschaften das Beteiligungsverhältnis der Gesellschafter untereinander bestimmt wird. Hinzu kommt der Gesichtspunkt des Gläubigerschutzes, d.h. das Vertrauen Dritter darauf, dass das eingebrachte Eigenkapital auch tatsächlich dem Wert nach dem Unternehmen zugeführt wurde.
  Aus diesem Grund ist für eine Reihe von Rechtsformen auch zwingend vorgeschrieben, dass eine Prüfung des Wertes bei Sacheinlagen durch einen unabhängigen Prüfer zu erfolgen hat. Außerdem sind steuerliche Überlegungen zu beachten.

Mit dem Erwerb von Beteiligungen sind neben der Einbringung der übernommenen Kapitaleinlage Rechte und Pflichten verbunden. Hierzu können u.a. zählen Anspruch auf Gewinn und Teilnahme an einem Liquidationserlös, Legitimation zur Geschäftsführung, Mitwirkung in Aufsichtsgremien, sonstige Kontrollrechte, zusätzliche Haftungen, Teilnahme an Verlusten etc. Die konkreten Ausgestaltungen sind sehr vielfältig und abhängig von der jeweiligen Rechtsform.

Mit dem Erwerb von Beteiligungen sind neben der Einbringung der übernommenen Kapitaleinlage Rechte und Pflichten verbunden

Da im Rahmen des 8. Kapitels »Konstitutionelle Entscheidungen« die Rechtsformen behandelt werden, wird auch dort auf die jeweiligen Rechte und Pflichten eingegangen und hier auf eine detailliertere Behandlung verzichtet.

Zu 2) Die Eigenfinanzierung als eine Innenfinanzierung kann in Form der offenen (durch einbehaltene Gewinne) oder stillen Selbstfinanzierung erfolgen.

Stille Reserve: Kein offener Ausweis

Von stiller Selbstfinanzierung wird gesprochen, wenn in der Bilanz so genannte **»stille Reserven«** gebildet werden, also kein offener Ausweis erfolgt. Dies kann dadurch geschehen, dass in der Bilanz Vermögensteile auf der Aktivseite niedriger und/oder Verbindlichkeiten auf der Passivseite höher bewertet werden, als es ihrem tatsächlichen Wert am Bilanzstichtag entspricht. Dies ist möglich in dem Rahmen, wie das Bilanzrecht Bewertungsspielräume bietet – Weiteres hierzu im 5. Kapitel.

Der Finanzierungseffekt stiller Reserven wird nicht durch eine absolute Erhöhung des Eigenkapitals sichtbar. Die stillen Reserven führen jedoch zu einer Minderung des ausgewiesenen Gewinns, sodass die Beträge auch nicht für die Ausschüttung zur Disposition stehen. Erst durch ihre Auflösung, z. B. durch Veräußerung der entsprechenden Vermögensgegenstände oder bei einer Liquidation, werden sie erkennbar. In der Zwischenzeit erhöhen sie den »inneren Wert« des Unternehmens. Soweit ihre Bildung auch steuerrechtlich anerkannt ist, führen sie zusätzlich zu einer finanziellen Entlastung, indem durch die Minderung des steuerlichen Gewinns auch die Steuerzahlungen reduziert werden.

Eine offene Finanzierung liegt vor, wenn die in der Bilanz und der GuV eines Unternehmens ausgewiesenen Gewinne nicht oder nur zum Teil ausgeschüttet werden

Eine **offene Finanzierung** liegt vor, wenn die in der Bilanz und der Gewinn- und Verlustrechnung eines Unternehmens ausgewiesenen Gewinne nicht oder nur zum Teil ausgeschüttet werden. Die Nichtausschüttung kann freiwillig oder zwangsweise erfolgen und je nach Rechtsform unterschiedlich geregelt sein.

Grundsätzlich ist zu unterscheiden in:

- Gesetzliche Einbehaltung: Sie liegt vor, wenn z. B. aufgrund aktienrechtlicher Gewinnverwendungsvorschriften Teile des Gewinns den Rücklagen zuzuführen sind.

- Satzungsmäßige Selbstfinanzierung: Grundlage hierfür sind entsprechende Regelungen im Gesellschaftsvertrag, nach denen bestimmte Teile des Gewinns nicht ausgeschüttet werden dürfen.

- Freiwillige Selbstfinanzierung: Wenn ausschüttungsfähige Gewinne aufgrund von Beschlüssen der zuständigen Organe der Gesellschaft (oder des Unternehmers bei Einzelunternehmungen) nicht oder teilweise nicht ausgeschüttet/entnommen werden.

Auch hierzu sind die Regelungen je nach Rechtsform der Unternehmung unterschiedlich. Dies gilt ebenfalls für die Art ihres Ausweises in der Bilanz.

Beispiel

Verschiedene Möglichkeiten des Ausweises (rechtsformabhängig):
- als eine eigene gesonderte Bilanzposition des Eigenkapitals oder
- bereits jedem einzelnen Gesellschafter zugerechnet, wiederum unterteilt entweder als Sonderposten pro Gesellschafter oder einbezogen in deren jeweilige Eigenkapitalsumme.

4.1.2.2 Fremdkapital

Die verschiedenen Arten des Fremdkapitals lassen sich hinsichtlich mehrerer Kriterien gliedern:

Gliederung des Fremdkapitals hinsichtlich mehrerer Kriterien:

1) **Fristigkeit:** Unterscheidungskriterium ist hier die Dauer der vereinbarten Kapitalüberlassung. Es wird unterschieden in:

– Dauer der vereinbarten Kapitalüberlassung

- kurzfristige Kredite, deren Laufzeit jedoch sowohl in der Literatur als auch in der Praxis unterschiedlich angegeben wird, z.B. 90 Tage, 6 Monate oder zumeist bis zu einem Jahr;
- mittelfristige Kredite mit einer vereinbarten Laufzeit, die länger als bei kurzfristigen, aber kürzer als bei langfristigen Krediten ist;
- langfristige Kredite mit einer Laufzeit von über 4 Jahren – gelegentlich wird die Grenze auch bei 5 Jahren gesetzt.

2) **Herkunft:** Hier wird unterschieden nach Gläubigergruppen, d.h. nach den Kreditgebern:

– Gläubigergruppen

- Bankkredite,
- Lieferantenkredite,
- Kundenkredite,
- Kredite von verbundenen oder nahestehenden Unternehmen,
- Kredite von sonstigen Personen oder Unternehmen,
- Kredite der öffentlichen Hand.

3) **Sicherheiten:** Mit der Kreditgewährung verbindet der Gläubiger die Erwartung auf fristgerechte Rückzahlung (Tilgung) und Zahlung der vereinbarten Zinsen. Ausschlaggebend dabei ist die Bonität des kreditaufnehmenden Unternehmens.

– Erwartung auf fristgerechte Rückzahlung und Zahlung der vereinbarten Zinsen

Bei Unsicherheiten wird der Gläubiger möglicherweise durch Einrechnung eines Risikozuschlages höhere Zinsen verlangen. Gegebenenfalls kann er auf zusätzliche Informations- und/oder Kontrollrechte bestehen bis hin zur Mitsprache oder eventuellen Bestellung von Mitgliedern in die Aufsichtsgremien oder in die Geschäftsführung.

Schließlich kann der Kreditgeber sich weitere Sicherheiten stellen lassen, entsprechend ist zu unterscheiden in:

Weitere Sicherheiten

- Blanko-Kredit: Es werden keine besonderen Sicherheiten verlangt.
- Personalsicherheiten: Hier übernimmt eine dritte Person neben dem Kapitalnehmer die Haftung für einen Kredit; besondere Formen sind dabei Bürgschaft (Ausfallbürgschaft oder selbstschuldnerische Bürgschaft), Garantie, Kreditauftrag oder Schuldbeitritt.
- Realsicherheiten: Hier werden Sachwerte zur Sicherung eines Fremdkapitals zur Verfügung gestellt; zu unterscheiden ist in Rechte an beweglichem Vermögen (einfacher oder erweiterter Eigentumsvorbehalt, Sicherheitsübereignung, Sicherheitsabtretung oder Pfandrechte) und Rechte an unbeweglichem Vermögen, Grundpfandrechte (Hypothek und Grundschuld).

4) **Repräsentation durch Urkunden:** Unterscheidungskriterium ist hier, ob über den Kreditbetrag eine Urkunde ausgefertigt wird, die beispielsweise eine Übertragung oder die rechtliche Geltendmachung bei Zahlungsverzug erleichtert.

5) **Verbindung zu Lieferungs- und Leistungsvorgängen:** Typisches Beispiel hierfür ist der Lieferantenkredit, in dem durch eine Lieferung von Gütern mit Zahlungsziel der Kredit entsteht. Kundenanzahlungen sind die Kreditgewährung als Vorgriff auf künftige Leistungen, durch die eine Kredittilgung erfolgt.

6) **Mittelbereitstellung:** Nach dem Gegenstand der Übertragung auf den Betrieb wird unterschieden in:

Geldkredite, Sachkredite, Kreditleihe

- Geldkredite, indem Geldbeträge bzw. Finanzmittel, z.B. als Darlehen, zur Verfügung gestellt werden,
- Sachkredite, von denen u.a. bei Lieferantenkrediten gesprochen werden kann,
- Kreditleihe, d.h., dem Betrieb werden weder Geld noch Sachwerte zur Verfügung gestellt, sondern Sicherheiten, die ihm die Kreditaufnahme erleichtern, hierzu zählen z.B. Akkreditive, Akzept- und Avalkredite.

7) **Zweckgebundenheit:** Zweckgebundene Kredite liegen vor, wenn dem Unternehmen das Fremdkapital nicht zur freien Verfügung über-

tragen wird. Öffentliche Kredite können z. B. konzentriert für ganz bestimmte Investitionen bereitgestellt werden. Hierzu gehören auch Zwischenfinanzierungen, die mit der endgültigen Kreditgewährung zu tilgen sind.

Fremdkapital nicht zur freien Verfügung

Die vorausgegangene Übersicht der Einteilungskriterien macht die verschiedenen Aspekte deutlich, die bei der Kreditgewährung und bei der Kreditaufnahme bedeutsam sein können. Im konkreten Einzelfall sind sie jeweils in ihrer Gesamtheit zu beurteilen.

4.1.2.3 Rückstellungen

Sie stellen die Innenfinanzierung im Rahmen der Fremdfinanzierung dar. Innenfinanzierung, da sie bereits als Aufwand verrechnet wurden und entsprechend den Gewinn (und damit Ausschüttungsansprüche) mindern. Aufgrund ihres Schuldencharakters – Verpflichtung gegenüber Dritten – gehören sie zum Fremdkapital.

Rückstellungen = Innenfinanzierung im Rahmen der Fremdfinanzierung

→ *Der Finanzierungseffekt ergibt sich aus der zeitlichen Differenz zwischen der Bildung der Rückstellungen und ihrer Auflösung, also dem Zeitpunkt, zu dem Zahlungen fällig werden. Je länger diese zeitliche Differenz, umso größer der Finanzierungseffekt.*

Rückstellungen werden zum einen gebildet für Verbindlichkeiten, die bereits dem Grunde nach bestehen, aber betragsmäßig, hinsichtlich des Anspruchberechtigten und/oder bezüglich des Fälligkeitszeitpunktes noch nicht genau bestimmbar sind. Hierbei wird unterschieden in rechtliche Verpflichtungen, wie z. B. Pensions-, Steuer- und Garantierückstellungen sowie Rückstellungen für drohende Verluste, und in wirtschaftliche Verpflichtungen, wie z. B. Kulanzrückstellungen. Zum anderen können Rückstellungen für unterlassene Aufwendungen, beispielsweise für Instandhaltungen, gebildet werden. Einzelheiten regelt das Bilanzrecht.

Rückstellungen zum einen für Verbindlichkeiten, zum anderen für unterlassene Aufwendungen

4.1.2.4 Finanzierung aus Kapitalfreisetzungen

Kapitalfreisetzungen sind Innenfinanzierungen, die weder dem Eigen- noch dem Fremdkapital zugerechnet werden können. Sie sind dadurch gekennzeichnet, dass gebundenes Kapital in disponibles Kapital umgewandelt wird.

Gebundenes in disponibles Kapital umwandeln

Im Wesentlichen ist zu unterscheiden in:

- **Veräußerung von Vermögensteilen:** Hierbei handelt es sich um die Beschaffung liquider Mittel durch die Veräußerung von materiellen

Interne Liquiditätsreserven

und/oder immateriellen Vermögenswerten. Zum einen kann es sich um interne Liquiditätsreserven handeln, z.B. Wertpapiere im Umlaufvermögen, die in einer guten Liquiditätslage zur Renditeverbesserung erworben wurden. Die Veräußerung sonstiger Vermögensteile, die nicht dem eigentlichen Unternehmenszweck dienen (z.B. vermietete Gebäude) bleibt (ebenfalls) ohne Auswirkung auf die Leistungsbereitschaft des Betriebes. Gelegentlich ist die Grenze zu Gütern fließend, die der Vorsorge der eventuellen Kapazitätserweiterung oder als Reservevermögen dienen.
Problematischer ist es, wenn Gegenstände des Anlage- und/oder Umlaufvermögens, die der Leistungsbereitschaft dienen, nur aus Liquiditätsüberlegungen verkauft werden. Gelegentlich wird hierbei auch auf das »sale-and-lease-back-Verfahren« zurückgegriffen, d.h., das Wirtschaftsgut wird dann einer Leasinggesellschaft veräußert und von dieser zurückgeleast. Ein solches Verfahren kann zwar unter bestimmten Umständen sinnvoll sein – möglicherweise ist es aber auch ein Indiz für mangelnde Kapitalausstattung (zumeist auch des Eigenkapitals) des jeweiligen Unternehmens. Genauere Hinweise kann eine Bilanz- und Finanzanalyse geben.

Kapazitätserweiterungseffekt

- **Finanzierung aus Abschreibungsgegenwerten:** Die in die vom Unternehmen erzielten Verkaufspreise einkalkulierten Abschreibungen auf das (bereits finanzierte) Anlagevermögen stellen einen Aufwand dar, für den jetzt keine weitere Finanzierung erforderlich wird. Dieser entsteht erst wieder bei Ersatz der Anlagen. In der Zwischenzeit stehen die Mittel dem Unternehmen als Abschreibungsgegenwerte zur Verfügung, entweder für zusätzliche Anlagen oder als allgemeine Finanzierungsmittel. Von Bedeutung in diesem Zusammenhang ist der **Kapazitätserweiterungseffekt** bzw. auch **Kapitalfreisetzungseffekt** genannt.

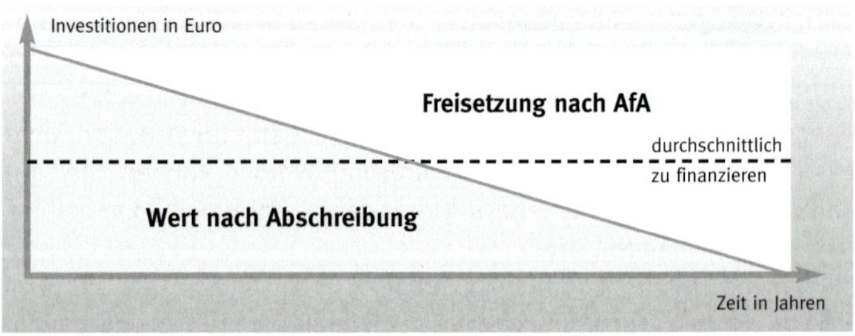

Abb. 4.2: Freisetzung aus Abschreibung

Die Abbildung zeigt, dass im Durchschnitt der Investitionsdauer nur etwa die Hälfte des Anschaffungswertes zu finanzieren ist – am Anfang mehr, zum Ende hin weniger.
Werden die freigesetzten Abschreibungsgegenwerte zur allgemeinen Finanzierung verwendet, bis dann am Ende der Nutzungsdauer die Beträge wieder zur Anschaffungsinvestition benötigt werden, so spricht man vom Kapitalfreisetzungseffekt.

Minderung des Finanzierungsbedarfs oder Ausweitung der Investitionen

Beim Kapazitätserweiterungseffekt werden in jeder Periode die Abschreibungsgegenwerte zusätzlich investiert, was langfristig dazu führt, dass mit dem Kapital, welches den vollen Anschaffungskosten einer neuen Anlage entspricht, Kapazitäten in nahezu der doppelten Höhe vorgehalten werden können. Dieser Kapazitätserweiterungseffekt ist in der Literatur auch unter »Lohmann-Ruchti-Effekt« bekannt.
Im Grundsatz wurde dieser Tatbestand bereits von Marx/Engels erkannt, aber nicht in allen seinen Konsequenzen ausgeleuchtet.

Das Lohmann-Ruchti-Modell ist eine typische theoretische Darstellung, die von Voraussetzungen ausgeht, welche so in der Praxis kaum anzutreffen sind, nämlich:

- Die Finanzierung einer Erstausstattung ist dauerhaft, sodass keine Kapitalrückzahlungen erforderlich werden,
- es wird eine Teilbarkeit der gesamten Anlagegüter angenommen, sodass in jeder Periode eine Zusatzinvestition vorgenommen werden kann, die zu entsprechenden Kapazitätssteigerungen führt,
- es wird mit konstanten Preisen auf der Beschaffungsseite gerechnet,
- der Absatzmarkt ist jederzeit in der Lage, die zusätzlichen Kapazitäten zu gleichen Preisen abzunehmen, sodass auch der Abschreibungsgegenwert entsteht,
- ein technischer Fortschritt bleibt ausgeschlossen und
- die Abschreibungen entsprechen der tatsächlichen Abnutzung.

Werden in der Praxis nicht die einzelnen Investitionen isoliert betrachtet, sondern das gesamte Anlagevermögen, so ergibt sich bei entsprechender Staffelung der Anschaffungen, dass für die Aufrechterhaltung der Leistungsbereitschaft nur etwa 2/3 der Summe aller Anschaffungswerte dauerhaft zu finanzieren ist.

4.1.2.5 Kapitalschonende Finanzierung

Den Mittelbindungen steht die Kapitalbereitstellung gegenüber

Zwischen Investitionen und dem von ihnen verursachten Kapitalbedarf einerseits sowie der Finanzierung als Kapitalbereitstellung andererseits besteht ein enger Zusammenhang. Den auf der Aktivseite der Bilanz als Kapitalanlage ausgewiesenen Mittelbindungen stehen auf der Passivseite die Finanzierungsmittel als Kapitalbereitstellung gegenüber.

Wirtschaftliche Nutzung steht vor Eigentumserwerb (bzw. -erhalt)

Die Besonderheit kapitalschonender Finanzierungen besteht typischerweise darin, dass dem Unternehmen Nutzungsrechte eingeräumt werden, ohne dass die Investition in der Bilanz des Unternehmens auf der Aktivseite auszuweisen ist, da kein Eigentumsrecht erworben wird. Entsprechend entfällt auch auf der Passivseite der Ausweis einer Verbindlichkeit. Gegenüber den traditionellen, klassischen Formen der Finanzierung vergleichbarer Investitionen ergibt sich hieraus eine Bilanzverkürzung.

Zu den typischen Formen kapitalschonender Finanzierung zählen:

- **Leasing:** Hier wird ein Leasingvertrag zwischen dem Unternehmen als Leasingnehmer und einem Leasinggeber abgeschlossen, der dem Unternehmen für einen befristeten Zeitraum das entsprechende Wirtschaftsgut gegen Zahlung einer Gebühr (Leasingrate) zur Verfügung stellt.

- **Factoring:** Auf der Basis eines Vertrages werden von dem Factor (in der Regel spezielle Finanzierungsinstitute) Geldforderungen gekauft, beispielsweise die Forderungen eines Unternehmens (Klient oder Anschlusskunde genannt) gegenüber seinen Kunden (Debitor).
  Je nachdem, ob dieser Verkauf dem Kunden gegenüber offengelegt wird oder nicht, spricht man von offenem oder stillem Factoring. Im Vordergrund steht die Finanzierungsfunktion, zusätzliche Funktionen können in Dienstleistungen liegen oder im Delkredere, d. h. der Übernahme des Risikos des Forderungsausfalls.

Zu den typischen Formen kapitalschonender Finanzierung zählen Leasing, Factoring und Franchising

- **Franchising:** Dies ist eine besondere, auf den Abschluss eines Franchise-Vertrages begründete Kooperation, bei der dem Franchise-Nehmer gestattet wird, unter einem für den Franchise-Geber geschützten Namen am Markt aufzutreten, Waren und Dienstleistungen anzubieten sowie Service-Leistung, Nutzungsrecht und sonstige Unterstützungen des Franchisegebers in Anspruch zu nehmen; der Franchisegeber erhebt dafür als Entgelt eine einmalige und/oder laufende Franchisegebühr.
  Der Vertrag geht weit über einen Lizenzvertrag hinaus. Der Finanzierungseffekt (für den Franchise-Nehmer) liegt darin, dass Rechte etc. genutzt werden können, ohne sie im eigenen Unternehmen

durch Investitionen und Vorleistungen aufbauen und finanzieren zu müssen. Daneben überwiegen in aller Regel Marketinggesichtspunkte.

In der Literatur ist die Beurteilung dieser Gestaltungsformen nicht einheitlich. Oftmals werden sie als »Sonderformen der Finanzierung« behandelt, und zwar das Factoring unter den kurzfristigen sowie Leasing und Franchising unter den langfristigen Fremdfinanzierungen – dabei wird weniger auf eine rechtliche als auf eine wirtschaftliche Betrachtungsweise abgestellt.

In der Gegenposition werden sie den Dauerschuldverhältnissen gleichgesetzt – insbesondere die Leasingrate den sonstigen Mieten –, sodass sie gar nicht direkt in die Finanzierung eingehen, sondern lediglich, wie andere laufende Zahlungen auch, in der Finanzplanung zu berücksichtigen sind.

In einer anderen Betrachtung können sie als Kreditsubstitute aufgefasst werden, also als eine Finanzierungsform, die eine direkte Kreditaufnahme ersetzt. Dem kommt die hier gewählte Bezeichnung »Kapitalschonende Finanzierung« am nächsten, die zusätzlich noch betont, dass in aller Regel durch die Nutzung eines Wirtschaftsgutes (dessen Investitionsfinanzierung zwar vermieden bzw. geschont wird) auch ein zusätzlicher Mitteleinsatz erforderlich wird, z. B. für erhöhte Vorratshaltung oder sonstige laufende Aufwendungen sowie eventuelle Kundenforderungen.

Alternativen zur klassischen Finanzierung werden unterschiedlich zugeordnet

Auf die vorgenannten Formen kapitalschonender Finanzierung, auch im Vergleich zur traditionellen Finanzierung, kann hier nicht näher eingegangen werden. Bei ihrer Beurteilung sind in aller Regel entsprechende Alternativrechnungen für den konkreten Einzelfall erforderlich.

4.1.3 Kapitalbedarf

Da die Auszahlungen zum Teil erheblich früher anfallen als die daraus resultierenden Einnahmen, ergibt sich ein Unterschied, der als Kapitalbedarf bezeichnet wird und durch entsprechende Finanzierung abzudecken ist. In der Literatur werden die Einflussfaktoren unterschiedlich gegliedert; gerade für die praktische Anwendung hat sich die nachfolgende Betrachtungsweise als sinnvoll erwiesen:

Kapitalbedarf ist durch entsprechende Finanzierung abzudecken

- **Leistungsbereitschaft, Investition**: Hierunter ist der Kapitalbedarf zu erfassen, der sich durch Herstellung, Aufrechterhaltung und/oder Erweiterung der Leistungsbereitschaft des Unternehmens ergibt (vgl. 4.2). In aller Regel handelt es sich hierbei um langfristige Investitionen, die entsprechend sorgfältig geplant werden müs-

Der Kapitalbedarf unterliegt vielfältigen Einflüssen

sen. Die Positionen sind in der Regel im Anlagevermögen auf der Aktivseite der Bilanz ausgewiesen. Durch die Längerfristigkeit der Mittelbindung ergeben sich auch entsprechende Anforderungen an die Finanzierung, an die Kapitalbereitstellung.

Finanzierungsanforderungen, die sich aus dem Leistungsprozess ergeben

- **Prozessbedingter Kapitalbedarf:** Hierzu zählen die Finanzierungsanforderungen, die sich aus dem Leistungsprozess ergeben. Zunächst handelt es sich um Mittelbindung aus der Bereitstellung notwendiger Faktoren für die Leistungserstellung, wie beispielsweise Lagerhaltung und Vorlaufkosten. Hinzu kommt die Mittelbindung während des Produktionsprozesses; somit bestimmen Prozessanordnung, Prozessgeschwindigkeit und Dispositionsverhalten (einschließlich Logistik) den Kapitalbedarf.
  Weitere Anforderungen können sich aus dem Absatz im weitesten Sinne ergeben, beispielsweise Vorhaltung eines Fertigwarenlagers, Finanzierung von Kundenforderungen etc. Die Anforderungen leiten sich aus den laufenden Betriebsausgaben ab. Die Veränderungen wirken sich in der Erhöhung oder Minderung des Umlaufvermögens aus. Die Gestaltung des güterwirtschaftlichen Prozesses beeinflusst wesentlich die Höhe der Finanzierungsanforderungen.

Bei Krediten ergibt sich der Kapitaldienst aus Zinsen und Tilgung

- **Kapitaldienst:** Bei Krediten ergibt sich der Kapitaldienst aus Zinsen und Tilgung. Für die Bereitstellung des Eigenkapitals entstehen Finanzierungsanforderungen durch die Gewinnausschüttung einschließlich der auf den Gewinn entfallenden und vom Unternehmen zu zahlenden Ertragssteuer. Hinzu kommen Entnahmen sowie eventuell Kapitalrückzahlungen, z. B. bei Ausscheiden eines Gesellschafters.

→ *Durch die Transparenz des Kapitalbedarfs ist sicherzustellen, dass die Finanzierung für die gesamte Nutzungsdauer einer Investition bzw. Durchführung einer Maßnahme gewährleistet ist.*

Ergeben sich bereits bei der Planung Unterdeckungen, so ist zur Vermeidung eventueller Illiquidität von dem Vorhaben abzusehen, falls nicht entsprechend alternative Finanzierungen gefunden werden.

Finanzplanung ist Teil der gesamten Unternehmensplanung

4.1.4 Finanzplanung

Die Finanzplanung ist Teil der gesamten Unternehmensplanung. Wie jeder planerische Prozess nimmt sie zukünftiges Handeln vorweg. Sie soll helfen, Auswirkungen frühzeitig erkennbar zu machen, um rechtzeitig korrigierend und ergänzend eingreifen zu können. Es gelten die allgemeinen Grundsätze der Planung wie Vollständigkeit, regelmäßige Erstellung, Beachtung des Wirtschaftlichkeitsprinzips sowie das Prinzip der Elastizität der Planung, d.h. Anpassung an sich ändernde Bedingungen zu ermöglichen.

Die Planung soll sein:
- vollständig
- regelmäßig
- wirtschaftlich
- elastisch/flexibel

→ *Hauptziel der Finanzplanung ist es, die finanziellen Auswirkungen der verschiedenen im Unternehmen vorgesehenen Maßnahmen transparent zu machen und im Hinblick auf ihre Finanzierbarkeit zu überprüfen.*

- Zeigt sich eine **Unterdeckung**, d.h., der Finanzierungsbedarf ist höher als die erwarteten Finanzierungsmittel, so wird das finanzielle Gleichgewicht gefährdet. Es gilt, entweder zusätzliche Finanzierungsquellen zu erschließen oder aber vorgesehene Maßnahmen zeitlich und/oder in ihrer Intensität zu strecken bzw. ganz abzusetzen.

Bei Unterdeckung wird das finanzielle Gleichgewicht gefährdet

- Bei einer **Überdeckung** sind die zur Verfügung stehenden Mittel höher als der Finanzierungsbedarf unter Berücksichtigung notwendiger Liquiditätsreserven. Hier gilt es, entweder zusätzliche Alternativen zu finden oder finanzielle Überschüsse so wirtschaftlich wie möglich anzulegen. Bei nachhaltiger Überliquidität kann auch eine vorzeitige Kapitalrückführung in Betracht gezogen werden.

Finanzielle Überschüsse so wirtschaftlich wie möglich anlegen

Basis der Finanzplanung ist einerseits die Kapitalbedarfsermittlung (s.o.) sowie andererseits der Bestand an Zahlungsmitteln einschließlich der zugesagten Finanzierungen, beispielsweise Kreditlinien im Kontokorrentverkehr mit den Banken.

Der Finanzplan im engeren Sinne ergibt sich aus der Gegenüberstellung der geplanten Einzahlungen einschließlich des Zahlungsmittelbestandes am Beginn der Planperiode mit den geplanten Ausgaben. Dabei werden die Zahlungsströme nicht nur sachlich, sondern auch zeitlich aufeinander abgestimmt.

Finanzplan i.e.S.

Da zur Sicherung des finanziellen Gleichgewichts ein Ausgleich nicht nur im Durchschnitt einer Periode, sondern zu jedem Zeitpunkt gegeben sein sollte, muss Vorsorge getroffen werden, dass während einer Planungsperiode keine nachhaltigen Unterdeckungen entstehen. Daher wird die Finanzplanung häufig nicht nur für ein Jahr erstellt, sondern unterteilt in Monate, gegebenenfalls – insbesondere bei angespannter Liquiditätslage – auch je Woche oder Dekade.

Folgende Abbildung zeigt den Aufbau eines Finanzplans.

Finanzplan für die Zeit von ___________ bis ___________

Zahlungsbeträge in Euro	Januar		Februar		...
	Plan	Ist	Plan	Ist	
I. Zahlungsmittel – Anfangsbestand					
II. Einnahmen aus: Umsatzerlöse a.o. Erlöse (ohne Zinsen) Sachanlagen Immaterielle Anlagen Finanzanlagen Eigenkapital (Einlage) Fremdkapital Zinsen Sonstige					
Summe der Einnahmen					
III. Ausgaben für: Material Personal Steuern/Abgaben Allgemeine Aufwendungen a.o. Aufwendungen (ohne Zinsen) Sachanlagen Immaterielle Anlagen Finanzanlagen Eigenkapital (Entnahmen) Fremdkapital Zinsen Sonstige					
Summe der Ausgaben					
I. + II. – III. = Zahlungsmittel – Schlussbestand					

Abb. 4.3: Aufbau eines Finanzplanes

Der Finanzplan ist eine gute Basis für die finanzpolitischen Entscheidungen und zeigt insbesondere den Dispositionsspielraum bei kurzfristigen Krediten auf. Um den langfristigen Kapitalbedarf für eine oder mehrere Perioden zu ermitteln, wird häufig ein Kapitalbindungsplan aufgestellt, zumeist auf der Basis finanzwirtschaftlicher

Analysen und entsprechender Auswertungen einer Bewegungsbilanz; hierauf soll nicht weiter eingegangen werden.

Als Grundlage für die laufenden Finanzdispositionen wird vielfach ein »täglicher Finanzstatus« geführt. Er dient dazu, die anstehenden Zahlungen und die entsprechenden Zahlungswege zu lenken.

4.1.5 Finanzdisposition und Zahlungsverkehr

Die Disposition und Abwicklung der finanziellen Transaktionen erfolgt durch den Zahlungsverkehr im Rahmen des Finanzwesens. Die Disposition ist zugleich dafür zuständig, ausreichende Zahlungsmittel für eine reibungslose Abwicklung bereitzuhalten, zu der aus Wirtschaftlichkeitsgründen auch die Beachtung von Skontofristen gehört.

Disposition und Abwicklung der finanziellen Transaktionen erfolgt im Rahmen des Finanzwesens

→ *Zahlungsmittel sind Mittel, die zur Erfüllung von Zahlungsverpflichtungen zur Verfügung stehen.*

Dabei ist zu unterscheiden zwischen:

1) **»Zahlung an Erfüllungs Statt«:** Hier wird mit der Zahlung die Verpflichtung des Schuldners gegenüber dem Gläubiger erfüllt, sie erlischt also. Die Zahlung erfolgt durch:

- Übergabe von Bargeld oder
- Verfügung über Buchgeld, also als Sichtguthaben oder durch Kreditgewährung bereitgestellte Mittel bei Kreditinstituten, auch Giralgeld genannt.

  Durch Abhebung kann Buchgeld jederzeit in Bargeld umgewandelt werden. Die Zahlungsabwicklung erfolgt beispielsweise durch Überweisung oder auch Lastschriftverfahren, Einzugsermächtigung und Abbuchungsaufträge.

Zahlung an Erfüllungs Statt: Mit Zahlung wird die Verpflichtung des Schuldners gegenüber dem Gläubiger erfüllt

2) **»Zahlung erfüllungshalber«:** Liegt vor bei Übergabe von Geldersatzmitteln wie Schecks oder Wechsel. Mit dieser Annahme ist die Verbindlichkeit des Schuldners gegenüber dem Gläubiger noch nicht erfüllt und damit erloschen, sondern erst, wenn der Scheck bzw. der Wechsel eingelöst wurde.

Zahlung erfüllungshalber: Übergabe von Geldersatzmitteln wie Schecks oder Wechsel

Der **Scheck** ist ein Wertpapier auf der Grundlage der strengen Form- und Rechtsvorschriften des Scheckgesetzes. Er ist die unbedingte Anweisung eines Ausstellers an sein Kreditinstitut, einem Dritten bei Sicht einen bestimmten Betrag zu Lasten seines Kontos auszuzahlen bzw. gutzuschreiben. Der Scheck enthält gesetzlich zwingend vorgeschriebene Bestandteile sowie zusätzlich eventuell kaufmännische, für eine rationelle Bearbeitung. Es wird unterschieden in Bar- und Verrechnungsscheck.

Liegt der Ausstellung eines Wechsels ein Warengeschäft zugrunde, wird von einem Handelswechsel gesprochen, ansonsten von einem Finanzwechsel

Der **Wechsel** ist ein weiteres streng förmliches Wertpapier auf der Grundlage des Wechselgesetzes. Der Wechsel ist sowohl Zahlungsmittel als auch Sicherungs- und Kreditmittel. Auch er enthält gesetzlich zwingend vorgeschriebene Bestandteile sowie kaufmännische, die die Abwicklung erleichtern. Liegt der Ausstellung eines Wechsels ein Warengeschäft zugrunde, so wird von einem Handelswechsel gesprochen, im anderen Falle von einem Finanzwechsel.

Bei Nichteinlösung eines Schecks oder eines Wechsels (Protest) können Ansprüche in einem erleichterten Verfahren, einem so genannten Urkundenprozess, durchgesetzt werden.

Einteilung des Zahlungsverkehrs in Barzahlung, halbbare Zahlung und unbare (bargeldlose) Zahlung

Der Zahlungsverkehr wird auch eingeteilt in:

- **Barzahlung:** Hier wird Bargeld »von Hand zu Hand« weitergegeben.
- **Halbbare Zahlung:** Hier wird entweder Bargeld in Buchgeld umgewandelt (Einzahlung auf ein Konto) oder Buchgeld in Bargeld (Abhebung, ggf. auch über einen Barscheck).
- **Unbare (bargeldlose) Zahlung:** Die Zahlung erfolgt durch Abbuchung vom Konto des Zahlers und durch Gutschrift auf dem Konto des Empfängers. Die Verfügung kann geschehen über Überweisung, Lastschriftverfahren, Einzugsermächtigung oder Abbuchungsaufträge, aber auch durch Einlösung von Schecks oder Wechsel. Weitere Möglichkeiten des bargeldlosen Zahlungsverkehrs ergeben sich im Zusammenhang mit Kreditkarten und in zunehmendem Maße durch »Electronic Cash«-Systeme oder durch PCs und Internet-Verbindung.

  In der betrieblichen Praxis überwiegt der bargeldlose Zahlungsverkehr, nicht zuletzt aus Kosten- und Sicherheitsgründen.

Darüber hinaus bestehen spezielle Finanzierungsformen und Zahlungsbedingungen im Außenhandel.

4.2 Investitionen

Die vielfältige Natur von Investitionen und die durch sie bestimmte Gestaltung der Leistungsbereitschaft einerseits sowie die langfristige Kapitalbindung andererseits führen auch in der Literatur zu unterschiedlichen Begriffsbestimmungen.

Investitionen bestimmen die Gestaltung der Leistungsbereitschaft

Im weitesten Sinne werden alle kapitalbindenden Ausgaben als Investitionen aufgefasst – also auch die im Rahmen der Materialwirtschaft und des Personalwesens. Bei den geldwirtschaftlichen (monetären) Investitionsbegriffen steht der Geldabfluss beim Zahlungsstrom im betrieblichen Wertekreislauf im Vordergrund. Die Betonung des finanziellen Aspekts der Investitionsentscheidungen führt auch dazu, dass diese zumeist im Rahmen des Finanzwesens behandelt werden. Dabei ist es sicherlich richtig, nicht nur die Finanzierung der unmittelbaren Investitionsausgaben zu sichern, sondern auch die mit der Nutzung zusammenhängenden Folgeausgaben.

Die Vertreter eines güterwirtschaftlichen (bonitären) Investitionsbegriffes gehen von den Güterströmen im betrieblichen Wertekreislauf aus und sehen Investitionen als die Zunahme von Realvermögen an. Zumeist konzentrieren sie sich dabei auf das Anlagevermögen auf der Aktivseite der Bilanz. Teilweise wird das Umlaufvermögen hinzugezählt, inbesondere dann, wenn über einen »eisernen Bestand« eine Lagerbevorratung zur Sicherung der Leistungsbereitschaft erforderlich wird.

Dies steht in enger Übereinstimmung zur betrieblichen Praxis: zielgerichtete, üblicherweise langfristige Kapitalbindung zur Erwirtschaftung zukünftiger autonomer Erträge.

Zielgerichtete Kapitalbindung zur Erwirtschaftung zukünftiger autonomer Erträge

4.2.1 Grundlage der Leistungsbereitschaft

Während die entsprechende Kapitalbindung als Investition bezeichnet wird, spricht man bei der Kapitalfreisetzung von **De-Investition** und bei ihrer Wiederanlage von **Re-Investition**.

Kapitalfreisetzung: De-Investition

Wiederanlage: Re-Investition.

Investitionen können nach verschiedenen Gesichtspunkten gegliedert und betrachtet werden.

4.2.1.1 Investitionsobjekt

Nach dem Gegenstand wird unterschieden in:

- **Sach-/Real-Investitionen**: Hierzu gehören beispielsweise Gebäude, Maschinen, sonstige Geschäftsausstattungen.
- **Finanzinvestitionen**: Darunter versteht man Aktien und sonstige Beteiligungen an anderen Unternehmungen sowie sonstige langfristige Anlagen, beispielsweise in Wertpapieren.
- **Immaterielle Investitionen**: Zu ihnen zählen der Erwerb von Patenten, Lizenzen und sonstigen Schutzrechten sowie Ausgaben für den Firmenwert beim Kauf eines Unternehmens.

Den Erwerb von Patenten, Lizenzen und sonstigen Schutzrechten sowie Ausgaben für den Firmenwert beim Kauf eines Unternehmens nennt man immaterielle Investition

4.2.1.2 Schaffung und Erhalt der Leistungsbereitschaft

Nach dem Zweck lässt sich wie folgt gliedern:

- **Gründungsinvestition**: Auch Errichtungs-, Anfangs-, Erst- oder Neuinvestition genannt; dient der Schaffung einer Leistungs- und Betriebsbereitschaft.
- **Erweiterungsinvestition**: Sie zielt auf die Vergrößerung des vorhandenen Leistungspotenzials ab.

Gliederung nach dem verfolgten Zweck

- **Ersatzinvestition**: Sie dient der Aufrechterhaltung der bisherigen Leistungsbereitschaft und der Einsatzfähigkeit vorhandener Anlagen, wenn sie beispielsweise durch Abnutzung, technischen Fortschritt oder aus anderen Gründen beeinträchtigt ist.
- **Erhaltungsinvestition**: Sie dient ebenfalls der Erhaltung der Leistungsbereitschaft, z.B. durch Großreparaturen und umfangreiche Renovierungen bestehender Anlagen.
- **Rationalisierungsinvestition**: Hier werden vorhandene Investitionsgüter durch neue ersetzt, die zumeist technisch verbessert einen optimaleren Leistungsprozess ermöglichen.
- **Umstellungsinvestition**: Sie ermöglicht Veränderungen im Fertigungsprogramm.

Nicht immer sind Erhaltungsinvestitionen klar gegenüber Erweiterungsinvestitionen abzugrenzen, so können beispielsweise Rationalisierungsmaßnahmen sowohl einen Ersatz bisheriger Investitionen darstellen als auch eine Ausdehnung des Leistungsvolumens.

4.2.1.3 Bezug zu den Funktionen

Zusätzlich kann eingeteilt werden in:

- **Fertigungsinvestition**
- **Forschungsinvestition**
- **Absatzinvestition**
- sowie weitere Untergliederungen, beispielsweise bezogen auf EDV- und Informationssysteme, Organisationseinrichtungen, Lagerbereich etc.

4.2.1.4 Einzelinvestition

Ist es für das Unternehmen ökonomisch sinnvoll, die Investition durchzuführen?

Hier geht es um die Beurteilung eines einzelnen Investitionsvorhabens. Das Investitionsobjekt ist daraufhin zu überprüfen, ob es für das Unternehmen sinnvoll ist, die Investition durchzuführen oder zu unterlassen, d.h. den bisherigen Zustand beizubehalten.
Die Einzelinvestitionen bilden die Grundlage des Investitonsbedarfs. Wesentliche Aspekte ergeben sich aus den Wirtschaftlichkeitsüberlegungen.

4.2.1.5 Investitionsprogramm

Die Gesamtheit der Investitionen in einem Unternehmen während einer Rechnungsperiode wird als Investitionsprogramm bezeichnet. Auf der Basis notwendiger und wünschenswerter Einzelinvestitionen ergibt sich ein vorläufiger Investitionsbedarf. Soweit dieser größer ist als die vorgesehenen Finanzierungsmittel, ist eine entsprechende

Bewertung, Prioritätenfestlegung und Auswahl vorzunehmen, um das endgültige Investitionsprogramm zu bestimmen.

4.2.2 Investitionsplanung und Wirtschaftlichkeitsrechnung

Die Investitionsplanung ist Teil der gesamten Unternehmensplanung mit den entsprechenden Abhängigkeiten zu anderen Teilplänen. Durch Investitionen werden die Voraussetzungen der Leistungsbereitschaft in den jeweiligen Unternehmensbereichen geschaffen bzw. aufrechterhalten. Insoweit müssen sich Investitionsvorhaben an deren konkreten Anforderungen und Planungen orientieren.

Mit der Investitionsplanung erfolgt eine Abstimmung im Sinne einer Gesamtoptimierung für das Unternehmen im Rahmen der gegebenen Möglichkeiten, insbesondere auch der finanziellen.

Investitionsentscheidungen bedürfen besonderer Sorgfalt

Investitionsrechnungen sollen eine Hilfestellung für die Beantwortung folgender Fragen bieten:

- Ist ein gewünschtes Investitionsvorhaben wirtschaftlich? Überwiegt der erwartete Nutzen die erforderlichen Aufwendungen, lohnt sich diese Investition?
  Man spricht hier auch von der Prüfung einer **absoluten Vorteilhaftigkeit**.
- Welche Investitionsalternative ist die vorteilhafteste, wenn zur Durchführung einer Maßnahme unterschiedliche, jeweils für sich wirtschaftliche Investitionsmöglichkeiten zur Verfügung stehen?
  Hier geht es um die Auswahl der besten Alternative, sodass auch von einer **relativen Vorteilhaftigkeit** gesprochen wird.
- Wann soll eine bereits im Unternehmen genutzte Anlage durch eine neue ersetzt werden?
  Die Prüfung bezieht sich auf einen Wirtschaftlichkeitsvergleich zwischen einer Ersatzinvestition einerseits und der Weiternutzung einer bereits getätigten Investition andererseits. Damit geht es um die Ermittlung des **optimalen Ersatzzeitpunktes**.
- Welche Investitionen sollen in ein Investitionsprogramm aufgenommen werden?
  Wenn nicht alle Investitionsvorhaben realisiert werden können oder sollen, ist eine Rangfolge unter den einzelnen Maßnahmen aufzustellen. Der Wirtschaftlichkeitsvergleich erfolgt prinzipiell nach den gleichen Grundsätzen wie bei der Auswahl von Investitionsalternativen. Jedoch können bei der endgültigen Entscheidung Zusatzüberlegungen eine besondere Rolle spielen, z.B. wenn Ersatzbeschaffungen oder Investitionen in bestimmten strategischen Geschäftsfeldern Vorrang erhalten.

Fragen, die mit Hilfe von Investitionsrechnungen zu beantworten sind

Die einzelnen Methoden einer Investitionsrechnung können nach unterschiedlichen Kriterien beurteilt werden, z. B.:

Die Modelle zur Investitionsrechnung können unterschiedlich gestaltet werden

- Wird die gesamte erwartete Nutzungsdauer einer Investition betrachtet oder nur eine **Teilperiode**, z. B. das erste Jahr oder ein angenommenes Durchschnittsjahr?
- Ferner wird unterschieden in **kostenorientierte und kapitalorientierte Verfahren**.
  Erstere basieren auf Kosten und Erlösen bzw. Aufwendungen und Erträgen – zumeist als Planrechnung, gelegentlich im Rahmen der Investitionskontrolle auch mit Ist-Werten. Die Ermittlungen erfolgen durch Gewinnvergleichsrechnung oder durch reine Kostenvergleichsrechnung, wenn Leistungsaspekte, z. B. bei Alternativentscheidungen mit vergleichbaren Leistungsanforderungen, unberücksichtigt bleiben.
  Die kapitalorientierten Verfahren beruhen auf Einnahme-Ausgabe-Strömen bzw. Zahlungsströmen.
- Wird der **Zeitfaktor** – also der Umstand, dass die verschiedenen Auszahlungen und Einzahlungen zu unterschiedlichen Zeiten erfolgen – berücksichtigt?
  Dies kann durch Auf- oder Abzinsung (Diskontierung) erfolgen. Damit wird der Möglichkeit Rechnung getragen, dass eine frühere Einzahlung vorteilhafter ist als eine gleich hohe zu einem späteren Zeitpunkt, da in der Zwischenzeit Zinserträge erwirtschaftet werden können. Entsprechend gilt bei der Auszahlung ein späterer Zeitpunkt als günstiger gegenüber einem früheren.
- Die **Vorteilsentscheidung** kann entweder auf Renditebetrachtungen basieren oder als Grundlage von dem Zeitraum ausgehen, der benötigt wird, bis sich eine Investitionsausgabe amortisiert, also das eingesetzte Kapital zurückfließt.
- Schließlich können Verfahren auch danach beurteilt werden, inwieweit sie Investitionsvorhaben nicht isoliert betrachten, sondern in einer umfassenderen Gesamtplanung die wechselseitigen Auswirkungen zu anderen Unternehmensbereichen einbeziehen.

Die letztgenannte Simultanplanung ist vornehmliches Anliegen der komplexeren Verfahren.

Die traditionellen Methoden beziehen sich auf die Beurteilung der absoluten und relativen Wirtschaftlichkeit von Einzelinvestitionen

Die traditionellen Methoden der Investitionsrechnung beziehen sich zumeist auf die Beurteilung der absoluten und relativen Wirtschaftlichkeit von Einzelinvestitionen. Daher ist es sinnvoll, sie nicht als alleinige Grundlage einer Investitionsentscheidung zu nehmen, sondern als eine **Phase im Entscheidungsprozess**.

Dieser kann beispielsweise wie folgt gestaltet sein:

- 1. Phase: Beschreibung der verschiedenen Alternativen im Hinblick auf den Investitionszweck kann einerseits in monetärer (z. B. Anschaffungspreis, laufende Kosten etc.) Hinsicht erfolgen und andererseits durch quantitativr, aber nicht monetäre (z. B. Leistungsabgabe, Energieverbrauch) oder qualitative (z. B. Neuigkeitsgrad, Image, Design) relevante Merkmale.
- 2. Phase: Hier werden für die einzelnen Alternativen (aus den monetären Größen) die zugehörigen Einnahmen- und Ausgabenreihen bzw. Zahlungsreihen ermittelt.
- 3. Phase: Verfahrensauswahl und Anwendung der jeweiligen Investitionsrechnung; oftmals werden 2 oder 3 Verfahren parallel eingesetzt.
- 4. Phase: Die Berechnungsergebnisse der 3. Phase dienen der Vorbereitung von Entscheidungen, können sie aber nicht ersetzen. Daher erfolgt noch einmal eine abschließende umfassende Beurteilung und letztendliche Beschlussfassung.

Phasen machen den Entscheidungsprozess deutlicher

Die gebräuchlichsten Verfahren für Einzelobjektentscheidungen werden üblicherweise eingeteilt in statische und dynamische Verfahren.

4.2.2.1 Statische Verfahren

Bei den statischen Verfahren wird der zeitliche Unterschied beim Anfall der Kosten und Leistungen bzw. Aufwand und Ertrag oder der Auszahlungen und Einzahlungen nicht berücksichtigt.

Bei den statischen Verfahren wird der zeitliche Unterschied beim Anfall der Kosten und Leistungen bzw. Aufwand und Ertrag oder der Auszahlungen und Einzahlungen nicht berücksichtigt

Auch wird nicht die erwartete Gesamtnutzungsdauer betrachtet, sondern eine Periode, die als repräsentativ angesehen wird. Hierbei handelt es sich um auf ein Jahr bezogene Durchschnittswerte oder um die erste Nutzungsperiode, z. B. bei Entscheidungen über Ersatzinvestitionen.

Die wesentlichsten Methoden hierbei sind:

- **Kostenvergleichsrechnung**: Sie bezieht die Erlösseite nicht mit ein, was zu akzeptablen Ergebnissen führt, wenn diese für alle Alternativen gleich ist oder zumindest den gesetzten Anspruch erfüllt.
  Ein Beispiel ist die Ersatzbeschaffung, wenn Leistungen im Rahmen der übrigen Kapazitäten im Prozessablauf zu erbringen sind (evtl. Mehrleistung bleibt unbeachtet).
  Unter den Alternativen ist diejenige auszuwählen, die die geringsten Kosten verursacht.
- **Gewinnvergleichsrechnung**: Hierbei handelt es sich um eine Erweiterung, indem die Erlöse in den Vergleich miteinbezogen

werden. Hier lässt sich im Gegensatz zur Kostenvergleichsrechnung auch eine absolute Wirtschaftlichkeit ermitteln.
Unter den Alternativen ist diejenige auszuwählen (relative Vorteilhaftigkeit), die den höchsten durchschnittlichen Jahresgewinn erbringt.

Wesentliche statische Verfahren

- **Rentabilitätsvergleichsrechnung:** Rentabilität als Verzinsung des eingesetzten Kapitals ist das Ergebnis (Erlöse minus Kosten) im Verhältnis zum eingesetzten Kapital. Dabei kommt hier der Gewinn einer Durchschnitts- oder Vergleichsperiode zum Ansatz sowie entsprechend der durchschnittliche Kapitaleinsatz.
  Nach der Rentabilitätsvergleichsrechnung gilt eine Investition dann als wirtschaftlich, wenn sich eine Rentabilität in mindestens vorgegebener Höhe auf der Basis der Finanzierungskosten zuzüglich eines Sicherheitszuschlages ergibt. Bei mehreren Alternativen gilt diejenige als die vorteilhafteste, die die größte Rentabilität ausweist.
- **Amortisationsrechnung:** Hier steht der Sicherheitsaspekt im Vordergrund. Es wird der Zeitraum ermittelt, in dem das durch die Investition eingesetzte Kapital durch entsprechende Einnahmen (abzgl. laufender Ausgaben) zurückgeflossen ist.
  Eine Investition gilt dann als vorteilhaft, wenn diese Wiedergewinnungszeit (Amortisationszeit) entweder im Rahmen einer Vorgabe liegt oder beim Alternativvergleich kleiner ist als die der anderen Möglichkeiten. Diese Rechnung ermöglicht beispielsweise auch einen Vergleich mit den Fristen für eingesetzte Finanzierungsmittel. Die Amortisationsrechnung wird auch als »Pay-off-Methode« oder »Pay-back- bzw. Pay-out-Periode« bezeichnet.
- **MAPI-Methode:** Als eine spezielle Variante des Rentabilitätsvergleichs wurde diese Methode 1962 von George Terborgh – dem Forschungsdirektor des MAPI-Instituts in Washington, USA – entwickelt. Sie hebt auf die relative Rentabilität im Vergleich zu anderweitigen Kapitalanlagealternativen eines Unternehmens ab.

4.2.2.2 Dynamische Verfahren

In Abgrenzung zu den statischen sind die verschiedenen Verfahren der dynamischen Methode im Wesentlichen durch drei Aspekte gekennzeichnet:

Dynamische Verfahren: Betrachtet wird eine Totalperiode, die Verfahren sind kapitalorientiert und tragen dem Zeitablauf Rechnung

- Betrachtet wird eine Totalperiode – in der Regel die gesamte geplante Nutzungsdauer einer Investition – statt einer Teilperiode.
- Sie sind kapitalorientiert, d.h., sie berücksichtigen die durch eine Investition verursachten Ausgaben und Einnahmen bzw. die Zahlungsreihen.

- Dem Zeitablauf, d.h. den unterschiedlichen Zeitpunkten, zu denen die verschiedenen Ein- /Auszahlungen anfallen, wird durch Abzinsung Rechnung getragen (seltener durch Aufzinsung).

Die Vorteilsentscheidung basiert zumeist auf einer Wirtschaftlichkeitsbetrachtung im Sinne der Rendite. Analog einer statischen Amortisationsrechnung kann sie jedoch den Zeitaspekt in Form der Wiedergewinnungszeit (Pay-off-Periode) in den Mittelpunkt stellen unter Berücksichtigung der Diskontierung.

Größere Realitätsbezogenheit und Aussagekraft

Während einerseits von einer größeren Realitätsbezogenheit und Aussagekraft ausgegangen wird gegenüber den statischen Verfahren, ergeben sich jedoch Probleme einerseits hinsichtlich der notwendigen Prognosen bei weiteren Zukunftserwartungen, insbesondere auch der Ermittlung der Nutzungsdauer und der dabei anfallenden Erträge, andererseits in der Auswahl eines geeigneten Zinsfußes. Hierauf kann an dieser Stelle nicht weiter eingegangen werden.

Probleme ergeben sich hinsichtlich der notwendigen Prognosen und der Auswahl eines geeigneten Zinsfußes

Zu den gebräuchlichsten Verfahren zählen:

- **Kapitalwertmethode:** Das Kriterium der Vorteilhaftigkeit ist hier der Kapitalwert, also die absolute Differenz aus dem Barwert der Einnahmen minus dem Barwert der Ausgaben.
  Eine Investition gilt dann als wirtschaftlich, wenn ihr Kapitalwert gleich oder größer 0 ist, also zumindest die Abzinsung ausgeglichen wird. Bei mehreren Alternativen ist hier diejenige die vorteilhafteste, die den größten Kapitalwert ausweist.

- **Methode des internen Zinsfußes:** Mit dieser Methode wird jener Zinsfuß gesucht, bei der der Kapitalwert einer Investition gleich 0 ist, also der Barwert der abgezinsten Einnahmereihe gleich dem Barwert der abgezinsten Ausgabereihe (einschließlich der üblicherweise am Beginn anfallenden Investitionsausgabe) ist.
  Eine Investition gilt dann als wirtschaftlich, wenn dieser so für sie ermittelte interne Zinsfuß höher ist als ein vorgegebener Kalkulationszinsfuß, der einer geforderten Mindestrentabilität (z.B. Finanzierungszins plus Risikozuschlag) entspricht. Bei Investitionsalternativen ist diejenige mit dem höchsten internen Zinsfuß als die vorteilhafteste anzusehen.

Gebräuchliche dynamische Verfahren

- **Annuitäten-Methode:** Zuerst werden, wie bei der Kapitalwertmethode, der Barwert der Einnahmen und der Barwert der Ausgaben errechnet. Danach werden diese beiden Barwerte in gleiche Jahresbeträge (Annuitäten) für die Einnahmen und für die Ausgaben aufgeteilt, indem der entsprechende Barwert mit einem Wiedergewinnungsfaktor multipliziert wird, der sich aus der zugrunde gelegten Nutzungsdauer und dem Kalkulationszinsfuß finanzmathematisch ergibt. Bei dieser Methode werden also den durchschnittlichen Jahreseinnahmen die durchschnittlichen Jahresausgaben gegenübergestellt. Basis ist deshalb nicht der Gesamterfolg einer Investition, sondern das durchschnittliche Jahresergebnis, nachdem jedoch zuvor durch Diskontierung den unterschiedlichen Zahlungszeitpunkten Rechnung getragen wurde.

Basis ist nicht der Gesamterfolg einer Investition, sondern das durchschnittliche Jahresergebnis

Hierdurch können auch Alternativen mit unterschiedlicher Nutzungsdauer leichter verglichen werden. Eine Investition ist dann wirtschaftlich, wenn die Einnahmeannuität höher ist als die Ausgabeannuität. Bei vorhandenen Alternativen gilt diejenige Investition als die vorteilhafteste, bei welcher der höchste Überschuss erreicht wird.

- **Dynamische Amortisationsrechnung:** Wie bei der statischen Amortisationsrechnung stehen hier Sicherheitsüberlegungen im Vordergrund, während die übrigen Investitionsrechnungen rentabilitätsorientiert sind. Bei der dynamischen Amortisationsrechnung werden im Gegensatz zur statischen Abzinsungen berücksichtigt, sodass sich eine längere Wiedergewinnungszeit (Pay-off-Periode) ergibt.

Im Einzelfall können die verschiedenen Methoden der Investitionsrechnung zu übereinstimmenden aber auch zu abweichenden Schlussfolgerungen darüber führen, welche Alternative die geeignetste wäre.

Dies führt zu der Frage »Welches ist das richtige Berechnungsverfahren?« Würden alle Methoden zu gleichen Ergebnissen führen, hätte es keinen zusätzlichen Erkenntniswert, dass für die Investitionsrechnung parallel unterschiedliche Konzepte entwickelt wurden. Die Konzentration auf eine einzige würde vom Ergebnis gesehen ausreichen.

Die verschiedenen Methoden setzen unterschiedliche Schwerpunkte und führen somit zu abweichenden Sichtweisen des gleichen Gegenstandes der Betrachtung, den Investitionsalternativen

Tatsächlich jedoch betonen die Vorgehensweisen jeweils unterschiedliche Aspekte – sie nehmen differenzierte Standpunkte ein und setzen unterschiedliche Schwerpunkte und führen somit auch zu abweichenden Sichtweisen des gleichen Gegenstandes der Betrachtung, den Investitionsalternativen.

Führt dies zu gleichen Ergebnissen, so kann darin eine Bestätigung für die Entscheidung gesehen werden. Weichen die Schlussfolgerungen voneinander ab, so ist es sinnvoll zu hinterfragen, welche für die konkrete Situation die angemessene ist.

Beispiel

Die Investitionsalternativen differieren untereinander in der Höhe des Anschaffungsbetrages (Investitionssumme) und/oder der Nutzungsdauer oder weisen eine zeitlich unterschiedliche Verteilung der Überschüsse auf: Bei einer liegen sie verstärkt in den ersten bei anderen in späteren Perioden. Dann kann es sein, dass nach den verschiedenen Rechenverfahren:

- Alternative A den absolut höchsten Gewinn/Überschuss (z.B. nach der Kapitalwertmethode),
- Alternative B die höchste Rendite, also die prozentuale Verzinsung des eingesetzten Kapitals (z.B. nach der Methode des internen Zinsfußes),
- Alternative C die kürzeste Rückgewinnungszeit (nach einer der Amortisationsrechnungen) ausweist.

Ist mittel- oder langfristig die Liquidität angespannt, wird eher C gewählt, bei hohen freien Finanzbeständen möglicherweise A, im Sinne einer guten Gesamtrendite B.

Die verschiedenen Verfahren der Investitionsrechnung stellen eine unterschiedliche Aufbereitung der die Alternativen beschreibenden Daten und deren Verknüpfung für Rückschlüsse dar; es handelt sich also um differierende Modelle für ein gleiches Anliegen – siehe die Bedeutung von Modellbildungen im Abschnitt 2.3.1.

Unterschiedliche Aufbereitung der Alternativen

4.3 Betriebliche Steuern

»Steuern sind Geldleistungen, die nicht eine Gegenleistung für eine besondere Leistung darstellen und von einem öffentlich-rechtlichen Gemeinwesen zur Erzielung von Einnahmen allen auferlegt werden, bei denen der Tatbestand zutrifft, an den das Gesetz die Leistungspflicht knüpft;
die Erzielung von Einnahmen kann Nebenzweck sein.
Zölle und Abschöpfungen sind Steuern im Sinne dieses Gesetzes.« (Legaldefinition lt. § 3 Abs. 1 AO – Abgabenordnung)

Steuern sind also Geldleistungen, die erbracht werden müssen, ohne dass damit ein Anspruch auf besondere Gegenleistungen entsteht. Die Zahlungsverpflichtung kann einmalig oder wiederkehrend sein. Hauptzweck der Steuer ist die Erzielung staatlicher Einnahmen. Zusätzlich können jedoch – wie ausdrücklich zugelassen – Nebenzwecke verfolgt werden, indem z.B. durch zusätzliche Steuerbelas-

Steuern sind Geldleistungen, die erbracht werden müssen, ohne Anspruch auf besondere Gegenleistungen

tungen oder spezielle Entlastungen Einfluss auf das Verhalten der Steuerpflichtigen genommen werden soll. Für die betriebliche Praxis gehören hierzu beispielsweise Steueranreize für Investionen zu bestimmten Zeiten oder in bestimmte als förderungswürdig angesehene Regionen oder (ökologische) Maßnahmen. Nur wenn der im Steuergesetz ausdrücklich genannte Tatbestand gegeben ist, entsteht die Steuerpflicht.

Gebühren sind Abgaben für spezielle Gegenleistungen

Gebühren sind Abgaben für spezielle Gegenleistungen. Steuern haben für viele Unternehmensentscheidungen eine erhebliche Bedeutung erlangt. Dies ergibt sich zum einen aus der Höhe der abzuführenden Beträge und zum anderen aus der Fülle verschiedener Steuerarten, die für das Unternehmen relevant werden können. Dabei ist insbesondere zu beachten, an welche Tatbestände eine Steuerpflicht geknüpft ist und wie sich der Zahlungsbetrag errechnet. Auch bei der Wahl der Rechtsform oder der Standortwahl sind steuerliche Aspekte zu beachten – wenngleich auch nur im sinnvollen Verhältnis zu anderen Kriterien.

Da mit der Steuerpflicht entsprechende Zahlungsverpflichtungen verbunden sind, sollen sie hier zur Abrundung der Ausführungen über Geldwirtschaft angesprochen werden, ohne dass auf dieses Spezialgebiet im Detail eingegangen werden kann.

Steuersubjekt, -objekt, -bemessungsgrundlage und -tarif

Als **Steuersubjekt** wird derjenige bezeichnet, gegen den sich der Steueranspruch richtet. **Steuerobjekt** ist die Sache, das Rechtsverhältnis oder der Vorgang, welcher als Grundlage der Besteuerung dient. Inwieweit hieraus die Steuerbasis ermittelt wird, ist die so genannte **Steuerbemessungsgrundlage**. Aus Anwendung des **Steuertarifs** ermittelt sich die Höhe der zu zahlenden Steuer. Den einzelnen Bemessungsgrundlagen kann ein bestimmter Steuersatz oder ein Steuerbetrag zugeordnet sein. Der Steuertarif kann darüber hinaus proportional oder progressiv verlaufen.

Die Steuern können nach verschiedenen Kriterien unterschieden und gegliedert werden:

- Steuerart,
- Steuergegenstand,
- Steueraufkommen, Steuergläubiger,
- Behandlung im Rechnungswesen nach betriebswirtschaftlichen Kriterien.

4.3.1 Steuerart

Diese Einteilung richtet sich danach, inwieweit Steuerschuldner und Steuerträger identisch sind:

- **Direkte Steuer:** Der Steuerschuldner ist derjenige, der auch letztendlich die Belastung tragen soll, es kann weiter unterschieden werden in Personen- und Objektsteuer.
- **Indirekte Steuer:** Hier kann die Steuerlast vom Steuerschuldner (z.B. dem liefernden Unternehmen) auf den Steuerträger (z.B. den

Inwieweit sind Steuerschuldner und Steuerträger identisch?

Einteilung der Steuern		
nach der Auswirkung	**nach der Verwaltungspraxis**	**je nachdem, wem die Steuern nach Art. 106 GG zufließen (Ertragshoheit)**
Direkte Steuern: – Einkommensteuer – Vermögensteuer* – Lohnsteuer – Grundsteuer – Grunderwerbsteuer *Indirekte Steuern:* – Umsatzsteuer – Zölle – Verbrauchsteuern: Branntweinsteuer Tabaksteuer Spielkartensteuer	*Besitzsteuern:* Personensteuern: – Einkommen: Einkommensteuer Körperschaftsteuer – Vermögen: Vermögensteuer Realsteuern: – Gewerbesteuer – Grundsteuer *Verkehrsteuern:* – Umsatzsteuer – Grunderwerbsteuer – Versicherungsteuer *Zölle:* – Einfuhrzölle – Ausfuhrzölle *Verbrauchsteuern:* – Mineralölsteuer – Getränkesteuer – Einfuhrumsatzsteuer – Branntweinsteuer – Tabaksteuer – Spielkartensteuer – Zuckersteuer – Biersteuer – Salzsteuer – Kaffeesteuer	*Bundessteuern:* – Zölle – Versicherungsteuer – Verbrauchsteuer (mit Ausnahme der Biersteuer) *Landessteuern:* – Vermögensteuer* – Kraftfahrzeugsteuer – Grunderwerbsteuer – Biersteuer – Erbschaftsteuer *Gemeindesteuern:* – Gewerbesteuer – Grundsteuer – Hundesteuer – Vergnügungsteuer *Gemeinschaftsteuern:* (Bund, Länder, Gemeinden) – Umsatzsteuer – Einkommensteuer – Körperschaftsteuer – Lohnsteuer * ausgesetzt

Abb. 4.4: Steuerarten

Kunden) abgewälzt werden. Neben der Umsatzsteuer als Verkehrssteuer gehören hierzu Verbrauchsteuern. Tatsächlich entscheidet sich die Möglichkeit jedoch nicht allein danach, ob dies steuerrechtlich vorgesehen ist, sondern auch nach der Marktsituation.

4.3.2 Steuergegenstand

Steuergegenstand bezeichnet den Tatbestand, der einer Steuererhebung zugrunde liegt

Hier geht es um den Tatbestand, der einer Steuererhebung zugrunde liegt. Im Laufe der Zeit hat sich folgende Einteilung in der deutschen Verwaltungspraxis durchgesetzt:

- **Besitzsteuer**

  – **Personensteuer:** Hierbei handelt es sich um Steuer auf Besitzwerte wie Einkommen und Vermögen natürlicher und juristischer Personen (z. B. Einkommensteuer, Körperschaftsteuer)

  – **Realsteuern:** Sie zielen ab auf die Bedeutung bestimmter Besitzgegenstände, wie beispielsweise Grundstück oder Gewerbebetrieb, daher auch als Objektsteuer bezeichnet (z. B. Grundsteuer).

- **Verkehrsteuern:** Durch sie werden rechtliche und wirtschaftliche Transaktionen versteuert, wie etwa der Verkauf von Grundstücken oder der Warenfluss im Rahmen des Wirtschaftskreislaufs (z. B. Umsatzsteuer, Grunderwerbsteuer, Börsenumsatzsteuer).

Die Verbrauchsteuer ist in den Verkaufspreisen enthalten

- **Verbrauchsteuern:** Hier geht es um indirekte Steuern, die in der Regel den Übergang von bestimmten Waren in den Verkehr erfassen, beispielsweise Bier-, Branntwein-, Kaffee-, Tabak-, Salz-Steuer etc. Die Steuer ist in den Verkaufspreisen enthalten, letztendlich ist somit der Endverbraucher Steuerträger.

- **Zölle:** Sie werden als Einfuhr- oder Ausfuhrzölle bei Warenbewegungen über die Grenze erhoben und letztendlich in die Preise eingerechnet.

4.3.3 Steueraufkommen

Kriterium ist hier, wem die Steuern zufließen, beispielsweise dem Bund, den Ländern oder den Gemeinden (vgl. Abb. 4.4).

4.3.4 Behandlung im Rechnungswesen und nach betriebswirtschaftlichen Kriterien

Nach betriebswirtschaftlichen Aspekten können sich folgende Gliederungspunkte ergeben:

- **Steuern des Unternehmers:** Sie sind von den Anteilseignern und Gewinnbezugsberechtigten zu tragen, beispielsweise die Einkom-

mensteuer auf Unternehmergewinne bzw. bei juristischen Personen die Körperschaftsteuer.
Sie beeinträchtigen nicht das Betriebsergebnis (vor Steuern), sondern sind aus den Gewinnanteilen zu bezahlen bzw. werden wie Entnahmen behandelt.

Steuern des Unternehmers beeinträchtigen nicht das Betriebsergebnis (vor Steuern)

- **Zu aktivierende Steuern:** Soweit Steuern – z. B. Grunderwerbsteuer – oder Eingangszölle gemäß den Bewertungsregeln zu den Anschaffungskosten zählen, sind sie nicht als Steueraufwand geltend zu machen, sondern bei den entsprechenden Positionen zu aktivieren.

- **Betriebliche, als Aufwand/Kosten zu behandelnde Steuern:** Hierzu zählen insbesondere Beförderungs-, Kfz-, Mineralöl-, Versicherungsteuern etc. sowie ggf. Ausfuhrzölle.

- **Umsatzsteuer:** Eine besondere Behandlung besteht bei der Umsatzsteuer als indirekte Steuer. Hier gilt der Grundsatz, dass es sich nicht um eine Kostensteuer handelt, sondern dass sie, wenn auch auf den einzelnen Stufen erhoben, letztendlich vom Endverbraucher getragen wird.
  Umsatzsteuer wird als Mehrwertsteuer bei der Berechnung von Lieferungen und Leistungen zusätzlich erhoben und ist an das Finanzamt abzuführen nach Abzug der Vorsteuer, die dem Unternehmen seinerseits beim Empfang von Lieferungen und Leistungen in Rechnung gestellt wird. Das Konzept geht also dahin, dass die Umsatzsteuer wettbewerbs- und konzentrationsneutral ist, auch unabhängig von der Anzahl der Stufen in der Wertschöpfungskette. Sie soll damit nicht die Kostenrechnung des Unternehmens belasten, aber von diesem bei der Inrechnungstellung von Lieferungen und Leistungen erhoben und an das Finanzamt abgeführt werden.

Umsatzsteuer wettbewerbs- und konzentrationsneutral

- **Lohn- und Kirchensteuer:** Sie werden ebenfalls zwar vom Unternehmen einbehalten und an das Finanzamt abgeführt, jedoch nicht unmittelbar vom Unternehmen getragen, sondern von den jeweils steuerpflichtigen Mitarbeiterinnen und Mitarbeitern.
  Das Unternehmen ist aufwandsmäßig mit dem Bruttolohn belastet, der als Personalkosten verbucht wird. Den Arbeitnehmern wird jedoch nur der Nettolohn ausgezahlt, also das Brutto nach Abzug (neben Sozialversicherungsbeiträgen) der Lohn- und Kirchensteuer einschließlich Solidaritätszuschlag. Sie werden vom Unterneh-

Lohn- und Kirchensteuer werden vom Unternehmen einbehalten und an das Finanzamt abgeführt

men an die Finanzverwaltung abgeführt. Dabei hat das Unternehmen einzustehen für eine ordnungsgemäße Ermittlung der Steuerbeträge, was durch Lohnsteuerprüfungen des Finanzamtes kontrolliert wird.
Werden hierbei Fehler festgestellt, so ist das Unternehmen unabhängig von der Steuerpflicht des einzelnen Arbeitnehmers für die entgangenen Beträge haftbar. Bezüglich der Haftung gilt, dass neben dem Unternehmen die Geschäftsführung persönlich – z. B. in Fällen von Insolvenz – für die Abführung einbehaltener Steuerbeträge haftbar ist; dies gilt sowohl für die Lohn- und Kirchensteuer als auch für die Umsatzsteuer.

Steuergesetzgebung befindet sich ständig im Wandel

Aufgrund der Zahlungsbelastungen durch Steuern, der Komplexität der verschiedenen Steuergrundlagen (Abgabenordnung, Bewertungsgesetz, diverse Einzelsteuergesetze zuzüglich Verordnungen und Richtlinien) sowie der sich ständig im Wandel befindlichen Steuergesetzgebung und nicht zuletzt auch der Rechtsprechung zum Steuerrecht handelt es sich um ein umfassendes Gebiet, das im Unternehmen entsprechende Spezialisten erfordert – zumindest Klein- und Mittelbetriebe bedienen sich dazu in aller Regel der Hilfe von Steuerberatern, Wirtschaftsprüfern oder Fachanwälten.

4.4 Rating und Beurteilung der Kreditwürdigkeit

Die Möglichkeiten eines Unternehmens, sich mit den erforderlichen Finanzmitteln zu versorgen hängt entscheidend von seiner Kreditwürdigkeit ab bzw. davon, wie diese von potenziellen Kapitalgebern beurteilt wird. Die zur Verfügung stehenden Gelder bestimmen wiederum, inwieweit Investitionen und andere Planungen verwirklicht werden können.
Dies ist Grund genug sowohl für eine sorgfältige Finanzplanung (siehe 4.1.4) als auch zu verstehen, welche Kriterien u.a. Banken berücksichtigen, um ihre diesbezüglichen Entscheidungen treffen.

4.4.1 Prinzip des Ratings

Beurteilung anhand einer Skala

Das angloamerikanische Wort „rat“ bedeutet Maßstab oder Verhältnis. Rating bezeichnet Verfahren zur Einschätzung und Beurteilung von Personen, Situationen etc. mit Hilfe von Ratingskalen. In der Marktforschung versteht man darunter eine Methode der Datenerhebung anhand vorgegebener Merkmale auf einer Skala, um Meinungen, z.B. durch Befragungen, einzuordnen.

Im Bankwesen soll durch Rating die **Bonität**, Kreditwürdigkeit, eines Kreditnehmers **gemessen** werden unter Berücksichtigung vielfältiger Kriterien sowie in Relation zu verschiedenen Eingruppierungen, die sich nach Erfahrungen und Risikoeinschätzungen ergeben.

Eine *Analogie* ist die Kfz-Versicherung, bei der die Prämie ebenfalls vom Rating nach mehreren Faktoren abhängt: Fahrzeugtyp, bisheriger Schadensverlauf, Wohnort, Vielfahrer etc.

4.4.2 Bedeutung der Kreditwürdigkeit

Die Einschätzung der Kreditwürdigkeit eines potenziellen Kreditnehmers hängt davon ab, in welchem Maße ihm die Fähigkeit und Bereitschaft zugetraut wird, den sich aus einem Kredit ergebenden Kapitaldienst zu erfüllen, d.h. die vereinbarten Zinsen und Tilgungen zu leisten. Der Grad der Kreditwürdigkeit wird im Rahmen von Kreditwürdigkeitsprüfungen ermittelt.

Der Kreditgeber verfolgt mit der Kreditvergabe in der Regel vornehmlich zwei **Ziele**:

- eine angemessene, risikogerechte **Verzinsung** des ausgeliehenen Geldes und
- eine vereinbarungsgemäße **Rückzahlung**, also die Vermeidung von Verlusten durch Kreditausfälle.

Bei der Kreditausleihe sind Risiken nicht gänzlich auszuschließen. Wird das Risiko überschätzt, so entgeht einem möglicherweise ein rentables Geschäft. Wird es unterschätzt, kann dies zu Verlusten führen. Je höher das Risiko desto größer also das Verlangen nach einem Risikoaufschlag bei den Konditionen. Entsprechend bedeutet dies für den Kreditnehmer, zu welchen Konditionen er Kredite erhalten kann – im ungünstigsten Fall, ob überhaupt.

Risiken sollen realistisch eingeschätzt werden

4.4.2.1 *Internes und externes Rating*

Durch Rating soll die Einordnung in unterschiedliche Ratingklassen Auskunft über die Ausfallwahrscheinlichkeit einer Kapitalhergabe geben. In der Finanzwirtschaft wird in externes und internes Rating unterschieden.

Einordnung in Ratingklassen

Externe Ratings erfolgen durch Ratingagenturen, die ihre Ergebnisse veröffentlichen, z.B. auch zum Schutz von Kapitalgebern beim Kauf von Aktien oder Schuldverschreibungen etc.. Eine übliche Benotung reicht von AAA (Bestnote) über AA, A, BBB, BB, B bis C.

Extern durch Agenturen

Interne Ratingverfahren werden von Kreditinstitutionen zu internen Zwecken durchgeführt. Die Ergebnisse werden nicht veröffentlicht. Sie beeinflussen die Einschätzungen bei Kreditgewährungen, Festlegung der Zinshöhe und sonstiger Konditionen. Zugleich wirken sie sich auf die Ermittlung der gesetzlichen Eigenkapitalanforderungen an Kreditinstitute aus.

Intern vom Kreditinstitut

4.4.2.2 *Bezug zu Basel II*

Seit 1974 tagt der Ausschuss für internationale Bankenaufsicht in Basel – daher der Name. Ziel ist, die Stabilität des Finanzsektors und des Bankensystems als Grundlage für eine stabile Volkswirtschaft zu sichern. Neben Verfahren zur Bankenaufsicht und Publizitätsvorschriften zählen hierzu insbesondere Anforderungen an die Höhe eines angemessenen Eigenkapitals der Banken, um jederzeit Verluste aus Kreditausfällen und anderen Geschäftsbereichen auffangen zu können. 1988 wurde vereinbart, dass Kreditinstitute für jeden Kredit an Firmenkunden 8% an Eigenkapitalreserve vorhalten müssen. Diese Pauschalierung stieß auf Kritik, da die Risiken unterschiedlich sind. Nunmehr soll für jede Finanzierung die Eigenkapitalunterlegung gesondert bestimmt werden.

Bankenaufsicht und Publizitätsvorschriften

Vorgabe von Eigenkapitelquoten – seit 1988 differenziert

Dies führt als so genanntes Basel II zu einem Rating, nicht nur des Kreditinstituts, sondern infolge auch der einzelnen Finanzgeschäfte. Dabei können sich Banken des externen oder internen Ratings bedienen. Letzteres Verfahren gestattet gerade bei kleineren und mittelständischen Kreditnehmern oft aussagefähigere Risikoklassifizierungen.

4.4.2.3 *Prozess des Ratings*

Die Ursachen, die zu Krisen – und im Extremfall zu Insolvenzen – führen können, sind vielfältig, sodass der Prozess des Ratings deutlich über eine Bilanzanalyse hinaus geht. Außerdem ist zu berücksichtigen, dass einige Kriterien je nach Branche, Betriebsgröße, Rechtsform etc. unterschiedliche Bedeutung haben. Um sie zuverlässig beurteilt zu können, werden ihre Auswirkungen für jeweilige Gruppierungen nach statistischen Methoden aufbereitet. Zum Beispiel wirken sich Personalkostensteigerungen bei Dienstleistungen und Handwerk stärker aus als bei Industrie und Handel. Fehlplanungen bei Investitionen haben zumeist für Industrieunternehmen größeren Einfluss.

Die Kriterien gehen über Bilanzanalyse hinaus

Branchen- und Unternehmensbesonderheiten werden beachtet

Zum einen sind **Faktoren** und **Kennzahlen** aus dem Finanzbereich zu beachten, zur:

- Finanzlage; Eigenkapitalquote, Fremdkapitalstruktur etc.
- Vermögenslage; Kapitalbindung, Lagerdauer, Liquiditätsstruktur
- Ertragslage; Rentabilität, Cashflow, Kostenstruktur etc.

Rating berücksichtigt Kennzahlen

Dabei geht es nicht nur um Momentaufnahmen, sondern um Entwicklungen sowohl in der Vergangenheit als auch der zukünftigen Potenziale.

Zum anderen sind Aspekte zu erfassen, was auch als **qualitatives Rating** bezeichnet wird:

- Unternehmensführung; Management (auch Vertretungs- und Nachfolgeregelungen), Personal, Strategien etc.
- Marktchancen und –risiken (Umfeldanalyse), auch nach Branchen etc.
- eigene Stärken und Schwächen, z.B. Produkt und Absatzstruktur (Unternehmensanalyse)
- gesellschaftliche und sonstige Trends, politische Einflüsse (insbesondere bei internationalen Verflechtungen) etc.
- Wertschöpfungskette; Organisation, Ablaufprozesse, Forschung und Entwicklung, Fertigungstiefe etc.
- Planung, Steuerung, Controlling und Informationspolitik.

Rating berücksichtigt qualitative Aspekte

Des weiteren führen **Warnsignale** zu Auswirkungen auf die Ratingeinstufung. Typische Warnsignale sind Zahlungsverzug bei Darlehensraten etc., nicht eingelöste Schecks sowie Pfändungs- und Überweisungsbeschlüsse. Aber auch nicht plausibel erklärte Veränderungen u.a. beim Zahlungsverhalten (z.B. Verzicht auf Skontoabzüge), Umfinanzierungen, Personalwechsel etc. gehören dazu.

Rating achtet auf Krisenanzeichen

Schließlich können sich **Haftungsverflechtungen** – sowohl im rechtlichen Verbund als auch durch Garantiezusagen etc. – auf die Gesamtbeurteilung auswirken.

4.4.3 Nutzen für das Unternehmen

Je konstruktiver Unternehmen einem Ratingverfahren begegnen, um so eher können sie für sich Nutzen daraus ziehen. So kann ein Verständnis für die Kriterien und ihren Bezug zur Existenzsicherung bei der eigenen Unternehmensführung helfen. Letztendlich widersprechen sich der Erhalt der Kreditwürdigkeit und das Streben nach langfristigen betrieblichen Erfolg nicht.

Verständnis für Kriterium unterstützt die Existenzsicherung

Im vertrauensvollem Dialog können möglicherweise Missverständnisse und unterschiedliche Interpretationen vermieden oder ausgeräumt werden. Es kann jedoch sein, dass dennoch Chancen und Risiken von Vorhaben (z.B. Investitionen, Expansionen o.ä.) abweichend bewertet werden. Aber auch dann könnte eine frühere Klarheit hierüber helfen, rechtzeitig abzuwägen, ob unter diesen Gegebenheiten die Maßnahme durchzuführen ist oder andere Finanzierungsquellen erschlossen werden können.

Frühes Einordnen von Chancen und Risiken

4..4.3.1 Andere Einsatzbereiche

Auf die Bedeutung in der Marktforschung wurde bereits hingewiesen. Hier ist es eine Methode, bei der u.a. Befragungsergebnisse von Testpersonen anhand von vorgegebenen Merkmalen und durch Skalierung bewertbar werden. Oft handelt es sich um qualitative Eigen-

Einsatz der Verfahrenstechnik bei nicht direkt messbaren Erhebungen

schaften. Dies Verfahren ist ebenfalls bei anderen nicht direkt messbaren Erhebungen nützlich, um sie einzuordnen.
Daneben kann sich das Rating auf die Merkmale selbst beziehen, damit sie in ihrer Bedeutung für das eigentliche Thema gewichtet werden – z.B. Cashflow, Kapitalstruktur etc. bezogen auf die Kreditwürdigkeit.

Beispielsweise auch im Personalwesen lassen sich verschiedene Faktoren in ihrem Einfluss auf die Motivation bestimmter Gruppen ermitteln.

4.4.3.2 Vorbereitung von Entscheidungen

Einsatz zur Unterstützung von Entscheidungen

Bei Entscheidungen geht es um die Wahl zwischen zwei oder mehreren Alternativen. Ebenfalls kann zu entscheiden sein, ob im konkreten Fall ein vorgegebenes Niveau erreicht ist. Dabei sind die Fragestellungen oft sehr komplex, indem bei den verschiedenen Kriterien mal die eine mal die andere Alternative höher bewertet wird.
Hier kann in **zwei Phasen** vorgegangen werden.

- Zunächst sind die Kriterien in eine **Rangfolge** zu bringen, indem ihr jeweiliger Einfluss auf die endgültige Fragestellung (z.B. in einer Skala von 1-5; 1 = gering, 5 = hoch) bewertet wird.
- In einem zweiten Schritt werden für jede Alternative bei allen Kriterien die **Ausprägungen** bestimmt, wiederum anhand einer Ratingskala, und anschließend diese Werte mit den Bedeutungswerten der entsprechenden Kriterien multipliziert. Sodann ergibt die Addition dieser Zwischenwerte für jede Alternative einen **Gesamtwert**, der im Verhältnis zu denen der anderen gesetzt die Endbeurteilung aufzeigt.

So wie das Ratingverfahren für die komplexe Beurteilung der Kreditwürdigkeit den Banken bei den Entscheidungen hilft, ob und zu welchen Konditionen sie Kredite gewähren, so kann die Methodik auch Unternehmen bei einer Reihe vielschichtiger Entscheidungen unterstützen.

5 Rechnungswesen und Informationsfluss

5.1 Wesen und Aufgaben

Das betriebliche Rechnungswesen ist Teil des Informationswesens eines Unternehmens. Zu ihm gehören Verfahren, die alle relevanten und zahlenmäßig erfassbaren (quantifizierbaren) Vorgänge und Beziehungen im Unternehmen systematisch erfassen und auswerten. Die Systematik der zahlenmäßigen Erfassung und der Darstellung sowie die Methodik der Auswertungen werden wesentlich durch die verfolgten Ziele und die zu erfüllenden Funktionen geprägt.

Zum betrieblichen Rechnungswesen gehören Verfahren, die alle relevanten und zahlenmäßig erfassbaren Vorgänge und Beziehungen im Unternehmen systematisch erfassen und auswerten

Die wesentlichen Funktionen sind:

- **Dokumentation**: Zustände, Prozesse und Ergebnisse etc. werden transparent und überprüfbar; hierauf basieren auch Kontrollfunktionen.
- **Basis zur Planung und Steuerung**: Die Daten des betrieblichen Rechnungswesens dienen als Grundlage für Wirtschaftlichkeits- und Rentabilitätsrechnungen und somit als Planungs- und Entscheidungsgrundlage.
- **Rechenschaftslegung**: Dies gilt nicht nur betriebsintern und für Kapitaleigner, sondern auch extern, also Dritten gegenüber, was durch eine Reihe rechtlicher Vorschriften zur Rechnungslegung abgesichert ist.
- **Information**: Auch dies gilt einerseits intern und andererseits Dritten gegenüber sowohl auf freiwilliger Basis als auch auf Grund gesetzlicher Vorschriften zur Offenlegung und Veröffentlichung.
  Zu den Adressaten, Empfängern der Information zählen neben den Gesellschaftern und Eignern z.B. Banken, sonstige Kreditgeber, Lieferanten, Kunden sowie das Finanzamt etc., wenn auch zum Teil mit sehr unterschiedlichen Interessen und Ansprüchen.

Unternehmensintern dient das Rechnungswesen vorwiegend folgenden Zielen:

Unternehmensintern von hoher Bedeutung

- dem Nachweis über Vermögen und Verbindlichkeiten,
- der Ermittlung des Erfolges einer Periode,
- der Überprüfung der Wirtschaftlichkeit betrieblicher Prozesse,
- als Basis und Überwachung für die Preisgestaltung,
- als Möglichkeit der Bereitstellung beweiskräftiger Unterlagen in Rechts- und Vermögensstreitigkeiten,
- als Grundlage für Planungen und Kontrolle.

Für außenstehende Interessengruppen dienen die Auswertungen als Grundlage für Entscheidungen, ob und in welcher Weise Geschäftsbeziehungen mit dem Unternehmen aufgenommen bzw. weitergepflegt werden sollen. Bedeutsam ist hier insbesondere die Beurteilung der Liquidität, der Bonität und der zu erwartenden Ertragskraft sowie generell der Entwicklungschancen. Daneben liefert das Rechnungswesen die Daten für die Bemessungsgrundlage zur Ermittlung von Steuer- und Abgabeverpflichtungen.

Rechnungswesen liefert Daten für die Bemessungsgrundlage zur Ermittlung von Steuer- und Abgabeverpflichtungen

Je nach dem Zweck der Auswertungen kann die Rechnungslegung vergangenheitsbezogen sein als so genannte **Ist-Rechnung** oder zukunftsbezogen als **Plan-Rechnung** bzw. mit Vorgabecharakter als **Soll-Rechnung**. Die sich aus den verschiedenen Zielen ergebenden Aufgaben können nicht alle in einer einzigen Methodik der Rechnungslegung erfüllt werden. Hinzu kommt, dass bezogen auf Rechenschaftslegung und Veröffentlichung Dritten gegenüber besondere Anforderungen an eine zuverlässige und den einheitlichen Regelungen entsprechende Form gestellt werden, während für die innerbetriebliche Aufbereitung eine Ausrichtung an den speziellen Themen zulässig ist. Insoweit wird das betriebliche Rechnungswesen traditionell gegliedert in:

Rechnungswesen wird gegliedert in:
– Buchführung und Jahresabschluss (Bilanz sowie Gewinn- und Verlustrechnung)
– Kosten- und Leistungsrechnung
– Betriebsstatistik, Vergleichsrechnung und Kennziffern
– Planungsrechnung

- **Buchführung und Jahresabschluss** (Bilanz sowie Gewinn- und Verlustrechnung): Es wird auch von Finanzbuchhaltung, Geschäftsbuchhaltung, pagatorischer Buchhaltung oder kaufmännischer Buchhaltung gesprochen. Sie erfasst den außerbetrieblichen Werteverkehr der Unternehmung aus Geschäftsbeziehungen (z. B. mit Kunden, Lieferanten, Schuldnern, Gläubigern, der öffentlichen Hand etc.) und die dadurch sich ergebenden Veränderungen der Vermögens- und Kapitalverhältnisse. Da der Jahresabschluss sowohl internen als auch externen Zwecken dient, sichern gesetzliche Vorschriften die Anforderungen an die Rechnungslegung.
- **Kosten- und Leistungsrechnung**: Oft kurz Kostenrechnung genannt, soll der Unternehmensführung entscheidungsrelevante Informationen zur Verfügung stellen, die auf die jeweiligen Fragestellungen hin zweckorientiert aufzubereiten sind. Oftmals wird auch von Betriebsbuchhaltung gesprochen, da der Schwerpunkt der Abrechnung sich auf die inneren Prozesse bezieht.
- **Betriebsstatistik, Vergleichsrechnung und Kennziffern**: Sie dienen zum einen der Auswertung sowohl des Jahresabschlusses als auch der Kostenrechnung im innerbetrieblichen Vergleich (beispielsweise in der Entwicklung, dem Zeitvergleich, oder zwischen verschiedenen Bereichen, Betriebsstätten etc.), zum anderen einem externen Vergleich, also mit anderen Unternehmungen, beispielsweise der gleichen Branche. Außerdem können für die Auswertung auch Daten hinzugezogen werden, die nicht (oder nicht in dieser oft mengenmäßigen) Form in die vorgenannten Rechnungslegungen eingehen.

- **Planungsrechnung:** Inwieweit sie als eigenständiger Bereich – wie es herkömmlich geschieht – aufzufassen ist, wird zunehmend zurückhaltend betrachtet, da einerseits Planrechnungen ebenfalls in den anderen Bereichen (beispielsweise als Planbilanz etc.) vorgenommen werden und andererseits strategische und operative Planungen in aller Regel in ihren Dimensionen über eine Rechnungslegung deutlich hinausgehen.

Die folgende Abbildung zeigt fundamentale Begriffe des Rechnungswesens im Vergleich zu den verschiedenen Anwendungsgebieten.

Anwendung	Input	Output
Einnahmerechnung	Ausgaben	Einnahmen
Zahlungsbereich	Auszahlungen	Einzahlungen
G+V (Periodenrechnung)	Aufwand	Ertrag
Kosten- und Leistungsrechnung	Kosten	Leistung (Erlös)

Abb. 5.1: Fundamentale Begriffe des Rechnungswesens

5.2 Buchführung und Jahresabschluss – externe Rechnungslegung

Der Jahresabschluss ist die offizielle Rechnungslegung des Unternehmens.

Er muss sowohl den Informationsbedürfnissen der verschiedenen internen und externen Interessengruppen entsprechen, als auch ein zuverlässiges Bild über die Vermögens-, Finanz- und Ertragslage vermitteln.

Jahresabschluss soll zuverlässiges Bild über die Vermögens-, Finanz- und Ertragslage vermitteln

Dabei hat er also auch die Aufgabe der Gewinnermittlung, die die Grundlage für ergebnisabhängige Dividenden- und Gewinnausschüttungen sowie sonstige Erfolgsbeteiligungen ist, aber auch Bemessungsgrundlage für einige Steuern.

Da an die Feststellung des Jahresabschlusses verschiedene Rechtsfolgen (z.B. Ausschüttung und Steuerfestsetzung) geknüpft sind und da Interessenkonflikte zwischen den verschiedenen Adressaten und der Unternehmensleitung – und auch hier wieder zwischen unterschiedlichen Zielsetzungen – möglich sind, war es notwendig, verbindliche Richtlinien für die Erstellung eines Jahresabschlusses zu schaffen, um so Zuverlässigkeit für Außenstehende zu gewährleisten. Hierauf wird im ersten Unterabschnitt eingegangen.

Grundlage ist die Buchführung, eine **Zeitraumrechnung**, in der alle relevanten und in Zahlenwerten ausdrückbaren Geschäftsvorfälle einer Periode chronologisch erfasst sowie in nachprüfbarer, systematischer und übersichtlicher Form geordnet werden. Auf die Buchführung, auch in ihrem Zusammenhang zur Bilanz, wird im zweiten Unterabschnitt eingegangen.

In einer **Zeitpunktrechnung** wird am Anfang der Betriebstätigkeit bzw. am Ende einer jeden Periode – ggf. auch zu besonderen Anlässen – Rechenschaft abgelegt, also »Bilanz gezogen«. Dazu ist durch jeweils körperliche Bestandsaufnahme der Stand an Vermögen und Schulden zu überprüfen – dieses ist Gegenstand des Unterabschnitts »Inventur und Inventar«.

Der Jahresabschluss selbst gliedert sich in Bilanz sowie Gewinn- und Verlustrechnung – beide werden ebenfalls in den folgenden Unterkapiteln erklärt. Schließlich kann der Jahresabschluss (bei einigen Rechtsformen verbindlich) durch Anhang und Lagebericht ergänzt werden. Dies wird im letzten Unterabschnitt angesprochen, zusammen mit einem Hinweis auf die Bilanzanalyse.

Jahresabschluss gliedert sich in Bilanz sowie Gewinn- und Verlustrechnung, er kann ergänzt werden durch Anhang und Lagebericht

5.2.1 Rechtsgrundlagen

Wie bereits ausgeführt, sind für ein Rechenwerk, das so unterschiedlichen Interessenlagen gerecht werden soll, verbindliche Richtlinien erforderlich.

Beispiel

- (Potenzielle) Gläubiger sind beispielsweise daran interessiert, »dass sich der Kaufmann nicht reicher darstellt, als er ist«, da die vorgelegten Zahlen Grundlagen dafür bilden, in welcher Weise und mit welchen Risiko Geschäftsbeziehungen eingegangen werden sollen. Hier wird im Zweifelsfalle Vorsicht erwartet.
- Für die Finanzverwaltung hingegen ist von Bedeutung, dass Gewinne etc. und damit verbundene Steuerbemessungen nicht zu gering angegeben werden.

Aus diesem Grunde sind handelsrechtliche und steuerrechtliche Regelungen zu beachten.

Verbindliche Richtlinien erforderlich

Diese werden ganz wesentlich ergänzt durch die so genannten **»Grundsätze ordnungsmäßiger Buchführung/Bilanz (GoB)«**, die sich im Laufe der Zeit herausgebildet haben und, soweit erforderlich, fortgeschrieben werden.

Für die Grundlage zur Verbuchung der Geschäftsvorfälle bietet sich der Zahlungsverkehr als Wertansatz bei der Erfassung an, da dieser nicht auf subjektivem Ermessen des Unternehmens, sondern auf Vereinbarungen mit Dritten beruht.

5.2.1.1 Handelsrechtliche Regelungen

Vorschriften zur Rechnungslegung

Mit Wirkung vom 01.01.1986 enthält das neu eingeführte dritte Buch des Handelsgesetzes (HGB) Vorschriften zur Rechnungslegung. Dabei sind eine Reihe von Grundsätzen, die sich im Laufe der Zeit entwickelt und inzwischen Verbindlichkeitscharakter angenommen hatten, mit in das Gesetz aufgenommen worden. Zusätzliche rechtliche Bestimmungen, die auf Besonderheiten der jeweiligen Rechtsform zugeschnitten sind, befinden sich in gesonderten Gesetzen wie Aktiengesetz, GmbH-Gesetz und Genossenschafts-Gesetz.

Das dritte Buch im HGB gliedert sich in drei Bereiche:
- Vorschriften, die für alle Kaufleute gelten, §§ 238 ff HGB;
- ergänzende Vorschriften für Kapitalgesellschaften, §§ 264 ff HGB;
- ergänzende Vorschriften für eingetragene Genossenschaften, §§ 336 ff HGB.

Die allgemein geltenden Vorschriften betreffen die Buchführung und das Inventar, Eröffnungsbilanz und Jahresabschluss sowie die Aufbewahrungspflicht von Unterlagen etc.

Bewertungsvorschriften sind vom Vorsichtsprinzip geprägt

Die Bewertungsvorschriften sind als Gläubigerschutz vom Vorsichtsprinzip geprägt. Für Kapitalgesellschaften gelten ergänzende Bestimmungen zum Schutz der Kapitalanleger. Außerdem hat der Jahresabschluss für sie – ergänzend zur Bilanz sowie Gewinn- und Verlustrechnung (GuV) – Anhang und Lagebericht zu enthalten als zusätzliche Information. Ferner bestehen zusätzliche Bestimmungen zum Konzernabschluss, zur Prüfung und zur Veröffentlichung der Abschlüsse. Dabei sind die Vorschriften zum Teil unterschiedlich für kleine, mittlere und große Kapitalgesellschaften; § 267 HGB regelt die Einteilung in die Größenklassen. Gemäß Publizitätsgesetz gelten diese Vorschriften zum Teil auch für Großunternehmen, unabhängig von ihrer Rechtsform (also auch für Einzelfirmen und Personengesellschaften) wegen ihrer besonderen volkswirtschaftlichen Bedeutung.

Unabhängig von Rechtsform

5.2.1.2 Steuerrechtliche Regelungen

Gesetzliche Vorschriften zur Buchführungspflicht enthalten die §§ 140 ff AO (Abgabenordnung).

Die für die Erstellung der Steuerbilanz wesentlichen Bestimmungen über die Bilanzierung und Bewertung eines Unternehmensvermögens enthalten die §§ 4-7 EStG (Einkommensteuergesetz). Unabhängig davon gelten für die Ermittlung der Steuerbemessungsgrundlage, z.B. bei Erbschaftsteuer, gesonderte Bewertungsvorschriften (u.a. BewG (Bewertungsgesetz)).

Gesonderte Bewertungsvorschriften für die Ermittlung der Steuerbemessungsgrundlage

5.2.1.3 Maßgeblichkeitsprinzip

Gemäß § 5 Abs. 1 EStG richten sich die Ansätze in der Steuerbilanz nach den handelsrechtlichen Grundsätzen der ordnungsmäßigen Buchführung – soweit nicht steuerliche Bestimmungen etwas anderes zwingend vorschreiben. Die Vorschrift, die Steuerbilanz aus der Handelsbilanz abzuleiten, wird auch als Maßgeblichkeitsprinzip bezeichnet. Es gilt sowohl für den Bilanzansatz als auch für die Bewertung der Bilanzpositionen auf der Aktiv- und der Passivseite.

Die Vorschrift, die Steuerbilanz aus der Handelsbilanz abzuleiten, wird auch als Maßgeblichkeitsprinzip bezeichnet

Besondere Bedeutung für eine Wahrung der Einheit zwischen Handels- und Steuerbilanz hat dabei das so genannte **umgekehrte Maßgeblichkeitsprinzip**, nach welchem gesetzliche Vorschriften sowohl im Handels- als auch im Steuerrecht sicherstellen, dass steuerliche Wahlrechte in der Handelsbilanz übernommen werden können, auch wenn sie von den handelsrechtlichen Bewertungsregeln abweichen. Da das Steuerrecht bei einer Reihe von Sonderregelungen eine Anerkennung von entsprechenden Handelsbilanzansätzen abhängig macht, kommt der Umkehrung in Ergänzung zum Maßgeblichkeitsprinzip wesentliche Bedeutung zu.

Ziel ist es, die Steuer- und Handelsbilanz in möglichst weitgehender Übereinstimmung zu halten, was jedoch in einigen Fällen nicht aufrechterhalten wird (hierauf kann nicht näher eingegangen werden).

Steuer- und Handelsbilanz in möglichst weitgehender Übereinstimmung halten

5.2.1.4 Grundsätze ordnungsmäßiger Buchführung/Bilanz (GoB)

Die allgemein anerkannten Regeln zur Aufzeichnung der Geschäftsvorfälle (Dokumentation) sowie zur Erstellung des Jahresabschlusses (Rechnungslegung) werden als GoB bezeichnet. Sie haben sich in der Praxis durch die praktische Übung ordentlicher Kaufleute, die Rechtsprechung, die Gutachten und Empfehlungen von Verbänden (z.B. Wirtschaftsprüfer) und Behörden, die betriebswirtschaftliche Literatur sowie durch die Gesetze und Verordnungen entwickelt.

GoB: Allgemein anerkannte Regeln zur Aufzeichnung der Geschäftsvorfälle sowie zur Erstellung des Jahresabschlusses

GoB für Buchführung und Inventar:

»Jeder Kaufmann ist verpflichtet, Bücher zu führen und in diesen seine Handelsgeschäfte und die Lage seines Vermögens nach den Grundsätzen ordnungsmäßiger Buchführung ersichtlich zu machen. Die Buchführung muss so beschaffen sein, dass sie einem sachver-

Die Geschäftsvorfälle müssen sich in ihrer Entstehung und Abwicklung verfolgen lassen

ständigen Dritten innerhalb angemessener Zeit einen Überblick über die Geschäftsvorfälle und über die Lage des Unternehmens vermitteln kann. Die Geschäftsvorfälle müssen sich in ihrer Entstehung und Abwicklung verfolgen lassen.« (§ 238 I HGB zur Buchführungspflicht)

Materielle und formelle Ordnungsmäßigkeit

Im Einzelnen ergeben sich als Anforderungen:

- **Materielle Ordnungsmäßigkeit:** Die Anforderung, stattgefundene Geschäftsvorfälle vollständig und richtig aufzuzeichnen, keine nicht erfolgten Geschäftsvorfälle aufzunehmen.
- **Formelle Ordnungsmäßigkeit:** Sie bezieht sich auf Klarheit, Übersichtlichkeit und Nachprüfbarkeit (z.B. Bezug auf Beleg).

Geltung der Grundsätze der Vollständigkeit und Wahrheit

GoB und Jahresabschluss:
Auch hier gelten die Grundsätze der Vollständigkeit und Wahrheit sowie ein Verbot der Saldierung, also das Bruttoprinzip. Darüber hinaus sind insbesondere zu beachten (§ 252 HGB):

- Grundsatz der **Bilanzidentität**: Die Gleichheit der Schlussbilanz eines Jahres mit der Anfangsbilanz des folgenden Jahres.
- Grundsatz der **Fortführung des Unternehmens**: Das ist wesentlich für die laufende periodische Bilanzierung im Gegensatz z.B. einer Liquidationsbilanz.
- Grundsatz der **Einzelbewertung**
- Grundsatz der **Vorsicht**: Als **Realisationsprinzip**, nach dem nur bis zum Bilanzstichtag realisierte Gewinne berücksichtigt werden dürfen und als **Imparitätsprinzip**, nach dem alle vorhersehbaren Risiken und Verluste, die bis zum Bilanzstichtag entstehen, zu berücksichtigen sind.
- Grundsatz der **Periodenabgrenzung**: Aufwendungen und Erträge sind nach dem Verursachungsprinzip einem Geschäftsjahr zuzurechnen, unabhängig vom Zeitpunkt der entsprechenden Zahlung.
- Grundsatz der **Stetigkeit**: Sowohl als formale als auch als materielle Bilanzkontinuität, letztere auch als Methodenstetigkeit bezeichnet im Hinblick auf die Bewertungsmethoden.

5.2.2 Buchführung

→ *Die Buchführung dient der zeitlich und sachlich geordneten Aufzeichnung der Geschäftsvorfälle.*

Immer zwei wertgleiche Buchungen

Die doppelte Buchführung geht davon aus, dass jeder buchungsfähige Geschäftsvorfall zwei wertgleiche Buchungen zur Folge hat: eine Soll- und eine Haben-Buchung. Neben dem Journal (Grundbuch), in dem die Geschäftsvorfälle in chronologischer Reihenfolge erfasst werden, erfolgen die sachlichen und systematisch geordneten Buchungen auf einzelne Konten.

Die Konten werden unterschieden in (vgl. folgende Abbildung):

Unterscheidung der Konten

- **Bestandskonten**, unterteilt in **Aktiv- und Passivkonten**: Aktivkonten enthalten im Soll den Anfangsbestand und die Zugänge sowie im Haben die Abgänge und den Endbestand, Passivkonten umgekehrt den Anfangsbestand und die Zugänge im Haben sowie die Abgänge und den Endbestand im Soll.
- **Erfolgskonten**, unterteilt in **Aufwands- und Ertragskonten**: Hierbei werden Zugänge beim Aufwand im Soll und beim Ertrag im Haben verbucht.
  Erfolgskonten haben keine Saldenvorträge und geben ihren Endsaldo an die »Gewinn- und Verlustrechnung« ab.

a) Bestandskonten

Aktivkonten			
Soll	**+**	**Haben**	**–**

Passivkonten			
Soll	**–**	**Haben**	**+**

b) Erfolgskonten

Aufwandskonten			
Soll	**+**	**Haben**	**–**

Ertragskonten			
Soll	**–**	**Haben**	**+**

Abb. 5.2: Grundarten der Konten

Erfolgsunwirksame Geschäftsvorfälle: Buchung und Gegenbuchung auf Bestandskonten

Bei **erfolgsunwirksamen Geschäftsvorfällen** erfolgen Buchung und Gegenbuchung (Soll und Haben) auf Bestandskonten.

Das ist folgendermaßen möglich:

- Aktivtausch (2 Aktivkonten),
- Passivtausch (2 Passivkonten),
- auf einem Aktivkonto im Soll und einem Passivkonto im Haben (gleichzeitige Zunahme von Vermögen und Verbindlichkeit, beispielsweise Warenzukauf gegen Lieferantenkredit) oder
- Passivkonto Soll, Aktivkonto Haben (Minderung bei Vermögen und Verbindlichkeit, z. B. Barzahlung einer Schuld).

Erfolgswirksame Geschäftsvorfälle: berühren ein Erfolgs- und ein Bestandskonto

Erfolgswirksame Geschäftsvorfälle berühren sowohl ein Erfolgskonto als auch ein Bestandskonto. Möglichkeiten hier:

- Aufwandskonto Soll – Aktiv-/Passiv-Konto Haben oder
- Ertragskonto Haben – Aktiv-/Passiv-Konto Soll.

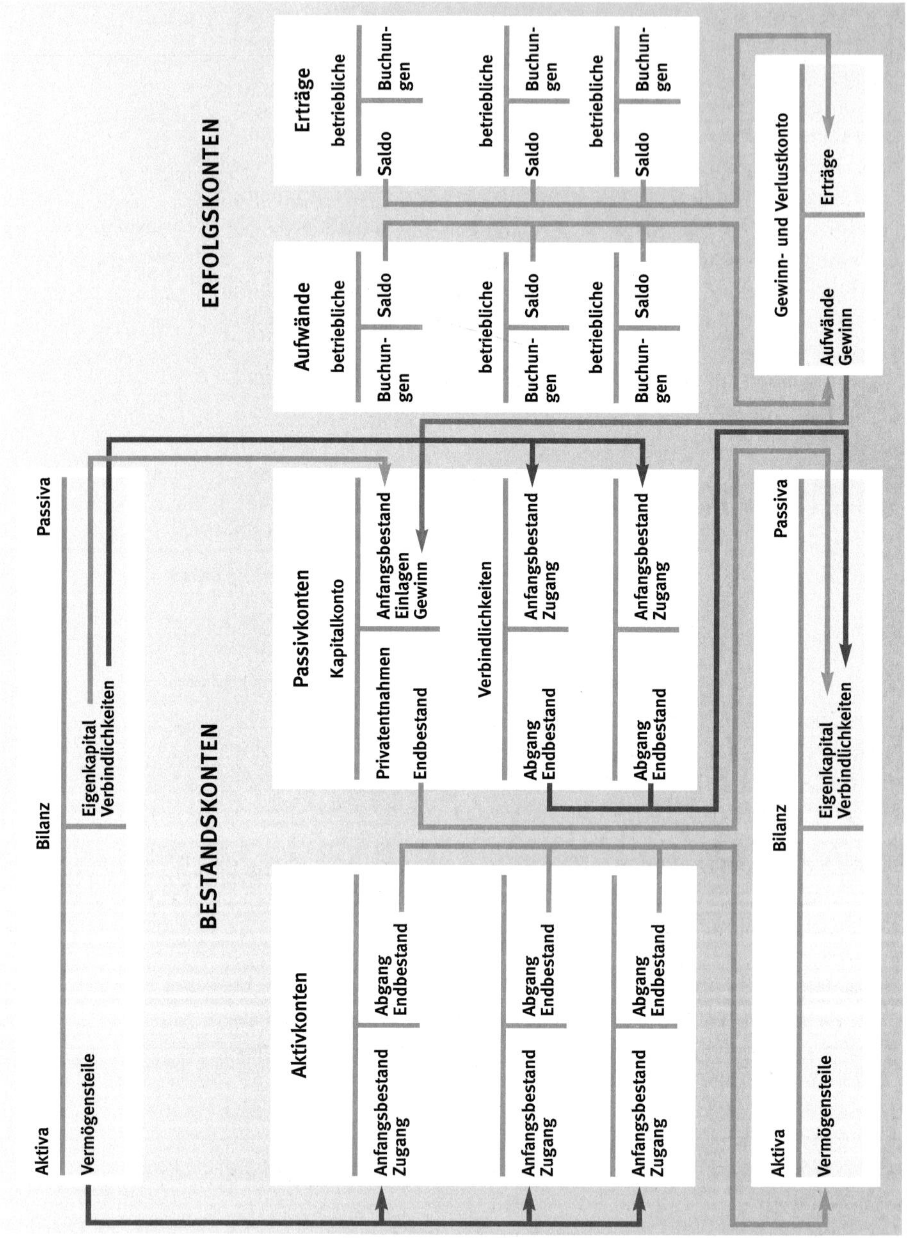

Abb. 5.3: Schematischer Zusammenhang zwischen Buchhaltung und Bilanz

Die Abbildung zeigt schematisch die Konten und ihr Zusammenwirken mit der Bilanz.

Auf weitere Einzelheiten kann hier nicht eingegangen werden. Als wesentlich bleibt festzuhalten, dass die Buchführung Grundlage für den Jahresabschluss ist.

Buchführung ist die Basis des Jahresabschlusses

Durch die Ausgestaltung als doppelte Buchführung ermöglicht sie einen Ergebnisausweis einerseits als Veränderung von Vermögen-Verbindlichkeiten und zum anderen als Gegenüberstellung von Aufwand und Ertrag. Ersteres basiert auf den Bestandskonten und wird beim Jahresabschluss in der Bilanz dargestellt. Aufwands- und Ertragskonten gehen in die GuV ein.

Buchführung und Bilanz stehen im engen Zusammenhang. Die Posten der Endbilanz des vorangegangenen Jahres bilden die Vorträge auf den Bestandskonten des laufenden Jahres der Buchhaltung. Die Endsalden der Bestandskonten gehen in die Bilanz am Ende des Geschäftsjahres ein. Der Gewinn bzw. Verlust aus der GuV (also letztendlich aus den Erfolgskonten) ist dem Eigenkapital zuzurechnen, der Gewinn als Erhöhung (Saldo im Soll der GuV und Haben auf dem Kapitalkonto, einem Passivkonto) bzw. der Verlust entsprechend als Minderung.

5.2.3 Inventur und Inventar

Gemäß § 240 HGB ist für den Geschäftsbeginn und auf den Schluss jeden Geschäftsjahres neben bzw. in Vorbereitung zu der Bilanz ein vollständiges Verzeichnis der Vermögensgegenstände und Schulden aufzustellen, im so genannten »Inventar«. Umgangssprachlich werden gelegentlich unter Inventar auch die zum Betrieb eines Unternehmens gehörenden Einrichtungsgegenstände verstanden – im Rechnungswesen steht die Bezeichnung nicht für die Gegenstände, sondern für das aufzustellende Verzeichnis.

Inventar ist das Verzeichnis der Vermögensgegenstände und der Schulden

Grundlage des Inventars ist die Inventur. Diese erfolgt:

- als **körperliche Bestandsaufnahme** durch Zählen, Messen und Wiegen (z.B. der Warenbestände und sonstiger Gegenstände) oder
- als so genannte **Buchinventur** anhand schriftlicher Unterlagen (z.B. bei Forderungen und Verbindlichkeiten, zum Teil abgesichert über Kontoauszüge oder Saldenbestätigungen der Geschäftspartner).

Dem Grundsatz nach erfolgt die Inventuraufnahme zum Bilanzstichtag (= Stichtag des Inventars), unter bestimmten Bedingungen und Vorkehrungen kann jedoch hiervon abgewichen werden, beispielsweise bei einer so genannten permanenten Inventur, welche entsprechende Lagerbücher vorsieht, die einen ordnungsgemäßen

Nachweis ermöglichen, auch wenn die eigentliche körperliche Überprüfung zu einem anderen Zeitpunkt erfolgt.

Zweck der Inventur ist es, die tatsächlichen Bestände zu ermitteln

Zweck der Inventur ist es, die tatsächlichen Bestände zu ermitteln, die beispielsweise durch Schwund, Diebstahl oder Fehlbuchungen vom Buchbestand abweichen können. Entsprechend werden ggf. in der Buchhaltung im Rahmen der Abschlussarbeiten Korrekturbuchungen notwendig.

Das Inventar gliedert sich in:

- Vermögen,
- Schulden (Verbindlichkeiten),
- Reinvermögen (Eigenkapital) als Saldo der beiden vorgenannten Posten.

5.2.4 Bilanz

➔ *Die Bilanz ist die Gegenüberstellung von Vermögen (Aktiva) zum Eigen- und Fremd-Kapital (Passiva).*

Sonderbilanzen werden unregelmäßig zu besonderen Anlässen meist nur einmalig erstellt

Die zu Beginn einer Geschäftstätigkeit und dann jeweils zum Ende eines Geschäftsjahres erstellten Handels-/Steuer-Bilanzen werden auch als **Regelbilanzen** bezeichnet. Daneben stehen die so genannten **Sonderbilanzen** – auf die hier nicht weiter eingegangen wird –, die unregelmäßig zu besonderen Anlässen meist nur einmalig erstellt werden, z.B. Umwandlungs-, Auseinandersetzungs-, Fusions-, Sanierungs-, Liquidations- oder Vergleichsbilanz.

Für die Bilanzierung ergeben sich drei Fragestellungen:

- Ist ein Posten in die Bilanz aufzunehmen? Dies geschieht durch Aktivierung oder Passivierung.
- Wo ist der Posten in der Bilanz auszuweisen? Hier geht es um die Bilanzgliederung.
- Mit welchem Betrag ist der Posten auszuweisen? In welcher Höhe ist der Posten zu bilanzieren, wie erfolgt seine Bewertung?

5.2.4.1 Aktivierung und Passivierung

Bilanzierung dem Grunde nach

Die Ansatzvorschriften regeln eine Bilanzierung dem Grunde nach und sind zu unterscheiden in:

- **Bilanzierungsgebot:** Es gilt der Grundsatz der Vollständigkeit und der Bilanzwahrheit. Dabei hat sich eine wirtschaftliche Betrachtungsweise herausgebildet, die nicht allein danach entscheidet, wem juristisch das Eigentum zuzurechnen ist. So sind beispielsweise auch Vermögensgegenstände zu aktivieren, die unter Eigentumsvorbehalt stehen oder mit Sicherungseigentum belegt sind; die entsprechenden Schulden sind zu passivieren. Andererseits werden Forderungen und Verbindlichkeiten, die zivilrechtlich mit dem Abschluss eines Kauf-, Werks- oder Dienstvertrages bereits entstehen, nicht bilanziert, solange der Vertrag von keiner Seite erfüllt wurde. Das Ansatzgebot von Rückstellungen und Rechnungsabgrenzungsposten wird zum Abschluss gesondert behandelt.

- **Bilanzierungsverbot:** Aufwendungen für die Gründung des Unternehmens und die Beschaffung des Eigenkapitals dürfen nicht aktiviert werden. Gleiches gilt für immaterielle Vermögensgegenstände des Anlagevermögens, die nicht entgeltlich erworben wurden – dies entspricht dem Vorsichtsprinzip, da immaterielle Anlagewerte nur schwer bewertbar sind. Entgeltliche, also von Dritten erworbene immaterielle Vermögensgegenstände sind jedoch aktivierungsfähig.

- **Bilanzierungswahlrecht:** Hier überlässt das Handelsrecht dem Bilanzierenden die Entscheidung, beispielsweise bei Möglichkeiten zur Bildung von Rückstellungen auf der Passivseite oder von Rechnungsabgrenzungsposten bei den Aktiva.

Bilanzierender hat die Entscheidung

→ *In der Steuerbilanz gilt abweichend vom Maßgeblichkeitsprinzip anstelle des Wahlrechts ein Aktivierungsgebot und ein Passivierungsverbot, damit sich der Steuerpflichtige nicht ärmer darstellt.*

Auch beim so genannten derivativen (entgeltlich erworbenen) Firmenwert gilt handelsrechtlich ein Aktivierungswahlrecht, steuerrechtlich ein Aktivierungsgebot mit entsprechenden Abschreibungsmöglichkeiten. Gleiches gilt für so genannte Bilanzierungshilfen, auf die hier nicht weiter eingegangen wird.

- **Rechnungsabgrenzung und Rückstellungen:** Sie dienen einer besseren Periodenabgrenzung. Bei den Rechnungsabgrenzungsposten gilt ein Aktivierungsgebot für Ausgaben vor dem Abschlussstichtag, soweit sie Aufwendungen für eine bestimmte Zeit danach darstellen. Ebenfalls darf der Unterschiedsbetrag aktiviert werden, wenn der Rückzahlungsbetrag einer Verbindlichkeit höher ist als der Ausgabebetrag. Dieser Differenzbetrag wird bei einer Anleihe

Rechnungsabgrenzung und Rückstellungen dienen einer besseren Periodenabgrenzung

als **Disagio** sowie bei Hypotheken und Grundschulden als **Damnum** bezeichnet. Sie sind planmäßig über die Laufzeit der Verbindlichkeit abzuschreiben. Ein Aktivierungswahlrecht besteht bei der Abgrenzung von Zöllen, Verbrauchsteuern und der Umsatzsteuer auf Anzahlungen. Rechnungsabgrenzungsposten sind zu passivieren bei Einnahmen vor dem Abschlussstichtag, soweit sie Erträge für eine bestimmte Zeit danach darstellen.

Rückstellungen nicht verwechseln mit Rücklagen

Rückstellungen (nicht zu verwechseln mit Rücklagen, die zum Eigenkapital gehören) sind Verbindlichkeiten, die dem Grunde nach bestehen, aber hinsichtlich der Höhe, des Zeitpunktes und/oder des Empfängers noch nicht präzisiert sind.

Eine Passivierungspflicht besteht für ungewisse Verbindlichkeiten (zu denen auch die Pensionsrückstellungen gehören), drohende Verluste aus schwebenden Geschäften, Gewährleistungen, die ohne rechtliche Verpflichtung erbracht werden, sowie im Geschäftsjahr unterbliebene Aufwendungen für Instandhaltungen, die im folgenden Geschäftsjahr innerhalb von drei Monaten bzw. bei Abraumbeseitigung innerhalb des Folgegeschäftsjahres nachgeholt werden.

Ein Passivierungswahlrecht besteht bei solchen unterlassenen Aufwendungen für Instandhaltung, die im folgenden Geschäftsjahr, jedoch nach Ablauf der ersten drei Monate nachgeholt werden, bzw. für Aufwandsrückstellungen, soweit sie der Art nach bestimmt, einer Zeit vor Ende des Geschäftsjahres zuzuordnen und am Abschlussstichtag wahrscheinlich oder sicher sind, jedoch hinsichtlich ihrer Höhe oder des Zeitpunktes ihres Eintritts noch unbestimmt.

5.2.4.2 Gliederung

Für Einzelkaufleute und Personengesellschaften wird kein besonderes Bilanzschema vorgeschrieben

Für Kapitalgesellschaften gelten detaillierte Bestimmungen

Für Einzelkaufleute und Personengesellschaften wird kein besonderes Bilanzschema vorgeschrieben, sondern lediglich eine hinreichende Aufgliederung gefordert, während § 266 HGB detaillierte Bestimmungen für Kapitalgesellschaften enthält. Hier soll nur auf die Grundstruktur eingegangen werden.

Die **Aktiva (Vermögensseite)** gliedern sich in:

- Anlagevermögen: Hierzu zählen die Vermögensgegenstände, die am Abschlussstichtag dazu bestimmt sind, dauerhaft dem Geschäftsbetrieb zu dienen; es wird darüber hinaus untergliedert in immaterielle Vermögensgegenstände, Sachanlagen und Finanzanlagen.
- Umlaufvermögen: Das sind jene Vermögensgegenstände, die am Abschlussstichtag dazu bestimmt sind, veräußert (Erzeugnisse

Handelsware etc.) oder nur einmalig genutzt (Werkstoffe, Bargeld, Bankguthaben, Forderungen etc.) zu werden.
- Rechnungsabgrenzungsposten.

Die **Passiva (Kapitalquellen, Finanzierung des Unternehmens)** gliedern sich in:
- Eigenkapital (einschl. eventueller Rücklagen),
- Rückstellungen,
- Schulden, Verbindlichkeiten beispielsweise gegenüber Kreditinstituten, aus Lieferungen und Leistungen oder sonstige Verbindlichkeiten,
- Rechnungsabgrenzungsposten.

5.2.4.3 Grundsätze der Bewertung

Grundzüge der handelsrechtlichen Bewertungsvorschriften

Die handelsrechtlichen Bewertungsvorschriften sind in den §§ 252–256 HGB sowie ergänzend für Kapitalgesellschaften in den §§ 279–283 HGB geregelt. Hier sollen nur die Grundzüge genannt werden:
- **Anschaffungs- und Herstellungskosten:** Sie sind Ausgangspunkt für die Bewertung von Vermögensgegenständen und zugleich eine Wertobergrenze.

- **Abschreibungen auf Anlagevermögen:** Bei Gegenständen des Anlagevermögens, deren Nutzung zeitlich begrenzt ist, sind die Anschaffungs- oder Herstellkosten durch planmäßige Abschreibungen auf die Zeit der voraussichtlichen Nutzung zu verteilen. Der Abschreibungsplan ergibt sich aus der voraussichtlichen, in der Regel betriebsüblichen Nutzungsdauer sowie der gewählten Abschreibungsmethode. Daneben können auch außerplanmäßige Abschreibungen erforderlich werden (vgl. Abbildung).

Abschreibungsursache/Entwertungsgrund	Handelsrecht (HGB)	Steuerrecht (EStG)
Normaler technischer Verschleiß bzw. Fristablauf	Planmäßige Abschreibung § 253 (2) Satz 1 und 2	AfA = Absetzung für Abnutzung § 7 (1) Satz 1 bis 3
Substanzverringerung		AfS = Absetzung für Substanzverringerung § 7 (6)
Katastrophenverschleiß, versteckte Mängel, erhöhte Inanspruchnahme etc.	Außerplanm. Abschreibung auf den niedrigeren Wert § 253 (2) Satz 3	AfaA = Absetzung f. außergew. Abnutzung § 7 (1) letzter Satz
Fallende Wiederbeschaffungspreise, Fehlmaßnahmen		Teilwertabschreibung § 6 (1)
Wirtschaftspolitische Gründe u.Ä.	Umg. Maßgeblichkeitsprinzip soweit notwendig, § 254	Sonder-AfA § 6b

Abb. 5.4 Abschreibungsarten auf Anlagevermögen

Beim Anlagevermögen gilt das so genannte »gemilderte Niederstwertprinzip«, d.h., die Abschreibung auf einen am Bilanzstichtag beizulegenden niedrigeren Wert ist nur zwingend, wenn sie voraussichtlich von dauerhafter Wirkung ist (auf die so genannte Wertaufholung, also die Aufhebung außerplanmäßiger Abschreibungen bei späterem Wertanstieg, wird hier nicht weiter eingegangen).

Strenges Niederstwertprinzip

- **Bewertung des Umlaufvermögens:** Hier gilt grundsätzlich das »strenge Niederstwertprinzip«, d.h., die Anschaffungs- bzw. Herstellungskosten bilden die Obergrenze; ist der Wert am Abschlussstichtag geringer, so muss dieser angesetzt werden.

Höchstwertprinzip

- **Bewertung von Verbindlichkeiten:** Während der Grundsatz vorsichtiger Bewertung bei der Aktivseite sich im Niederstwertprinzip widerspiegelt, führt er bei der Bewertung von Verbindlichkeiten auf der Passivseite zum »Höchstwertprinzip«.

33

5.2.5 Gewinn- und Verlustrechnung (GuV)

Bilanz als Bestandsrechnung zeitpunktbezogen

GuV als Zeitraumrechnung

Während die Bilanz als Bestandsrechnung auf einen Zeitpunkt bezogen die Vermögens- und Finanzlage eines Unternehmens darstellt und die Höhe des erwirtschafteten Gewinnes bzw. Verlustes ausweist, lässt die GuV als Zeitraumrechnung die Entstehung des Betriebsergebnisses in der Abrechnungsperiode erkennen durch Gegenüberstellung der Aufwendungen und Erträge.
Inwieweit Einblick in die verschiedenen Quellen des Gewinnes bzw. Verlustes gegeben werden muss, hängt ab von den Vorschriften zur Gliederungstiefe, die Einzelunternehmen und Personengesellschaften einen größeren Spielraum einräumen als Kapitalgesellschaften.

Als Form der Darstellung ist bei Kapitalgesellschaften die Staffelform vorgeschrieben, während Einzelunternehmen und Personengesellschaften auch die Kontenform wählen können.

§ 275 Abs. 1 HGB sieht auch für Kapitalgesellschaften das Wahlrecht vor, die GuV-Rechnung nach dem Gesamtkostenverfahren oder nach dem Umsatzkostenverfahren aufzustellen. Auf Einzelheiten wird hier nicht eingegangen.

5.2.6 Anhang, Lagebericht und Bilanzanalyse

Kapitalgesellschaften haben neben Bilanz und GuV im Jahresabschluss zusätzlich einen Anhang und einen Lagebericht aufzustellen. Der **Anhang** beinhaltet zum einen Pflichtangaben, die die Posten der Bilanz sowie der GuV erläutern und die angewandten Bilanzierungs-

und Bewertungsmethoden angeben etc. Daneben stehen die Wahlpflichtangaben, die im Anhang aufzunehmen sind, falls sie nicht in der Bilanz oder der GuV ausgewiesen wurden (z. B. Anlagespiegel in der Bilanz).

→ *Zusätzliche Angaben sind aufzunehmen, wenn sie notwendig sind, um die tatsächlichen Verhältnisse der Vermögens-, Finanz- und Ertragslage zu vermitteln.*

Schließlich sind freiwillige Angaben möglich.

Der **Lagebericht** soll auf Vorgänge eingehen, die nach Schluss des Geschäftsjahres eingetreten sind, und die voraussichtliche Entwicklung der Kapitalgesellschaft aufzeigen.

Obgleich zur Beurteilung eines Unternehmens der gesamte Jahresabschluss einzubeziehen ist, hat sich der Begriff »Bilanzanalyse« eingebürgert. Von einer externen Bilanzanalyse wird gesprochen, wenn sie von Außenstehenden durchgeführt wird. Man unterscheidet in:

- eine **finanzwirtschaftliche Bilanzanalyse**, die über Vermögensstruktur, Kapitalstruktur und Liquidität Auskunft geben soll, sowie
- eine **erwerbswirtschaftliche Bilanzanalyse**, in deren Mittelpunkt die Rentabilitätsanalyse steht.

Trotz diverser Vorbehalte (z. B. nur vergangenheitsbezogen und eingeschränkt) lässt sich sagen:

→ *Der Jahresabschluss ist für Außenstehende oft eine wichtige Informationsquelle zur Beurteilung und Entscheidung, ob und inwieweit Geschäftsbeziehungen mit einem Unternehmen aufgenommen bzw. fortgeführt werden sollen.*

Jahresabschluss ist eine wichtige Informationsquelle

Durch das Testat eines Wirtschaftsprüfers – das für viele Unternehmen gesetzlich vorgeschrieben ist – werden Sicherheit und Vertrauen in das Zahlenwerk gestärkt.

5.3 Kosten- und Leistungsrechnung

Für Entscheidungen der Unternehmensführung soll die Kosten- und Leistungsrechnung (kurz: Kostenrechnung) nach wirtschaftlichen Grundsätzen aufbereitete Informationen liefern, und zwar insbesondere um:

- den betrieblichen Leistungsprozess im Hinblick auf Wirtschaftlichkeit und Rentabilität zu optimieren,

- eine dem Leistungsvermögen des Unternehmens entsprechende Ermittlung der Sortimentszusammensetzung zu unterstützen und
- die Preiskalkulation an den betrieblichen Kosten zu orientieren.

Kostenrechnung als interne Rechnungslegung an keine gesetzlichen Vorschriften gebunden

Die Rechnungslegung sollte Auskunft darüber geben, was ist und was sein soll. Daraus können eventuelle Leistungsreserven abgeleitet werden, die dann Anstoß geben zu Innovationen, also zu dem, was sein könnte. Auch werden Alternativberechnungen angestellt, beispielsweise, ob ein Produkt in Eigenfertigung oder Fremdbezug preiswerter ist. Dazu ist der Leistungsprozess zu durchleuchten. Die verschiedenen Berechnungen sollen transparent machen, welche Güter oder Dienstleistungen an welchen Stellen und wofür verbraucht wurden.

→ *Im Gegensatz zur Finanzbuchhaltung ist die Kostenrechnung als interne Rechnungslegung an keine gesetzlichen Vorschriften gebunden.*

Sie kann als Ist-, Soll- bzw. Plan-Rechnung oder auch als so genannte Wird-Rechnung (was wäre wenn, was könnte sein) aufgestellt werden und je nach Themenstellung mit Vergangenheits-, Gegenwarts- oder Zukunftswerten operieren. Die Verfahrensvielfalt wird im dritten Unterabschnitt nochmals angesprochen.

5.3.1 Kosten: Definition und Unterteilungskriterien

Kosten = leistungsbezogener und zweckgerichteter bewerteter Verbrauch von Gütern und Dienstleistungen

Kosten sind der leistungsbezogene und zweckgerichtete bewertete Verbrauch von Gütern und Dienstleistungen im Rahmen des Betriebsablaufes (Erstellung einschließlich Absatz und sonstiger Zusatzfunktionen) und zur Sicherung (Schaffung und Erhaltung) der Betriebsbereitschaft.

Aus dieser Definition ergeben sich die unten veranschaulichten Fragekonzepte, die beim Ansatz von Kosten zu behandeln sind:

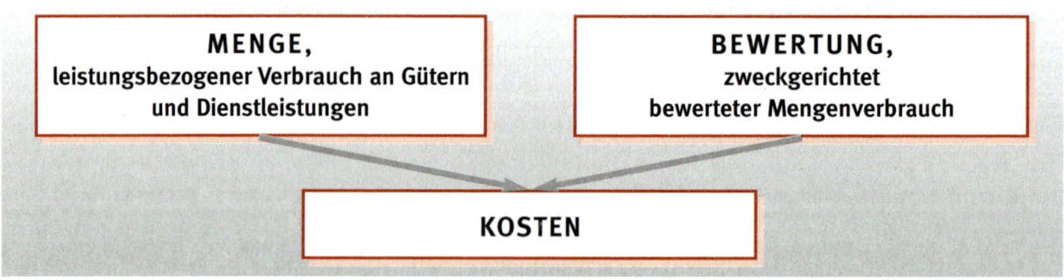

Abb. 5.5: Elemente des wertmäßigen Kostenbegriffes

- Welche Menge an Gütern und Dienstleistungen sind verbraucht und ist dieser Verbrauch leistungsbezogen, also ursachengerecht?
- Wie ist die Bewertung dieser Verbrauchsmengen vorzunehmen, und zwar ausgerichtet auf den Zweck der Rechnung?

Kostenrechnung kann wesentlich flexibler als die GuV auf die jeweilige Zielsetzung ausgerichtet werden. Jedoch werden die Kosten üblicherweise aus der Aufwandsrechnung abgeleitet, um so eine Vollständigkeitsprüfung besser durchführen zu können. Folgende Abbildung zeigt die Abgrenzung zwischen **Kosten** und **Aufwand**.

Kostenrechnung kann flexibler auf die jeweilige Zielsetzung ausgerichtet werden

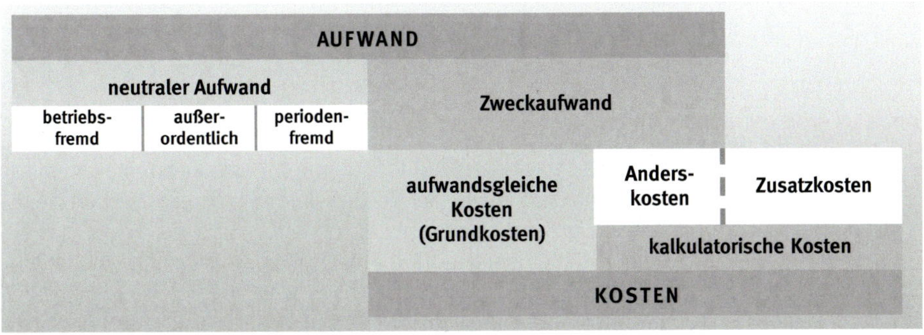

Abb. 5.6: Abgrenzung zwischen Kosten und Aufwand

Bei den **aufwandsgleichen Kosten** werden die entsprechenden Aufwandspositionen übernommen.

Unter **Anderskosten** werden jene Positionen verstanden, denen sowohl im Aufwand als auch bei den Kosten ein Verzehr von Gütern und Dienstleistungen zugrunde liegt, der jedoch in der Kostenrechnung in anderer Weise bewertet wird als in der Finanzbuchhaltung (beispielsweise Abschreibungen).

Zusatzkosten ergeben sich für einen solchen leistungsbezogenen Verbrauch von Gütern und Dienstleistungen, denen aber kein Aufwand gegenübersteht. Beispiel: Unternehmerlohn, der im Gegensatz zur Vergütung eines Geschäftsführers bei Kapitalgesellschaften nicht unter Personalaufwendungen erfasst wird, sondern im Gewinn enthalten ist.

Anders- und Zusatzkosten bilden zusammen die so genannten **kalkulatorischen Kosten**: Zum einen werden Aufwandsposten auch als Kosten übernommen, jedoch anders bewertet, neu kalkuliert; daneben werden zusätzliche Kostenpositionen gebildet und ihr Wert kalkuliert, ohne dass ihnen Aufwandspositionen gegenüberstehen.

Anders- und Zusatzkosten bilden die kalkulatorischen Kosten

Entsprechend können aus den Erträgen der Finanzbuchhaltung die Leistungen (Erlöse) abgeleitet werden (vgl. Abbildung).

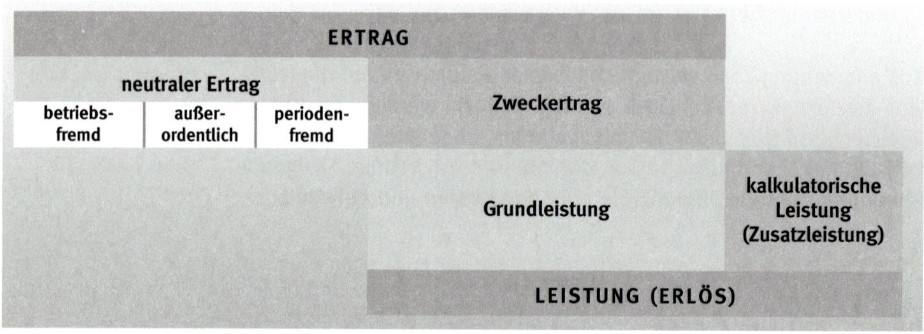

Abb. 5.7: Abgrenzung zwischen Leistung (Erlös) und Ertrag

Üblicherweise erfordert die Ermittlung der Leistungsreihe erheblich weniger Aufwand als die der Kostenerfassung, sodass hier auf weitere Details verzichtet wird.

Zwei Kriterien spielen für die Beurteilung der Kosten eine besondere Rolle:

- Inwieweit lassen sie sich den Leistungen oder Betriebsbereichen zurechnen? ➜ **Verrechnungsbezug**
- In welcher Weise hängen sie vom jeweiligen Beschäftigungsgrad ab? ➜ **Beschäftigungsbezug**

Einzel- und Gemeinkosten

5.3.1.1 Verrechnungsbezogene Einteilung: Einzel- und Gemeinkosten

Aspekt dieser Einteilung ist die Frage, inwieweit die Kosten unmittelbar einer Leistungseinheit zugerechnet werden können (vgl. Abbildung auf der folgenden Seite).

Variable und fixe Kosten

5.3.1.2 Beschäftigungsbezogene Einteilung: Variable und fixe Kosten

Beschäftigung bezieht sich darauf, inwieweit die durch Investition, Bereitstellung sonstiger Ressourcen und durch organisatorische Gestaltung im Unternehmen geschaffene Betriebsbereitschaft genutzt wird. Bei Vollbeschäftigung ist der Betrieb mit seinem Leistungsvermögen ausgelastet, man spricht auch von **Kapazität**. Häufig wird keine volle Auslastung erreicht.

Maßstab für die tatsächliche Beschäftigung ist der Beschäftigungsgrad

Maßstab für die tatsächliche Beschäftigung ist der Beschäftigungsgrad, der ermittelt wird als prozentualer Anteil der ausgenutzten Kapazität zur vorhandenen. Dabei wird die Beschäftigung bzw. Kapazität in Leistungseinheiten ausgedrückt, beispielsweise durch

Ausbringungsmengen (z.B. produzierte Stückzahl) und Ressourceneinsatz (z.B. Arbeits- oder Maschinenstunden).

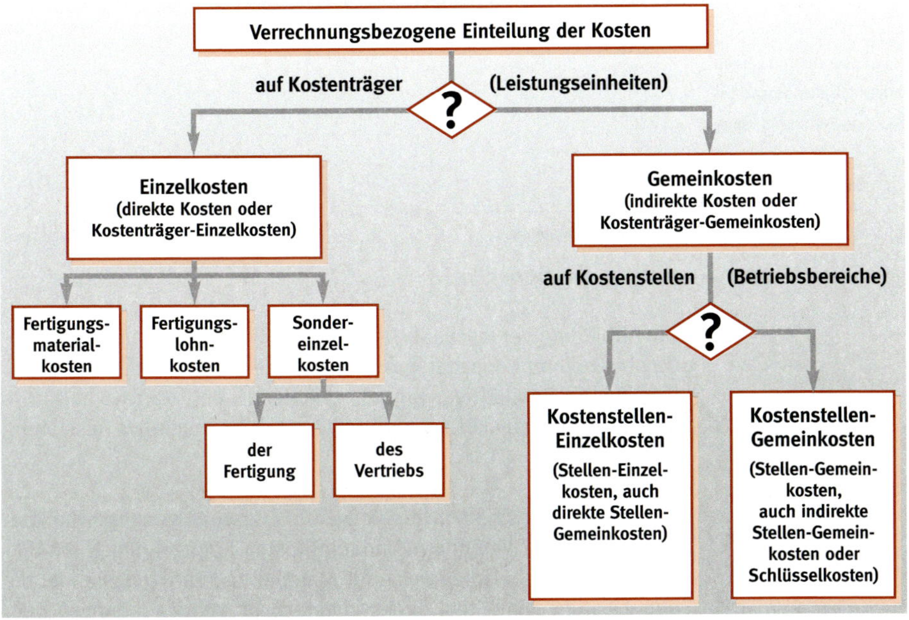

Abb. 5.8: Verrechnungsbezogene Einteilung der Kosten

Bedeutsam für die Beurteilung der Anpassungsfähigkeit und der Auswirkung auf die Ertragslage eines Betriebes ist die Kenntnis darüber, inwieweit Kosten sich in ihrer Höhe dem Beschäftigungsgrad anpassen (variabel sind) oder unabhängig von Beschäftigungs-(Auslastungs-) Grad anfallen, also konstant, fix sind. Folgende Abbildung zeigt die übliche Einteilung.

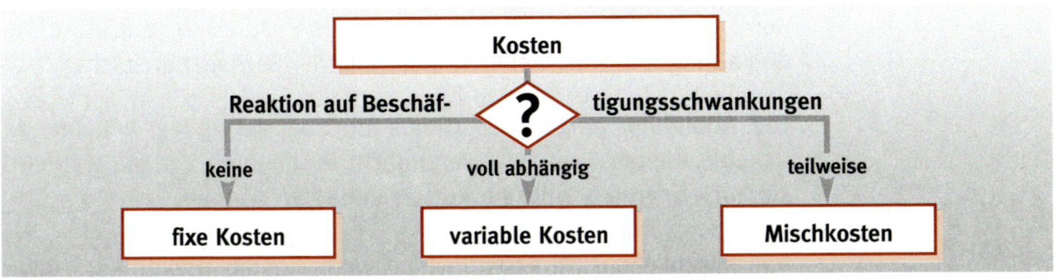

Abb. 5.9: Beschäftigungsbezogene Einteilung der Kosten

Fixe Kosten sind dadurch gekennzeichnet, dass sie in Reaktion auf den Beschäftigungsgrad keine Veränderung zeigen, jedenfalls nicht innerhalb des betrachteten Zeitraums.

Fixe Kosten zeigen innerhalb des betrachteten Zeitraums keine Reaktion auf den Beschäftigungsgrad

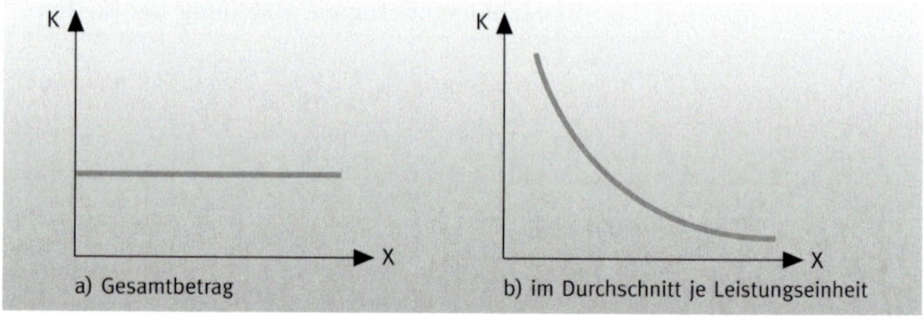

Abb. 5.10: Fixe Kosten

Die Abbildung veranschaulicht, dass die fixen Kosten als Gesamtbetrag bis zu ihrer Kapazitätsgrenze konstant bleiben, unabhängig vom jeweiligen Beschäftigungsgrad, während der durchschnittliche Kostenanteil pro Leistungseinheit mit zunehmender Auslastung sinkt.

Variable Kosten sind solche, die sich bei Beschäftigungsschwankungen unmittelbar verändern. Variable Kosten können zum einen Einzelkosten sein, beispielsweise für Material und Fertigungslöhne, die den Leistungseinheiten direkt zugerechnet werden können, oder auch beschäftigungsabhängige Gemeinkosten, z.b. Energiekosten.

Variable Kosten verändern sich bei Beschäftigungsschwankungen unmittelbar

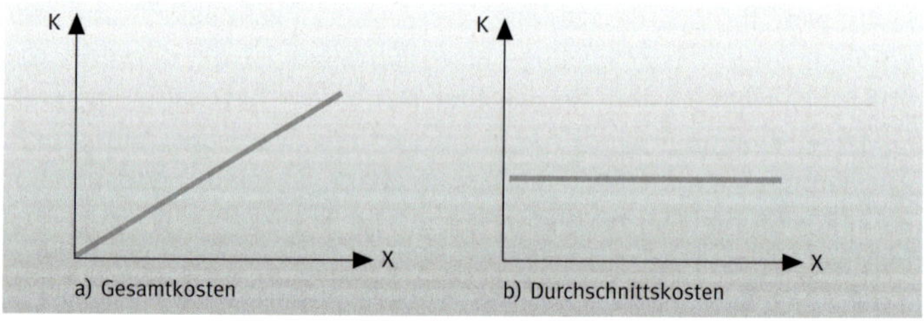

Abb. 5.11: Variable Kosten, proportional zur Beschäftigung verlaufend

Die Abbildung zeigt proportional zur Beschäftigung verlaufende variable Kosten, und zwar vereinfacht im linearen Verlauf, während sie auch degressiv oder progressiv verlaufen können.

Von **Mischkosten** wird gesprochen, wenn Kosten sowohl aus einem fixen als auch aus einem variablen Anteil bestehen, beispielsweise

Stromkosten mit einer fixen Grundgebühr und variablen Berechnungen je nach Verbrauch.

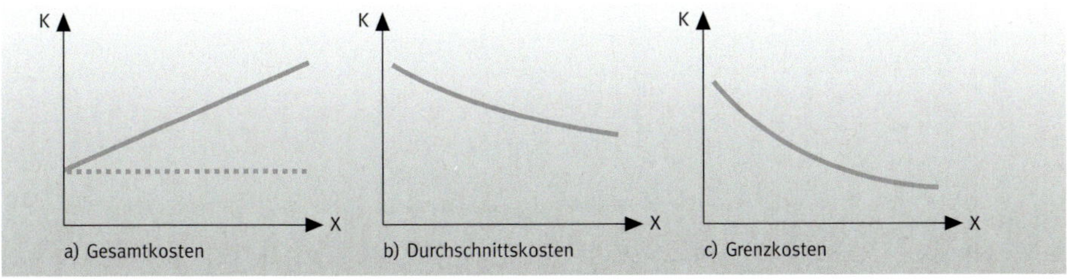

Abb. 5.12: Kostenkurven bei Mischkosten (variabler Teil = proportional)

Die Abbildung zeigt die Kostenkurven. Nicht immer ist es möglich, sie praktikabel oder wirtschaftlich in zwei verschiedene Kostenarten aufzuspalten. Die Gesamtkosten eines Unternehmens haben Mischkostencharakter, da sie sich aus fixen und variablen Kosten zusammensetzen. Eine weitere Untergliederung macht die Kostenstruktur transparenter.

5.3.2 Grundlagen der Kostenrechnung

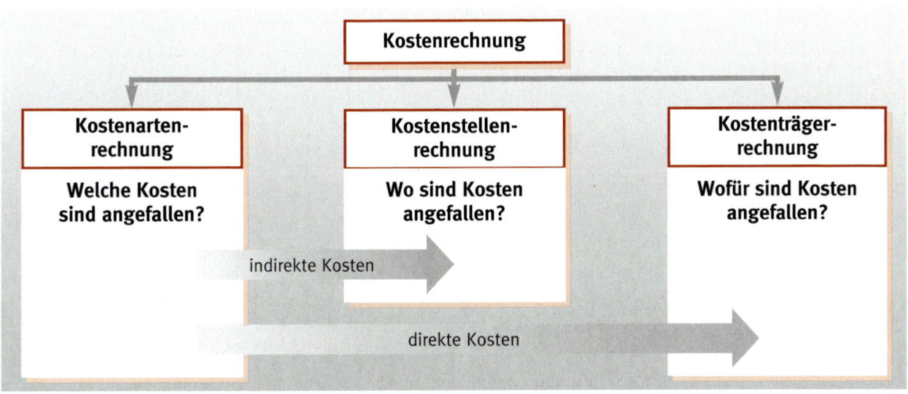

Abb. 5.13: Aufbau der Kostenrechnung auf Vollkostenbasis

Die Abbildung zeigt den Aufbau der Kostenrechnung auf Vollkostenbasis mit der üblichen Unterscheidung in:

- Kostenartenrechnung,
- Kostenstellenrechnung,
- Kostenträgerrechnung.

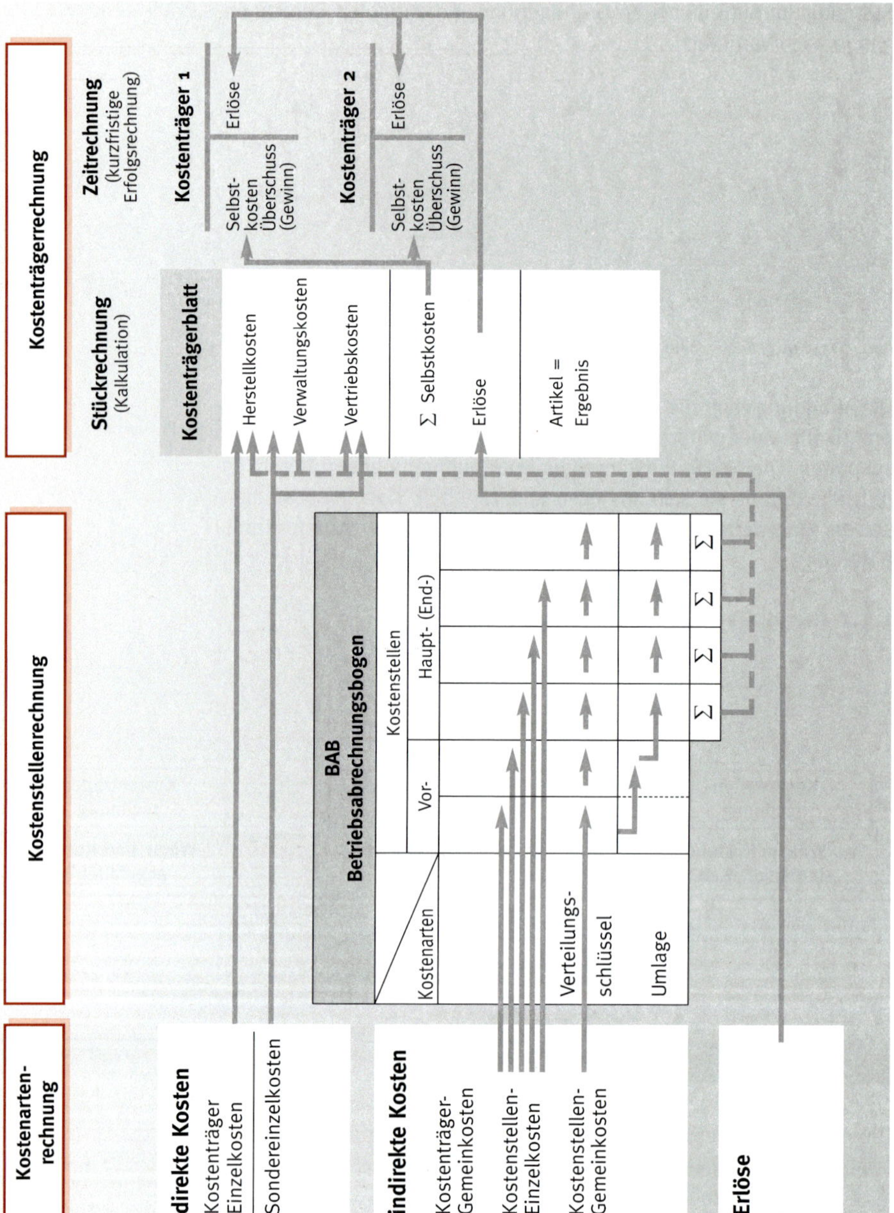

Abb. 5.14: Schema der Kostenarten-/Kostenstellen-/Kostenträger-Rechnung

Das Prinzip der Vollkostenrechnung basiert darauf, dass alle anfallenden Kosten erfasst und letztendlich auf die Kostenträger, die Leistungseinheiten, verrechnet werden. Dies ist bei den Einzelkosten direkt möglich, während für die Gemeinkosten zusätzliche Verrechnungsschritte erforderlich werden, typischerweise in der so genannten Kostenstellenrechnung.

Vollkostenrechnung: alle anfallenden Kosten werden erfasst und auf die Kostenträger verrechnet

Die vorangehende Abbildung zeigt das Schema der Kostenarten-, Kostenstellen- und Kostenträgerrechnung als Vollkostenrechnung.

5.3.2.1 Kostenartenrechnung

Mit Hilfe der Kostenartenrechnung werden die anfallenden Kosten erfasst, im Mengengerüst abgegrenzt und zweckbezogen bewertet sowie ihrer Art nach aufgegliedert.

Welche Kosten sind angefallen?

Die Kostenartenrechnung beantwortet die Frage:

→ *Welche Kosten sind angefallen?*

Sie bildet die Grundlage weiterer Verrechnungen. Unkorrekte Erfassung, fehlerhafte Abgrenzung oder unzweckmäßige Bewertung der Kosten wirkt sich bei den Ergebnissen aller folgenden Stufen aus. Auch wenn Alternativrechnungen durchgeführt werden, so ist doch darauf zu achten, dass alle zu einem Rechnungskreis gehörenden Kosten in jeweils schlüssiger Weise angesetzt werden. Es wird ein Einblick in die Kostenstruktur eines Unternehmens ermöglicht.

Grundlage weiterer Verrechnungen

Folgende Abbildung zeigt eine produktionsfaktorbezogene Gliederung der Kostenarten, die auch als primäre Kosten bezeichnet werden.

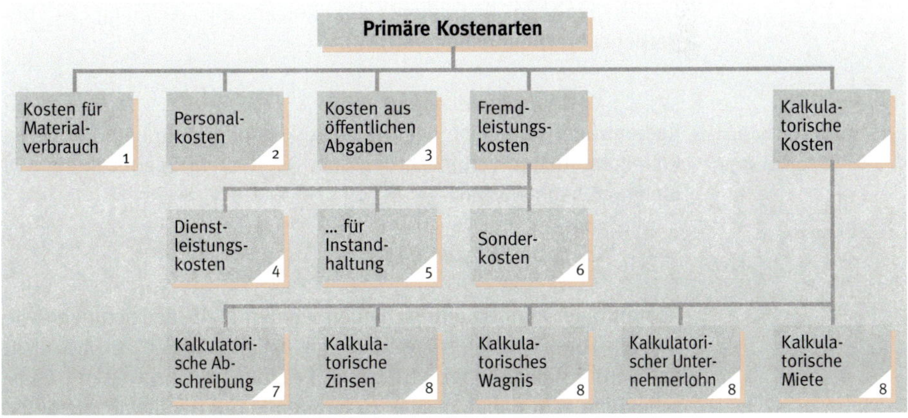

Abb. 5.15: Produktionsfaktorenbezogene Gliederung der primären Kosten

5.3.2.2 Kostenstellenrechnung

Wo sind die Kosten angefallen?

Nachdem im Rahmen der Kostenartenrechnung erfasst wurde, welche Kosten im Unternehmen für die abzurechnende Periode entstanden sind, soll in der Kostenstellenrechnung die Frage beantwortet werden:

→ *Wo sind die Kosten angefallen?*

Ziel und Aufgaben der Kostenstellenrechnung sind:

- Verteilung der Gemeinkosten aus der Kostenartenrechnung auf Kostenstellen,
- Durchführung der innerbetrieblichen Leistungsverrechnung, die erforderlich wird, wenn eine Kostenstelle für eine andere Leistungen erbringt,
- Vorbereitung der Zurechnung von den Kostenstellen auf die Kostenträger und damit Vorbereitung der Kalkulation,
- Wirtschaftlichkeitskontrolle der einzelnen Bereiche (Kostenstellen).

Typisches Instrument der Kostenstellenrechnung ist der Betriebsabrechnungsbogen

Die Kostenstellenrechnung dient der Analyse der betrieblichen Leistungserstellung, wozu das Unternehmen in einzelne Kostenstellen als Abrechnungseinheiten aufzugliedern ist. Auf die Bildung von Kostenstellen – die funktions-, raum-, organisations- oder rechnungsorientiert erfolgen kann – soll hier nicht weiter eingegangen werden; das Ergebnis ist ein Kostenstellenplan, vergleichbar einem Kontenplan. Eine typische Grobgliederung ist diese in Allgemein-, Material-, Fertigungs-, Verwaltungs- und Vertriebs-Kostenstellen.

Das typische Instrument der Kostenstellenrechnung ist der **Betriebsabrechnungsbogen** (BAB).

5.3.2.3 Kostenträgerrechnung

Wofür sind Kosten angefallen?

Kostenträger sind Leistungen (Erzeugnisse oder Aufträge), bei deren Erstellung Kosten verursacht werden. Die Kostenträgerrechnung soll die Frage beantworten:

→ *Wofür sind Kosten angefallen?*

Kostenträger können unterschieden werden in Absatzleistungen wie Kunden- und Lageraufträge sowie in aktivierungsfähige und nicht aktivierungsfähige innerbetriebliche Leistungen. Eine weitere Unterscheidung geht dahin, ob das zu fertigende Gut bereits absatzreif ist (Fertigerzeugnis) oder noch nicht alle Fertigungsstufen durchlaufen hat (Zwischenerzeugnis). Schließlich kann differenziert werden in materielle oder immaterielle Güter, Letzteres beispielsweise bei Dienstleistungsunternehmen. Die Rechnung selbst kann differenziert werden in:

Absatzleistungen sowie aktivierungs- und nicht-aktivierungsfähige innerbetriebliche Leistungen

- **Kostenträgerstückrechnung**: Es werden die Kosten für eine Einheit (z. B. Stück) eines Kostenträgers ermittelt; sie dient der Kalkulation. Durch Gegenüberstellung der entsprechenden Erlöse ergibt sich als Saldo im positiven Fall ein Überschuss bzw. Gewinn oder, falls die Kosten die Erlöse übersteigen, eine Unterdeckung bzw. Verlust.
- **Kostenträgerzeitrechnung**: Für einen bestimmten Zeitraum, z. B. für einen Monat, ein Quartal oder ein Jahr, werden die Kosten erfasst und den Leistungen in dem gleichen Zeitraum gegenübergestellt. Damit ergibt sich eine zeitraumbezogene Erfolgsrechnung. Neben einer Gesamtrechnung können die Kostenträger auch untergliedert werden, beispielsweise nach Produkten bzw. nach Produktgruppen, Kundengruppen, Absatzgebiete etc.

Zu den Aufgaben der Kostenträgerrechnung zählen die Ermittlung:
- der Kosten je Kostenträger,
- des Erfolges der Kostenträger durch Gegenüberstellung der Kosten zu den jeweiligen Erlösen,

beides jeweils stück- oder zeitbezogen.

Daraus lassen sich ableiten die Bereitstellung von Informationen für
- die Bestandsbewertung,
- die Preispolitik,
- die Programm- und Sortimentspolitik und
- die Beschaffungspolitik (beispielsweise Eigenfertigung oder Zukauf, Auslagerung).

5.3.3 Vielfalt der Konzeptionen

Im Gegensatz zur Finanzbuchhaltung erlaubt die Kosten- und Leistungsrechnung dem Unternehmen eine größere Gestaltungsfreiheit. So haben sich in Theorie und Praxis unterschiedliche Systeme mit einer Fülle von Varianten herausgebildet. Die konkrete Ausgestaltung hängt u. a. von den individuellen Gegebenheiten des Unternehmens und den im Vordergrund stehenden Zweckbestimmungen ab. Dennoch gelten einige Prinzipien, die zur Beurteilung der jeweiligen Konzeptionen herangezogen werden:

Unterschiedliche Systeme mit einer Fülle von Varianten

- Prinzip der **Vollständigkeit**
- Prinzip der **Objektivität**

- Prinzip der **Periodengerechtigkeit**
- Prinzip der **Ausschaltung außergewöhnlicher Ereignisse**
- **Verursachungsprinzip**
- Prinzip der **relativen Genauigkeit**
- Prinzip der **Wirtschaftlichkeit**

Gerade die beiden letztgenannten Prinzipien weisen darauf hin, dass die Ermittlung zusätzlicher Aussagen in einem wirtschaftlichen Nutzenverhältnis zum damit verbundenen Erstellungsaufwand stehen soll.

Probleme der Vollkostenrechnung

An der **Vollkostenrechnung** – die Grundlage für die Darstellung im vorangegangenen Unterabschnitt war – wird vielfach Kritik geübt, vor allem an zwei Verfahrensvoraussetzungen:

- Gemeinkosten, die ihrem Wesen nach den Kostenträgern nicht direkt zugerechnet werden können, werden in der Vollkostenrechnung letztlich über Schlüsselungen dennoch auf die Kostenträger verteilt; dabei überwiegt häufig das Durchschnittsprinzip gegenüber dem Verursachungsprinzip.
- Fixkosten werden proportionalisiert, d.h., sie werden z.B. durch Zuschlagssätze prinzipiell analog den variablen Kosten auf einzelne Leistungseinheiten, Kostenträger, verrechnet.

Bei den Teilkostenrechnungen wird nur ein Teil der Kosten den Kostenträgern zugerechnet

Vorrangig: Kostenzurechenbarkeit

Bei den **Teilkostenrechnungen** wird nur ein Teil der Kosten den Kostenträgern zugerechnet, wobei vorrangig auf die Kostenzurechenbarkeit abgestellt ist. Die übrigen, den Kostenträgern nicht direkt zugerechneten Kosten werden unmittelbar aus der Kostenstellenrechnung in die Ergebnisrechnung (Kostenträgerzeitrechnung) übernommen, sozusagen »an der Kostenträgerstückrechnung vorbei«. Innerhalb des Prinzips der Teilkostenrechnung wurde im Laufe der Zeit eine Vielzahl von Konzeptionen, Systemen und Varianten entwickelt, die im Wesentlichen auf zwei Grundmuster zurückzuführen sind:

- **Deckungsbeitragsrechnungen:** Den Kostenträgern werden jeweils nur die direkt zuordenbaren Kosten zugerechnet; im Saldo zu den entsprechenden Erlösen ergeben sich die Überschüsse der Produkte, Produktgruppen oder sonstiger Leistungseinheiten, die (als Deckungsbeiträge) dem Block der übrigen Kosten (Fixkosten und Gemeinkosten) gegenübergestellt werden. Ist die Summe der Deckungsbeiträge größer als die Blockkosten, wurde ein Gewinn erwirtschaftet.
- **Grenzplankostenrechnungen:** Gegenüber einer an Ist-Kosten orientierten Deckungsbeitragsrechnung unterscheidet sie sich durch

ihren konsequenten Bezug auf Planwerte mit Konzentration auf die variablen Kosten im Soll-Ist-Vergleich.

Auf Einzelheiten der Voll- und Teilkostenrechnungen kann hier nicht weiter eingegangen werden, ebenso nicht auf die Frage, unter welcher Themenstellung welche Konzeption als zweckmäßig erscheint.

Je nachdem, welche Maßstäbe bei der mengenmäßigen Bewertung und Erfassung der Kosten angewendet werden, wird üblicherweise unterschieden in:

- **Ist-Kostenrechnung:** Sie geht von tatsächlich angefallenen Mengen, bewertet mit effektiven Preisen, aus.
- **Normalkostenrechnung:** Hier werden die Kosten in ihrer »normalen« Höhe angesetzt, wobei die Art der Normierung sehr unterschiedlich sein kann, in der einfachsten Form Durchschnittswerte der Vergangenheit, die für eine gewisse Zeit konstant gehalten werden.
- **Plankostenrechnung:** Sie ist ihrem Konzept nach nicht vergangenheits-, sondern zukunftsorientiert und ermittelt die Plankosten aus Planmenge mal Planpreis.

Plankostenrechnung ist zukunftsorientiert

- **Sollkostenrechnung:** Sie basiert auf der Plankostenrechnung und soll als Vergleich für eine Ist-Kostenrechnung dienen, jedoch unter Ausschaltung von Beschäftigungsabweichungen, sodass sie auch als Plankostenrechnung bei Ist-Auslastung bezeichnet werden kann.

Bei der Kostenträgerstückrechnung kann unter Berücksichtigung des Zeitbezuges unterteilt werden in **Vor- oder Nachkalkulation**, bei größeren Projekten ggf. auch ausgestaltet als **Zwischen-Kalkulation**.

→ *Die Kosten- und Leistungsrechnung ist eine wesentliche Informationsquelle für das Controlling. Dabei soll sie hierüber hinausgehend im Sinne eines Kostenmanagements der Unternehmensführung und anderen Bereichen Anregungen zur Gestaltung und Verbesserung der Kostenstruktur liefern und damit zur Verbesserung der Erfolgs- und Überlebenschancen des Unternehmens beitragen.*

5.4 Statistik und Kennzahlen

Unter Anwendung von Statistik und Kennziffern können die betrieblichen Auswertungen ergänzt werden:

- Zum einen können hierzu die Zahlen des Jahresabschlusses sowie der Kosten- und Leistungsrechnung aufbereitet und verdeutlicht werden. Die Bedeutung der Kennziffern, beispielsweise im Rahmen der Bilanzanalyse, wurde bereits angesprochen.

- Daneben können jedoch auch Informationen zugänglich gemacht werden, die Daten außerhalb des übrigen Rechnungswesens einbeziehen – sowohl aus innerbetrieblichen Bereichen als auch aus dem Umfeld, beispielsweise umfassende Statistiken im Absatzbereich.

Statistik umfasst Methoden zur Beschreibung und Analyse insbesondere von Massenerscheinungen mit Hilfe von Zahlen

Statistik ist eine wissenschaftliche Disziplin im engen Zusammenhang mit der Mathematik mit Anwendungsbedeutung in verschiedensten Wissenschaftsbereichen.

Sie umfasst Methoden zur Beschreibung und Analyse insbesondere von Massenerscheinungen mit Hilfe von Zahlen, sei es auf der Basis von Voll- oder repräsentativen Teil-Erhebungen, beispielsweise durch Stichprobenverfahren.

Zur Ergebnisdarstellung zählen neben absoluten und relativen Zahlen, Kennziffern, auch Tabellen und Grafiken, um Zusammenhänge transparent zu veranschaulichen. Auf Einzelheiten der Statistik und ihrer Methoden kann hier nicht weiter eingegangen werden, da sie ein eigenes Fachgebiet darstellt.

Im Unternehmen sind die Statistik und ihre Auswertung von Bedeutung für fast alle betrieblichen Bereiche.

Kennzahlen spielen gleichfalls in der betrieblichen Auswertung und Statistik eine wesentliche Rolle und können unterschieden werden in:

1) **Grundzahlen:** Absolute Zahlen, entweder als Einzelzahlen, Summen oder Salden.

Beispiel

- Umsatz
- Anzahl der Mitarbeiter
- Gewinn einer Periode etc.

---

2) **Verhältniszahlen:** Relative Kennzahlen, die Zusammenhänge in besonderer Weise deutlich machen können.
   Sie können weiter unterteilt werden in:
   - **Gliederungszahlen:** Hier wird der Teil ins Verhältnis zum Ganzen gesetzt, häufig als Prozentzahl ausgedrückt.

Beispiel

- Anlagevermögen in Prozent zur Bilanzsumme
- Export am Gesamtumsatz
- Mitarbeiterinnen an der Gesamtbelegschaft etc.

- **Beziehungszahlen:** Wesensverschiedene Zahlen, die aber in einem logisch-sinnvollen Zusammenhang zueinander stehen, können in Beziehung zueinander gesetzt werden.

Beispiel

- Umsatz je Mitarbeiter
- Eigenkapital zu Anlagevermögen
- Umsatz je qm-Verkaufsfläche etc.

- **Indexzahlen:** Gleichartige Größen, die zu unterschiedlichen Zeiten oder an verschiedenen Orten (oder Betrieben) entstanden sind, werden zueinander ins Verhältnis gesetzt, indem eine Größe den Wert 100 erhält und die andere(n) an diesem Index gemessen werden, sodass insbesondere Entwicklungen recht gut aufgezeigt werden können.

Beispiel

- Entwicklung der Löhne und Gehälter
- Preisentwicklungen
- Lebenshaltungskosten-Index einer Volkswirtschaft etc.

5.5 Informationen als Basis für Planung, Entscheidung, Steuerung und Kontrolle

→ *Als Information wird das zweckbezogene Wissen über Zustände und Ereignisse bezeichnet.*

Informationen können sich sowohl auf Daten aus dem Unternehmen als auch aus dessen Umfeld beziehen. Neben dem Bezug auf den Gegenstand kann die Zweckbeziehung der Information handlungs- und entscheidungsorientiert verstanden werden und dient in diesem Sinne der Planung und Entscheidung sowie der Steuerung und Kontrolle im Unternehmen.

Information dient der Planung und Entscheidung sowie der Steuerung und Kontrolle im Unternehmen

Bei der Planung und Entscheidung dienen Informationen einerseits zur Vorbereitung sowie zur Entwicklung und Analyse von Alternativen. Andererseits ist die gefasste Entscheidung selbst wiederum ein Datum, eine Information, die in Form von Plan- oder Soll-Werten weitergegeben werden kann, sei es zu zusätzlichen Detailplanungen oder letztendlich zur Steuerung der Abläufe im Unternehmen.

Die Abstimmung innerhalb der Ablaufprozesse erfolgt wiederum durch Informationen. Informationen über den Vollzug, das tatsächliche Geschehen, führen zu Ist-Werten, die zugleich Kontrollzwecken dienen können, insbesondere durch Vergleich mit den Vorgaben.

Das Rechnungswesen ist eine bedeutsame Quelle zur Bereitstellung betriebsrelevanter Informationen. Zur Organisation des betrieblichen Informationswesens wird auf den entsprechenden Unterabschnitt im 7. Kapitel verwiesen.

6 Personalwesen und Mitarbeiterführung

6.1 Mitarbeiter im Betrieb

Im Mittelpunkt des Personalwesens steht der Mensch. Auch wenn der Mitarbeiter als ein Produktionsfaktor neben anderen steht, so unterscheidet er sich doch von den übrigen Produktionsmitteln.

- Zum einen kann die Arbeitsleistung nicht isoliert zur Person gesehen werden, die sie erbringt.
- Darüber hinaus wirkt der Mensch nicht nur im Leistungsprozess mit, sondern er gestaltet und beeinflusst ihn wesentlich.

→ *Für die Wettbewerbsfähigkeit eines Unternehmens wird es immer wichtiger, die richtigen Mitarbeiter zu gewinnen, sie sinnvoll einzusetzen und ihre Leistungsbereitschaft zu entwickeln.*

- Zudem ist der Mitarbeiter auch Mitglied der Gesellschaft und damit zugleich ein Teil des Unternehmensumfeldes. Insoweit hat die Personalwirtschaft Aspekte zu berücksichtigen, die über den betrieblichen Prozess hinausgehen.

Im Mittelpunkt des Personalwesens steht der Mensch

Für den Personalbereich ergeben sich daraus zusätzliche Aufgaben, aber auch Chancen, die betriebliche Entwicklung positiv zu beeinflussen.

Die Fähigkeiten in Menschenführung, Kommunikation und all den Bereichen, die heute als »soziale Kompetenz« bezeichnet werden, haben zunehmend an Bedeutung gewonnen. Hierbei werden Aspekte angesprochen, die Erkenntnisse aus den Bereichen der Psychologie, Soziologie, der Arbeitsmedizin etc. einbeziehen.

In Theorie und Praxis werden die Begriffe »Personalwesen, Personalwirtschaft oder Personalmanagement« teilweise synonym verwendet, teilweise auch mit unterschiedlicher Akzentuierung, was insbesondere aus unterschiedlichen historischen und inhaltlichen Phasen des Arbeitsgebietes verständlich wird.

Fähigkeiten in Menschenführung, Kommunikation und all den Bereichen, die heute als »soziale Kompetenz« bezeichnet werden, haben zunehmend an Bedeutung gewonnen

Die alten Begriffe »Lohnbüro« oder »Personalbuchhaltung« machen deutlich, dass ursprünglich **Abrechnungsfragen** des Entgelts und **verwaltungstechnische Aufgaben** im Vordergrund standen. Zunehmend, etwa seit den 60er Jahren, hat der Stellenwert der **Personalarbeit** und damit des verantwortlichen Personalleiters zugenommen, sodass von einem Personalwesen gesprochen werden kann, das zusätzliche Personalfunktionen umfasst. Später gewann die **Personalbetreuung** an Bedeutung, ebenso wie **Aus- und Weiterbildung** sowie **Personalentwicklung**, die teilweise in Unternehmen als eigene Abteilung verselbstständigt wurden. Beeinflusst wurde diese Phase durch Aspekte zur Humanisierung der Arbeitsplätze, gleitende

Arbeitszeiten etc. und eine die Kooperation betonende Mitarbeiterführung.

Zunehmend tritt die Bürokratisierung des Personalwesens in den Hintergrund. Personalbetreuung, mittel- und langfristige Personalpolitik treten in den Vordergrund, beeinflusst u.a. durch verstärkten Wettbewerb, technologische Veränderungen und neue Anforderungen, Wertewandel, Internationalisierung etc.

Bürokratisierung des Personalwesens tritt in den Hintergrund

Zielgruppe sind die Mitarbeiter, sowohl als Einzelpersonen als auch kollektiv, vertreten durch Gewerkschaften oder Betriebsrat.

→ *Dabei sind umfangreiche Regelungen des Arbeitsrechts zu beachten.*

Primäre Ziele des Personalwesens

Zu den primären Zielen zählen:

- Personalbereitstellung entsprechend den Anforderungen des Unternehmens, und zwar in quantitativer (gemessen z.B. an Mitarbeiterzahl und Arbeitsstunden) und qualitativer Hinsicht.
  Dies gilt sowohl für den aktuellen Bedarf als auch für mittel- und langfristige Vorsorge.
- Interessen und Bedürfnisse der Mitarbeiter soll in angemessener Weise Rechnung getragen werden, dies gilt auch bezüglich Aus- und Weiterbildung und den persönlichen Lebensplanungen.
- Personalkosten sind im Rahmen einer gesamten Unternehmensplanung einzuhalten.

Die Personalverwaltung soll ihrerseits nach Wirtschaftlichkeitsgesichtspunkten arbeiten und zugleich sicherstellen, dass durch Einhaltung gesetzlicher Regelungen und Verpflichtungen keine Beanstandungen oder vermeidbare Kosten entstehen.

6.2 Personalwirtschaft

In diesem Zusammenhang sollen die Personalbereitstellung und -planung behandelt werden sowie die Personalkosten im Sinne des Hinweises auf Entlohnungsformen und die Personalverwaltung.

Personalentwicklung und Mitarbeiterführung werden in gesonderten Unterabschnitten behandelt.

6.2.1 Personalbereitstellung

kritisch anzusehen

Teilweise werden Personalkosten noch als variabel bezeichnet, also dem jeweiligen Beschäftigungsgrad des Unternehmens anpassbar. Dies gilt jedoch nur eingeschränkt und unter längerfristiger Perspektive. Ursachen hierfür sind insbesondere die **Kündigungsfristen** und

Längerfristige Perspektive

Schutzbestimmungen sowie die zum Teil erheblichen **Kosten bei der Personalfreisetzung oder Neueinstellung und Einarbeitung**.

Zuverlässige Planungen sind entscheidend

Bereitgestellte, aber nicht sinnvoll nutzbare Arbeitsleistung ist in aller Regel zu entgelten, zeitliche Mehrleistungen meistens mit zusätzlichen Zuschlägen belastet.

→ *Zuverlässige Planungen haben also wesentliche Auswirkungen auf die Wirtschaftlichkeit des Personaleinsatzes und letztendlich auf den Unternehmenserfolg.*

6.2.1.1 Personalplanung

Sie gliedert sich in:

- **Personalbedarfsplan:** Dieser ergibt sich aus den Anforderungen der einzelnen Unternehmensbereiche in quantitativer und qualitativer Aufschlüsselung.
- **Personalbestandsplan:** Aus ihm ist erkennbar, welches Personal zur Verfügung steht; er wird entwickelt aus dem aktuellen Personalbestand unter Berücksichtigung der bereits absehbaren Veränderungen, beispielsweise durch Pensionierung, schon erfolgte Kündigungen und Freisetzungen oder Rückkehr aus früheren Freisetzungen.
- **Personalveränderungsplan:** Dieser ergibt sich aus dem Vergleich der beiden vorgenannten Pläne und zeigt an, welche Personalbereitstellung nach Anzahl und Qualifikation noch erforderlich wird. Insoweit ist er Basis für die Maßnahmen weiterer Teilpläne:
  - **Umsetzungsplan:** In ihm wird festgehalten, inwieweit freie Stellen durch Beförderung oder Versetzungen ausgefüllt werden sollen.
  - **Freistellungsplan:** Dieser wird erforderlich, wenn ein Personalüberhang besteht; hier sind Kündigungsfristen sowie Schutzbestimmungen zu beachten, eventuell können ein Sozialplan oder Abfindungszahlungen fällig werden.
  - **Personalbeschaffungsplan:** Er gibt an, in welchem Umfang Neueinstellungen vorzunehmen sind, da frei werdende Stellen nicht aus den internen Reihen besetzt werden können.

Als weitere Pläne können sich hieraus ableiten zum einen der **Personalfortbildungsplan** (sowohl bei Umbesetzungen als auch bei Veränderungen der Arbeitsanforderungen), auf den im Rahmen der Personalentwicklung eingegangen wird. Zum anderen der **Kostenplan**, der wiederum sowohl die Kosten aus dem Personaleinsatz (Personalkosten) enthält als auch zusätzliche Kosten des Personalwesens, z. B. für Stellenanzeigen, Fortbildungsmaßnahmen etc.

6.2.1.2 *Einsatzplan*

Durch den Einsatzplan erfolgt die kurz- oder mittelfristige »Feinabstimmung«, indem unter Berücksichtigung der noch unbesetzten Stellen und bereits erkennbarer Abwesenheiten, z.B. durch Urlaub, Krankheit und sonstige Freistellungen, ein Ausgleich zwischen Bereitstellung und Bedarf erfolgt. Ggf. ist dabei auch über Überstunden zu entscheiden bzw. Kurzarbeit und Feierschichten bei mangelnder Beschäftigungslage.

6.2.1.3 *Personaleinstellung*

Einer Personaleinstellung geht in aller Regel eine entsprechende Personalsuche (beispielsweise über den Arbeitsmarkt, Personalanzeigen, Personalberater oder Zusammenarbeit mit Hochschulen etc.) voraus sowie Bewerbungen und das Auswahlverfahren.

Personaleinstellung endet mit dem Abschluss eines Arbeitsvertrages

Sie endet mit dem Abschluss eines Arbeitsvertrages, der grundsätzlich formlos, in aller Regel aber schriftlich geschlossen wird. Sinnvollerweise sollte im Betrieb auch der Arbeitsbeginn vorgeplant sein, um die »Neuen« entsprechend zu empfangen und einzuweisen.

Die Arbeitsleistung wird insbesondere durch die nachfolgenden Faktoren beeinflusst:

Einflussfaktoren der Arbeitsleistung

- **Leistungsfähigkeit** des Mitarbeiters: Sie beruht auf seinen Kenntnissen und Fertigkeiten durch Ausbildung und Erfahrung, zudem auf Eigenschaften wie Gesundheit, körperliche Kondition und Geschicklichkeit, und auf persönlichkeitsbezogenen Faktoren – z.B. Belastbarkeit, Anpassungs-, Koordinations- und Konfliktbereitschaft und Durchsetzungsvermögen –, die teilweise veranlagungs- und verhaltensbedingt sind, zum Teil aber auch trainiert und ausgebildet werden können.
- **Leistungsbereitschaft:** Durch sie wird die Leistungsfähigkeit in effektive Leistung umgesetzt. Sie ist geprägt vom persönlichen Leistungswillen und der Motivation, die sowohl durch konstruktive Personalförderung und sinnvolle Arbeitsbedingungen als auch durch entsprechende Lohnsysteme und sonstige Konditionen gefördert werden kann.
- **Aufgabengestaltung:** Mit ihr erfolgt die Zweckorientierung, d.h., es wird die Funktion beschrieben, durch deren Erfüllung Fähigkeiten und Bereitschaft erst zur Leistung werden.
- **Umfeldgestaltung:** Sie wird beeinflusst durch ergonomische wie psychologische Anpassung von Arbeitsmethoden, Arbeitsmitteln und Arbeitsplatz sowie Regelung der Arbeitszeit, Arbeitsrhythmus und Pausen etc. Sie hat Einfluss auf den Wirkungsgrad.

Das Personalwesen und insbesondere auch die Personalplanung sollte sich nicht nur an kurzfristigen Überlegungen orientieren, sondern in die strategische Planung des Unternehmens eingebunden sein.

6.2.2 Personalkosten

Gegenleistung für die beanspruchte Arbeitsleistung

Der Betrieb muss für die beanspruchten Arbeitsleistungen Gegenleistungen erbringen. Dazu gehört zum einen das Entgelt, das den jeweiligen Arbeitnehmern auf Grund tarifvertraglicher und/oder einzelvertraglicher Regelungen zusteht. Hinzu kommen Nebenkosten, die entweder gesetzlich oder tarifvertraglich geregelt oder freiwillig gewährt werden.

6.2.2.1 Entlohnung

Alle **geldlichen Leistungen** des Unternehmens an den Mitarbeiter bilden das Entgelt. Dies kann durch so genannte **»geldwerte Vorteile«**, wie z.B. die private Nutzung eines Dienstwagens, einer Dienstwohnung etc., ergänzt werden.

Die richtige Lohnbemessung ist ein zentrales Problem im Personalwesen

Eine absolute Lohngerechtigkeit gibt es mangels allgemein gültiger objektiver Bewertungsmaßstäbe nicht. Insoweit ist eine »richtige« **Lohnbemessung** ein zentrales Problem im Personalwesen.

- Zum einen muss die Entlohnung von den betreffenden Mitarbeitern als angemessen angesehen werden, denn sie steht im unmittelbaren Zusammenhang zu seiner Leistungsbereitschaft. Der Arbeitslohn hat also auch eine motivierende Wirkung.
- Zum anderen soll dem Gedanken einer »relativen« Lohngerechtigkeit entsprochen werden, d.h., die einzelnen Entgelte sollen untereinander in ihrer Gleichheit oder Abstufung von den Betroffenen als weitgehend berechtigt empfunden werden. Dabei stellt die Berücksichtigung sozialer, nicht unmittelbar leistungsbezogener Aspekte eine zusätzliche Problematik dar.
- Hinzu kommen kollektive Regelungen, beispielsweise durch Betriebsvereinbarungen und Tarifvertrag.

Für das Unternehmen sind die Entgelte Kosten, die letztendlich in die Kalkulation der Preise für die erbrachten Leistungen eingehen müssen.

- Nicht zuletzt ist der Situation auf dem Arbeitsmarkt Rechnung zu tragen, z.B. wenn bei bestimmten Fachrichtungen einem knappen Angebot eine erhöhte Personalnachfrage der Unternehmungen gegenübersteht.

Auf Einzelheiten der Arbeitsbewertung soll hier nicht eingegangen werden.

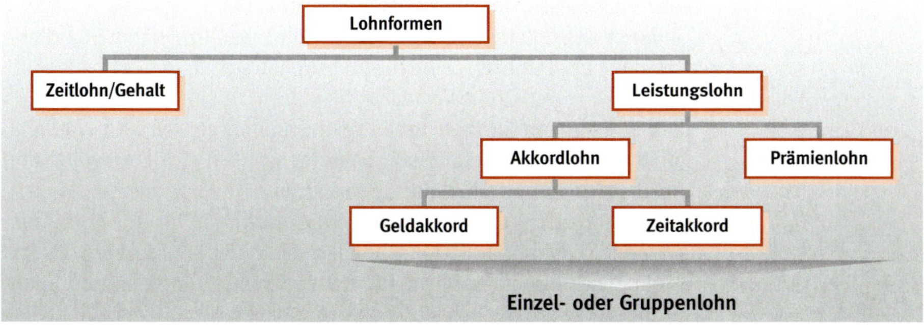

Abb. 6.1: Lohnformen

Die Abbildung zeigt eine Übersicht verschiedener Lohnformen. Zeiteinheiten können Monat, Woche, Tag oder Stunde sein. Die Multiplikation aus der Anzahl der Zeiteinheiten mit dem jeweiligen Lohnsatz ergibt den **Zeitlohn**. Seine Berechnung, insbesondere beim Monatslohn bzw. -gehalt, ist relativ einfach.

Er wird dort angewendet, wo andere Ermittlungen unmöglich oder unwirtschaftlich sind, sowie stets dann, wenn besondere Anforderungen an schöpferische, kreative oder dispositive Leistungen gestellt werden bzw. wenn bei anderen Entlohnungen negative Auswirkungen auf Qualität oder Unfallsicherheit zu erwarten wären. Dort, wo durch das Fertigungsverfahren der Arbeitstakt vorgegeben wird, wie beispielsweise bei Fließband-Arbeiten durch die Bandgeschwindigkeit, erübrigen sich gleichfalls aufwändige Formen der Bemessung.

Leitungszulagen können Motivationsanreize schaffen

Seine Nachteile für das Unternehmen liegen jedoch im Risiko eventueller Minderleistungen der Arbeitnehmer. Ggf. können durch die Gewährung von **Leistungszulagen** Motivationsanreize geschaffen werden.

Basis für den **Akkordlohn** ist die geleistete Arbeitsmenge. Ein zumeist tariflich garantierter Mindestlohn bildet den Grundlohn bzw. Akkordrichtsatz, d.h. die Entlohnung bei Normalleistung. Der Akkordrichtsatz geteilt durch Normalleistung ergibt den Akkordsatz.

Aus der Multiplikation der tatsächlichen Leistungsmenge mit dem Akkordsatz resultiert der Akkordlohn. Beim Zeitakkord werden für die einzelnen Leistungseinheiten Vorgabezeiten ermittelt, die für die Abrechnung herangezogen werden, unabhängig von dem tatsächlichen Zeitaufwand. Akkordlöhne haben demnach einen unmittelbaren

Leistungsbezug. Sie sind dann anwendbar, wenn der Arbeitsablauf vorhersehbar, gleichartig, regelmäßig und wiederkehrend ist, die Leistungsmenge vom Arbeitnehmer mit beeinflusst werden kann sowie die Messung genau und wirtschaftlich ist.

Vom **Prämienlohn** wird dann gesprochen, wenn zu einem Grundlohn – zumeist als Zeitlohn – eine leistungsabhängige Prämie gezahlt wird.

Zusatzleistungen können neben dem Grundentgelt gezahlt werden:

- als Entgelte für besondere Leistungen, z. B. Erfindervergütungen, Provisionen und Prämien für Verbesserungsvorschläge,
- als Zulagen, z. B. für Anlernzeiten und Einarbeitung, sowie als Leistungs-, Funktions-, Bereitschafts- und Erschwerniszulage,
- als Zuschläge für Mehrarbeit, beispielsweise Überstunden, Sonn- und Feiertage, Schicht- und Nachtarbeit.

Zahlungen neben den Vergütungen für tatsächlich geleistete Arbeitszeiten

Neben den Vergütungen für tatsächlich geleistete Arbeitszeiten ergeben sich noch **Zahlungen für Fehlzeiten**, z. B. Krankheit oder Freistellungen, sowie sonstige Ausfallzeiten wie gesetzliche Feiertage, Urlaub einschließlich Bildungsurlaub. Außerdem kann eine **Mitarbeiterbeteiligung am Unternehmensergebnis** vereinbart sein.

6.2.2.2 Nebenkosten

Für das Unternehmen ergeben sich aus der Personalbeschäftigung zusätzliche Nebenkosten, die kein Arbeitsentgelt für die Mitarbeiter darstellen. Zu ihnen zählen:

Diverse Nebenkosten

- **Gesetzliche Nebenkosten** wie Arbeitgeberanteil bei den verschiedenen Zweigen der Sozialversicherung sowie Beiträge zur Berufsgenossenschaft und Ähnliches.
- Auf Grund von Tarifverträgen können anfallen zusätzliches **Urlaubsgeld**, **Sonderzahlungen** wie Gratifikationen, 13. Monatsentgelt etc. sowie Leistungen zur Vermögensbildung oder Beihilfen.
- **Freiwillige Zuwendungen** können allen Belegschaftsmitgliedern oder ausgewählten Gruppen zugute kommen; man unterscheidet soziale Maßnahmen, die dem Mitarbeiter direkt zukommen, sowie soziale Einrichtungen im Rahmen der Personalbetreuung.

6.2.3 Personalverwaltung

Die Aufgaben der Personalverwaltung leiten sich unmittelbar aus den Zielen des Personalwesens ab:

- Zum einen sind für die Unternehmensführung und die jeweiligen Unternehmensbereiche die **Personalinformationen** zur Verfügung zu stellen und Hilfestellung bei der Personalbetreuung zu leisten.

- Daneben ist die Personalverwaltung Ansprechpartner für die einzelnen Mitarbeiter.
- Häufig ist sie auch zuständig für den **Kontakt** zum Betriebsrat oder zu anderen Mitarbeitervertretungen.
- Funktional gehören **personalbezogene Vorgänge** zu den Abwicklungsaufgaben, wie beispielsweise Einstellung, Versetzung, Beförderung, Veränderung, Freistellung, Kündigung oder sonstige Beendigungen des Arbeitsverhältnisses. Einen Schwerpunkt bilden dabei die Lohn- und Gehaltsabrechnungen **(Personalbuchhaltung)** im weitesten Sinne mit allen im Zusammenhang stehenden An- und Abmeldungen, Einbehaltung von Lohnsteuer etc. und Sozialversicherungsbeiträgen und deren Abführung. Interne Meldungen richten sich entweder direkt an den Mitarbeiter oder dienen der Zusammenarbeit mit den Fachabteilungen.
- Oft ist die Personalabteilung auch für eine Reihe von **Überwachungsaufgaben** zuständig, z. B. Arbeitszeiterfassung einschließlich Überstundenanfall, Krankenstand sowie Urlaubsabrechnung etc.

Personalverwaltung ist Ansprechpartner für die einzelnen Mitarbeiter

→ *Neben der Wahrnehmung unternehmerischer Zielsetzung muss die Personalverwaltung dafür sorgen, dass die* **rechtlichen Vorschriften** *eingehalten werden, und zwar sowohl die des Arbeitsrechtes als auch die des Steuer- und Sozialversicherungsrechts etc.*

Durch Betriebsprüfungen des Finanzamtes und der Sozialversicherungsträger werden die korrekte Ermittlung und die Abführung der einbehaltenen Beträge überwacht. Fehlerhafte Abrechnungen führen zu Haftungsverpflichtungen des Unternehmens. Bei der Abwicklung der Arbeiten sind die Bestimmungen des Datenschutzes einzuhalten.

Einhaltung von rechtlichen Vorschriften:
- Arbeitsrecht
- Steuerrecht
- Sozialversicherungsrecht

Zur Personaladministration gehören alle **organisatorischen Maßnahmen**, wie Führen der Personalakten, Erstellung individueller Arbeitspapiere und Abrechnungen für die Mitarbeiter. Darüber hinaus fallen zumeist eine Reihe von Statistiken an, teilweise von außen angefordert, aber auch für das Unternehmen.

6.3 Personalentwicklung

Gegenstand der Personalentwicklung ist:
- einerseits die **Vermittlung von Kenntnissen und Fähigkeiten**, die für eine optimale Erledigung der im Unternehmen gestellten Aufgaben erforderlich sind.

- Ferner soll sie die **Motivation der Mitarbeiter fördern** sowie die Lern- und Leistungsbereitschaft aktivieren.
- Neben der Qualifikation des Einzelnen wird auch das Ziel **»Verbesserung der Zusammenarbeit im Unternehmen«** verfolgt. Hierzu gehören Teamfähigkeit, konstruktives Gruppenverhalten und Betriebsklima sowie eine Verbesserung des Führungsverhaltens von Vorgesetzten und Führungsnachwuchs im Sinne des vom Unternehmen angestrebten Führungsstils.
- Weitere Teilziele sind die **Sicherung eines qualifizierten Berufsnachwuchses** sowie eine **Verringerung der Fluktuation**, zumindest soweit sie oberhalb einer »gesunden Rate« liegt. Auch kann sie auf ein **positives Unternehmensimage** hinwirken, nicht zuletzt auch, um entsprechend auf dem Arbeitsmarkt positioniert zu sein.

Verbesserung der Zusammenarbeit im Unternehmen

Da für die Durchführung ein angemessenes Kostenbudget zur Verfügung gestellt werden muss, ist auch auf die Effizienz der einzelnen Maßnahmen zu achten. Zum Teil fehlt es jedoch an geeigneten Bewertungsmaßstäben für die Überprüfung der qualitativen Leistungserbringung, sodass sich oftmals die Überwachung auf eine Kostenkontrolle reduziert.

Der strategische Aspekt der Personalentwicklung wird jedoch zunehmend Beachtung finden, denn Personalvorsorge ist nicht nur die Reaktion auf erwarteten künftigen Personalbedarf, sondern meint mehr: Die Ausbildung und die strategische Kreativität der Führungskräfte sowie des Führungsnachwuchses gestalten das Unternehmen und bestimmen die künftigen Anforderungen. Anpassungsfähige Organisationen entwickeln sich aus erfahrenen und lernbereiten Mitarbeitern.

Anpassungsfähige Organisationen entwickeln sich aus erfahrenen und lernbereiten Mitarbeitern

Die Maßnahmen einer Personalabteilung werden meist untergliedert in:

- **Ausbildung**: Hierunter wird üblicherweise die berufliche Erstausbildung in einem Betrieb verstanden. Für den Auszubildenden ist hiermit meist auch der Übergang von den allgemein bildenden Schulen in die berufliche Praxis verbunden.
  In der BRD erfolgt eine Ausbildung grundsätzlich im so genannten **»dualen« System**: Für die praktische Ausbildung ist der Betrieb zuständig und für den theoretischen Teil die Berufsschule als Teil des staatlichen Bildungssystems. Gelegentlich erfolgt die berufliche Ausbildung in überbetrieblichen Lehrwerkstätten, besonders dann, wenn innerbetriebliche Möglichkeiten den Anforderungen nur begrenzt gerecht werden können. Vielfach wird im Unternehmen die theoretische Ausbildung durch eigene Veranstaltungen ergänzt. Basis für die berufliche Ausbildung ist das **Berufsbil-**

Ergänzung der theoretischen Ausbildung durch eigene Veranstaltungen im Unternehmen

dungsgesetz, welches an die Eignung sowohl des ausbildenden Unternehmens als auch des zuständigen Ausbilders entsprechende Anforderungen stellt. Für die einzelnen Ausbildungsberufe sind durch Berufsbilder die zu vermittelnden Bildungsinhalte festgelegt. Die Ausbildung endet mit einer Abschlussprüfung.

- **Fortbildung**: Aufbauend auf bereits erworbenen beruflichen Kenntnissen geht es bei der Fortbildung (auch **Weiterbildung** genannt) um die weitere Qualifizierung für die aktuellen Anforderungen. Des Weiteren kann auch unterschieden werden in **Anpassungsfortbildung** (orientiert an Veränderungen des Arbeitsplatzes), **Erweiterungsfortbildung** (Erwerb zusätzlicher Berufsfähigkeiten) und **Aufstiegsfortbildung**, insbesondere zur Übernahme weiterer Aufgaben, z.B. auch Führungsaufgaben. Hier stehen neben fachlichen Kenntnissen verstärkt Managementwissen, Führungsverhalten und »soziale Kompetenz« im Vordergrund.
  Die Fortbildung kann entweder direkt am Arbeitsplatz erfolgen oder durch spezielle (externe oder interne) Schulungs- und Trainingsmaßnahmen.

Fortbildung baut auf bereits erworbenen beruflichen Kenntnissen auf

- **Umschulung**: Hierunter wird die berufliche Neuorientierung eines Mitarbeiters verstanden, der im Rahmen seiner weiteren Ausbildung einen anderen Beruf als den bisher ausgeübten erlernt. Zielgruppen können Mitarbeiter sein, deren bisherige Aufgaben entfallen, oder von außen eingestellte Umschüler. Zum Teil kann das Unternehmen für solche Maßnahmen auch öffentliche Zuschüsse erhalten.

Umschulung ist die berufliche Neuorientierung eines Mitarbeiters

Im Rahmen der **Persönlichkeitsentwicklung** zielen Fortbildungsmaßnahmen zum Teil auch auf Verhaltensveränderung oder Entwicklungen ab, z.B. im Bezug auf die Teamfähigkeit in Arbeits- und Projektgruppen oder in Vorbereitung auf eventuelle Führungsaufgaben. Dabei ergibt sich eine enge Berührung zur so genannten **Organisationsentwicklung**. Zusammen prägen sie die Art der Mitarbeiterführung und des Zusammenlebens im Unternehmen – gleichzeitig werden sie von praktiziertem Führungsverhalten beeinflusst.

6.4 Mitarbeiterführung

Mitarbeiterführung geht weit über die Betreuung durch die Personalabteilung hinaus und wird im Unternehmen gelebt und umgesetzt durch die Führungskräfte, die jeweiligen Vorgesetzten und Ansprechpartner der Mitarbeiter und durch das allgemeine Betriebsklima, das

Ausdruck davon ist, wie miteinander umgegangen werden soll bzw. wird. Entsprechend wird zunächst das Führen von Mitarbeitern als Teil der Gesamtführungsaufgaben kurz behandelt und sodann das Verhältnis von Personalentwicklung zur Organisationsentwicklung. Schließlich wird auf einige Aspekte der Führungsstile eingegangen.

6.4.1 Führung

Führung ist die zielgerichtete Gestaltung, Steuerung und Überwachung einer Unternehmung/Organisation als sozio-technisches System im Hinblick auf sachbezogene und personenorientierte (individuelle und kollektive) Dimensionen, wobei zugleich die Wechselbeziehungen zu den Umfeldbedingungen und der jeweiligen Situation zu beachten sind.

In der Literatur gibt es eine Vielzahl von Definitionen, die teilweise, je nach Betrachtungsgegenstand, die Akzente unterschiedlich setzen oder Führung – beispielsweise in Abgrenzung zum Begriff Management – auf Personalführung begrenzen (teilweise gerade umgekehrt).

Grunddimensionen der Führungsaufgaben

Allen gemeinsam ist die Ausrichtung des Handelns (und die Beeinflussung) von Individien und Gruppen auf die Realisierung vorgegebener Ziele im Rahmen einer sozialen Beziehungsstruktur (Organisation) und daraus resultierenden Über- und Unterordnungen.

Üblich ist heute eine Unterscheidung in sach- und personenbezogene Führungsaufgaben, womit auch dem Betrieb als sozio-technischem System Rechnung getragen wird. Eine Reduktion allein auf psychologische und soziale Fähigkeiten einer Person im Umgang mit Menschen wäre eine Verengung auf Aspekte der Personalführung.
Im Wesentlichen können 3 Grunddimensionen unterschieden werden:
- Sach-, Aufgaben-Orientierung,
- Personen-, Mitarbeiter-Orientierung,
- Beachtung der Umfeldbedingungen und der jeweiligen Situation.

Umfassender wird auf Führung im nachfolgenden Kapitel eingegangen. Hier erfolgt eine weitgehende Reduktion auf die personenbezogenen Aspekte.

Verhalten eines Menschen ist nicht nur von ihm selbst, sondern auch vom Lebensraum abhängig

6.4.2 Personal- und Organisationsentwicklung

K. Lewin hat bereits in den 30er Jahren in seiner »Feldtheorie für die Sozialwissenschaften« verdeutlicht, dass das Verhalten eines Menschen nicht nur von ihm selbst, sondern auch von dem Lebensraum, in dem er sich befindet, abhängig ist. Dabei hat er die Begriffe **»Feld«**

und **»Kraft«** aus Physik und Biologie in die Psychologie und später das Führungsverhalten übertragen und ein Feld als die Gesamtheit gleichzeitig bestehender Tatsachen bezeichnet, die als gegenseitig voneinander abhängig begriffen werden.

Der Lebensraum für die Person ist das Umfeld. Das Verhalten ist also von verschiedenen Faktoren abhängig und lässt sich formelmäßig wie folgt ausdrücken:

$$V = f\,(P, U \ldots)$$

Dies besagt, dass das Verhalten (V) eines Menschen abhängig ist von seiner Persönlichkeit (P) und seinem Umfeld (U).

Dem Verfasser erscheint es sinnvoll, hierzu die Ziele (Z) hinzuzufügen im Sinne einer zielorientierten Unternehmensführung und generell eines zielgerichteten Verhaltens. In dieser Weise können auch Ziele umfassend definiert und eventuelle Zielkonflikte berücksichtigt werden, die sich teilweise innerhalb, aber auch zwischen persönlichen, sachlichen und umfeldbezogenen Aspekten ergeben.

Ziele miteinbeziehen

Die Formel würde dann lauten:

$$V = f\,(P, U \ldots Z)$$

Auf Ziele und Entscheidungen wird im Rahmen der Führung im folgenden Kapital eingegangen.

Personalentwicklung wurde im vorangegangenen Unterabschnitt bereits kurz behandelt. Neben den formalen Aufgaben stehen Impulse zur Entwicklung der Persönlichkeit.

Impulse zur Entwicklung der Persönlichkeit

→ *Je mehr Kenntnisse und Fähigkeiten einem Mitarbeiter oder Vorgesetzten zur Verfügung stehen, umso vielfältiger sind seine Verhaltensmöglichkeiten und damit auch seine Flexibilität, sich auf den jeweiligen Partner und die gegebene Situation einzustellen.*

Bezogen auf Führungskräfte steht heute neben der fachlichen Kompetenz die Entwicklung so genannter Methoden- und Sozial-Kompetenzen (vgl. 3. Umschlagseite), zu der auch Kommunikationsfähigkeit etc. gehört, im Vordergrund. Sie bildet auch die Grundlage konstruktiver Mitarbeiterführung. Damit wird sie zugleich zu einem Teil des Umfeldes für die Mitarbeiter und kann in dieser Weise verhaltensbeeinflussend wirken (vgl. folgenden Unterabschnitt).

Entwicklung von Methoden- und Sozial-Kompetenzen

Das betriebliche Umfeld wird wesentlich geprägt durch die Organisation einer Unternehmung (vgl. folgendes Kapitel). Sie hat Einfluss auf das Verhalten der im Unternehmen Tätigen. Die **Organisationsentwicklung** verfolgt letztendlich gleichrangig zwei Zielsetzungen:

Organisationsentwicklung sucht Wege der Integration

- Verbesserung der Leistungsfähigkeit zur Erreichung der strategischen Ziele der Unternehmung,
- Qualitätsverbesserung des Arbeitslebens für die Beschäftigten.

Dies bedeutet für die Gestaltung der Organisation eine zusätzliche Dimension, die zugleich geeignet ist, sich leistungsfördernd auf die Mitarbeiter auszuwirken – damit fördert sie ebenfalls die Erreichung der Sachziele; Organisationsentwicklung betont also nicht die Gegensätzlichkeit, sondern sucht Wege der Integration. Organisationsentwicklung wird auch als eine **»Strategie des geplanten und systematisch organisationalen Wandels«** bezeichnet, der durch die Beeinflussung von Organisationsstrukturen, Unternehmenskultur und individuellem Verhalten unter weitestgehender Beteiligung der Betroffenen (Betroffene zu Beteiligten machen) entsteht.
Auf Einzelheiten der Organisationsentwicklung kann hier im Rahmen einer Einführung nicht eingegangen werden. Es sollte jedoch die Vernetzung aufgezeigt werden:

Die Umfeldgestaltung, zu der auch die Organisation im Unternehmen gehört, beeinflusst das Verhalten der Mitarbeiter; das Verhalten der im Unternehmen Tätigen prägt das Betriebsklima und die Form des Umganges miteinander. Die Anpassung des Unternehmens an sich verändernde Umfeldbedingungen (lernende Organisation) verwirklicht sich letztendlich durch lernbereite Mitarbeiter.

Umfeldgestaltung beeinflusst das Verhalten der Mitarbeiter

6.4.3 Führungsstile

Was unter Führungsstil zu verstehen sei, ist in der Literatur immer wieder mit gewissen Varianten beschrieben worden; hier soll von folgender Definition ausgegangen werden:

> *Führungsstil ist die Grundhaltung und das sich daran orientierende Verhaltensmuster, mit dem jemand seine Führungsaufgaben, bezogen auf andere – Einzelpersonen oder Gruppen – wahrnimmt.*

In der Literatur sind inzwischen mehr als 50 Führungsstile und Führungsmodelle beschrieben worden. Teilweise handelt es sich um sehr unterschiedliche Ansätze, teilweise eher um Varianten. Auf die Bedeutung der Mehrdimensionalität wurde bereits am Eingang dieses

Abschnitts eingegangen, sodass hier im Rahmen einer Kurzdarstellung eine Konzentration auf die so genannten »eindimensionalen« Konzeptionen erfolgt, und zwar als Entwicklung der so genannten **klassischen Führungsstile**. Sie gehen zurück auf den bereits zuvor genannten K. Lewin und unterscheiden in:

Die klassischen Führungsstile

- **autoritärer** Führungsstil,
- **kooperativer** Führungsstil,
- **Laisser-faire**-Führungsstil.

Da sich zeigte, dass ein Laisser-faire-Führungsstil im Sinne eines Laufenlassens, eines eher Nicht-Führens, zu schlechteren Ergebnissen einer Arbeitsgruppe führt als selbst ein autoritärer Führungsstil, erfolgte lange Zeit die Konzentration auf die beiden anderen. Da in der Praxis ein autoritärer, imperativer Führungsstil oder ein kooperativer Führungsstil selten in Reinkultur anzutreffen ist, hat die Darstellung von Tannenbaum/Schmidt weite Verbreitung gefunden, da sie prägnant entsprechende Zwischenstufen aufzeigt.

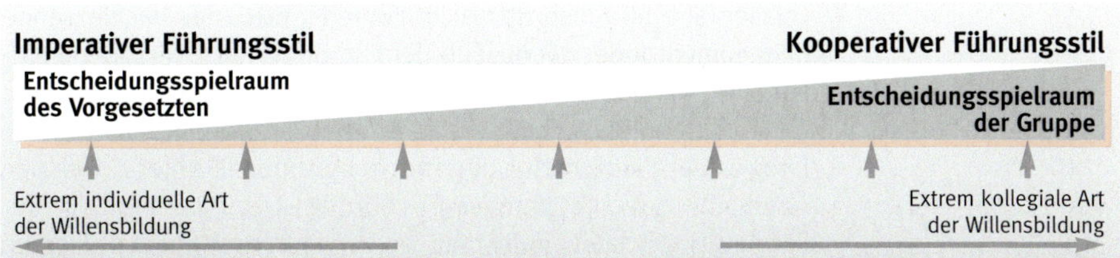

1	2	3	4	5	6	7
Vorgesetzter entscheidet ohne Konsultation der Mitarbeiter	Vorgesetzter entscheidet; er ist aber bestrebt, die Mitarbeiter von seinen Entscheidungen zu überzeugen, bevor er sie anordnet	Vorgesetzter entscheidet; er gestattet jedoch Fragen zu seinen Entscheidungen, um durch deren Beantwortung Akzeptanz zu erreichen	Vorgesetzter informiert seine Mitarbeiter über beabsichtigte Entscheidungen; die Mitarbeiter haben die Möglichkeit, ihre Meinung zu äußern, bevor der Vorgesetzte die Entscheidung trifft	Die Gruppe entwickelt Vorschläge; aus den gemeinsam gefundenen und akzeptierten Vorschlägen entscheidet sich der Vorgesetzte für denjenigen, den er am besten findet	Die Gruppe entscheidet, nachdem der Vorgesetzte zuvor das Problem aufgezeigt und die Grenzen des Entscheidungsspielraumes festgelegt hat	Die Gruppe entscheidet, der Vorgesetzte ist Koordinator des Entscheidungsprozesses und vertritt den Entscheid nach außen

Abb. 6.2: Führungsstile: Mitarbeiterbeteiligung nach Tannenbaum/Schmidt

Hierauf aufbauend hat der Verfasser eine Erweiterung vorgenommen.

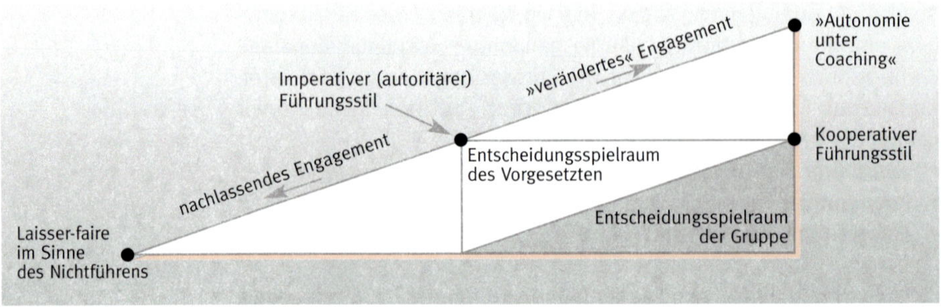

Abb. 6.3: Erweiterte Darstellung zum integrativen Führungsstil

Dabei wurde die sich in der Darstellung von Tannenbaum/Schmidt durch die Erweiterung des Entscheidungsspielraums der Gruppe ergebende Verringerung beim Vorgesetzten nach links hin übernommen (ohne Entwicklung der Gruppe) sowie nach rechts oben ausgeglichen, sodass sich zwei zusätzliche Punkte und Führungspositionen ergeben:

- Laisser-faire im Sinne des Nicht-Führens, d.h., das nachlassende Engagement (oder der Ausfall) der Führungskraft erfolgt ohne entsprechende Vorbereitung der Mitarbeiter, den dabei freigewordenen Spielraum auszufüllen.
- Integrativer Führungsstil oder auch »Autonomie unter Coaching« oberhalb des kooperativen Führungsstils. Der Anteil der Führungskraft bleibt konstant, er verlagert sich jedoch, woraus sich zwei Aufgabenschwerpunkte ableiten:
  - **Coaching**: Die Führungskraft bleibt als »Coach« verantwortlich, die Mitarbeiter vorzubereiten und zu unterstützen, die in ihrem Arbeitsbereich liegenden Problemstellungen weitgehend selbstständig zu lösen; der Vorgesetzte unterstützt die Mitarbeiter in dem Sinne, sie bei weitgehender Selbstentfaltung zu Spitzenleistungen zu befähigen.
  - Als »Manager« ist er zuständig, die notwendigen **Rahmenbedingungen** zu schaffen und dem Team die erforderlichen Ressourcen zur Verfügung zu stellen; hierzu gehören auch klare Zielvorgaben sowie die Abstimmung innerhalb des Unternehmens mit der Geschäftsleitung und den übrigen Bereichen.

Auf weitere Einzelheiten zu Führungsstilen muss hier im Rahmen der Einführung verzichtet werden.

7 Führung und Organisation

7.1 Führungsaufgaben

Im letzten Abschnitt des vorangegangenen Kapitels wurde bereits unter »Mitarbeiterführung« auf Führung eingegangen, insbesondere auf den personenbezogenen Aspekt. Aus der dort bereits gegebenen Definition: *»Führung ist die zielgerichtete Gestaltung, Steuerung und Überwachung einer Unternehmung/Organisation als sozio-technisches System im Hinblick auf sachbezogene und personenorientierte (individuelle und kollektive) Dimensionen, wobei zugleich die Wechselbeziehungen zu den Umfeldbedingungen und der jeweiligen Situation zu beachten sind«* leiten sich die Dimensionen der Führung ab und letztendlich auch die Funktionen im Führungsprozess.

Dimensionen der Führung

Die zu beachtenden Aspekte, Dimensionen sind somit:

- **Gestaltung, Steuerung und Überwachung:** Dieser Punkt hat auch formal engen Bezug zu den Führungsfunktionen im Prozessablauf, wobei hier bewusst das konzeptionelle und richtunggebende Handeln als Gestaltung bezeichnet wurde und nicht als Planung (wie häufig), da auch in anderen Bereichen der Steuerung, Durchführung, Überwachung, Kontrolle, Organisation etc. geplant wird.
- **Zielgerichtetheit:** Dies betont, dass wirtschaftlicher Erfolg als Grad sowie Art und Weise der Zielerreichung angesehen werden kann. Im Mittelpunkt steht zielgerichtetes Handeln.

Im Mittelpunkt steht zielgerichtetes Handeln

Abb. 7.1: Zielorientiertes Handeln

- **Unternehmen als sozio-technisches System:** Auf diese Betrachtung wurde schon an einigen Stellen eingegangen, wobei die systemische Sichtweise hier nicht weiter behandelt, aber im Rahmen der Entwicklungen der BWL nochmals angesprochen wird.
- **Sach- und Personenorientierung:** Im engen Zusammenhang zum vorgenannten Punkt leiten sich hieraus die sachbezogenen Aufgaben ab, die im Zusammenhang mit den in den vorangegangenen Kapiteln beschriebenen Unternehmensbereichen entsprechende Fachkompetenz erfordern, so wie der personenbetonte Aspekt soziale Kompetenz etc. verlangt (s. Mitarbeiterführung).

Fach- und Sozialkompetenz

- **Umfeldbedingungen und Situation:** Dies bezieht auch die systemische Verbundenheit des Unternehmens mit seinem Umfeld und die Notwendigkeit, Führung in der konkreten Anwendung situationsbezogen zu gestalten, ein.

Führung ist im Rahmen dieser Dimensionen sowohl nach innen als auch nach außen gerichtet, indem im Betrieb die entsprechenden Aufgaben zu erfüllen sind, bei gleichzeitiger Ausrichtung an den Bedingungen des Umfeldes und insbesondere der erfolgreichen Positionierung des Unternehmens im Markt.

Führung ist nach innen und nach außen gerichtet

7.1.1 Führungsfunktionen und Führungsprozess

Die Führungsfunktionen werden unterschiedlich gegliedert, traditionell zunächst in einer Dreiteilung (in Anlehnung an die aus dem dispositiven Produktionsfaktor abgeleiteten Funktionen): Planung – Organisation – Überwachung. Andere Einteilungen sind: Entscheidung – Durchführung – Kontrolle bzw. sonst auch gebräuchlich Planung – Durchführung – Kontrolle.

Auf E. Heinen und die von ihm vertretene entscheidungsorientierte Unternehmensführung gehen die zwei Phasen Willensbildung und Willensdurchsetzung zurück, letztere wiederum unterteilt in Durchführungs-/Realisationsphase und Kontrollphase; die Willensbildung als Entscheidungsprozess gliedert sich in Anregungs-, Such- und Auswahl-/Optimierungs-Phase.

Entscheidungsorientierte Unternehmensführung

Ähnlich kommt auch der Management-Kreis zu fünf Schritten und letztendlich auf drei Phasen im Prozess:

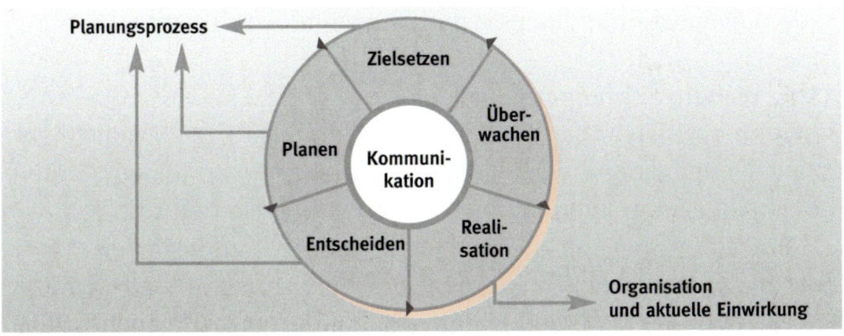

Abb. 7.2: Management-Kreis

Teilweise werden auch ganze Funktionskataloge des Führens entwickelt, wobei sich manchmal funktionsbezogene Sichtweisen mit institutionsorientierten Strukturelementen mischen. Insbesondere bei arbeitsteilig strukturierten Betrieben gilt: Führen erfordert einerseits, aus Gesamtzielen Einzelaufgaben abzuleiten und diese den verschiedenen Stellen und Gruppen im Unternehmen zuzuweisen, auf der anderen Seite steht die Koordinationsfunktion, durch die die Tätigkeiten der unterschiedlich im Betrieb beschäftigten Personen und Gruppen zu einem sinnvollen Ganzen abgestimmt werden.

Als Mittel steht hier insbesondere die Organisation zur Verfügung. Die Führung hat sowohl bei der Umsetzung der Ziele als auch bei der Kontrolle sach- ebenso wie personenbezogene Aufgaben zu übernehmen, sodass sich daraus **fünf Funktionen** ableiten lassen:

Eine der Gliederungsmöglichkeiten

1) **Zielbestimmung:** Sie erfolgt durch Planen und Entscheiden, wobei zugleich ein Ausgleich zwischen den verschiedenen Zielen im Unternehmen zu finden ist; sie betrifft die gedankliche Vorwegnahme dessen, was sein soll.
2) **Aufgabenverteilung und Koordination:** Durch Gliederung und Analyse des Unternehmens als umfassendes Gebilde sowie seiner komplexen Gesamtaufgaben werden die einzelnen Teilbereiche und Prozesse deutlich, die andererseits wiederum in Abstimmung zueinander zu bringen sind – ihnen dient in der Struktur und Ablaufgestaltung die Organisation.
3) **Anleitung anderer zum Handeln:** Diese Funktion betont den mitarbeiter-, personenbezogenen Aspekt.
4) **Kontrolle (sachbezogen):** Sie erfolgt durch Vergleich der geplanten und der realisierten Größen, bei Abweichungen durch Analyse und Ursachenforschung. Sie hat Informationen zu liefern für eine geeignete Gegensteuerung.
5) **Auswahl, Förderung und Bewertung der Mitarbeiter:** Hierin kommt der personenbezogene Aspekt der Überprüfung zum Ausdruck, aus dem eventuell Handlungsbedarf abgeleitet werden kann.

7.1.2 Weitere Führungsaspekte

Bevor im nachfolgenden Abschnitt auf Führungs- bzw. Management-Ebenen eingegangen wird, sollen nachfolgend kurz einige weitere Problemkreise der Führung erwähnt, aber nicht vertieft werden.

Wer ist Führungskraft und welche Anforderungen sind hinsichtlich der Kompetenz zu stellen?

Neben dem angesprochenen Führungsprozess und den Funktionen steht die Frage nach den **Führungselementen**, also Führungskräften, Mitarbeitern und Gruppen, Führungssituation und Führungseffizienz. Hierzu gehört insbesondere die Behandlung der Frage, wer Führungskraft ist und welche Anforderungen hinsichtlich der Kompetenz etc. zu stellen sind. Dabei kann Kompetenz untergliedert werden hinsichtlich der Befugnis und der Befähigung zum Führen – hierzu gehören auch Fragen der organisatorischen Eingliederung und der Autorität.

Führungsbereiche werden einerseits untergliedert in Unternehmens-, Bereichs-, Gruppen- und Individualführung sowie andererseits die Bereichsführung in Bezug auf die verschiedenen Unternehmensbereiche wie Beschaffung, Produktion, Absatz, Personal, Finanz etc. mit den spezifischen Anforderungen.

Führungsinstrumente sind neben dem bereits erwähnten Führungsstil Führungstechniken und Führungsmittel, mit denen den Führungskräften zur erfolgreichen Erledigung ihrer Aufgabe eine Fülle von Methoden, Verfahrens- und Verhaltensweisen an die Hand gegeben werden sollen, die ihrerseits wieder in unterschiedlicher Weise verknüpft und situationsgerecht angewendet werden können. Teilweise wird bei Führungstechniken auch von Führungskonzepten gesprochen.

Führungstechniken und Führungsmittel

Schließlich sei noch hinzuweisen auf die verschiedensten **Führungsmodelle** zur Unterstützung der Führung als Management-Funktion.

7.2 Management-Ebenen

Teilweise werden die Begriffe Management- oder Führungs-Ebene gleichgesetzt mit Führungs- bzw. Unternehmens-Hierarchie, d.h., es geht dann um die Einteilung der Führungskräfte in die oberste (Top), mittlere oder untere Führungs-/Management-Ebene mit der jeweiligen Zuteilung von Weisungs- und Entscheidungsbefugnis. Das wird hier im Rahmen der Aufbauorganisation (vgl. 7.4.1) kurz behandelt.

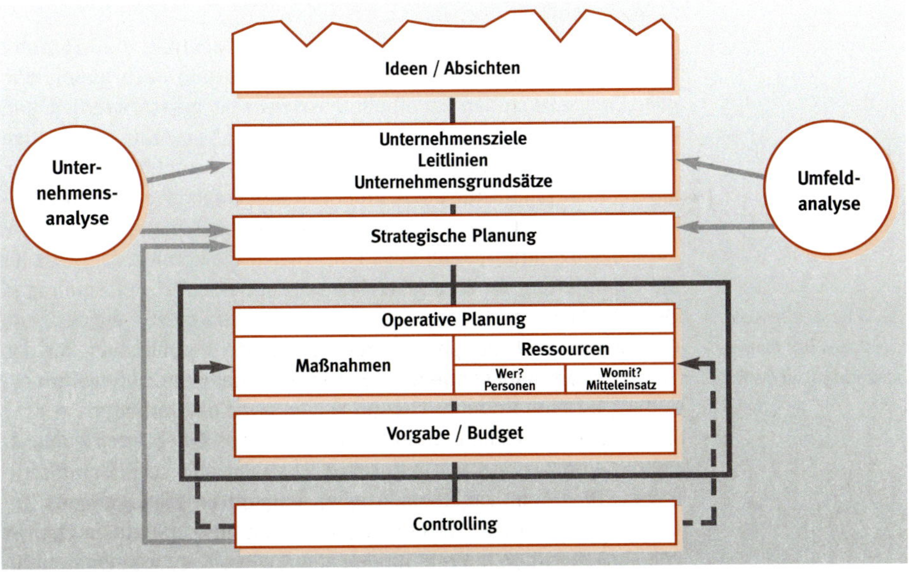

Abb. 7.3: Phasen zielorientierter Unternehmensführung

Management-Ebenen werden bezogen auf die Planungsebenen

In diesem Buch werden die Management-Ebenen jedoch bezogen auf die Planungsebenen, da die Führungskraft auf den jeweiligen Ebenen nicht nur für die Planung, im Sinne einer gedanklichen Vorwegnahme des Handelns, zuständig ist, sondern auch für die Umsetzung (Durchführung, Realisation) sowie deren Überwachung und ggf. daraus erforderlichen Korrekturmaßnahmen. Dabei wird den **Phasen einer zielorientierten Unternehmensführung** gefolgt, siehe vorausgehende Abbildung. Entsprechend wird in den folgenden Unterabschnitten zunächst das normative, strategische und operative Management behandelt sowie das Controlling als Unterstützung des Managements. Abschließend werden andere Systematisierungen und abweichende Gliederungen angesprochen.

7.2.1 Normatives Management

Normatives Management kann als »Verfassung« des Unternehmens betrachtet werden

Aus Visionen und übergeordneten Ideen für das Unternehmen leiten sich die Unternehmensziele ab. Sie bilden die **unternehmenspolitische Rahmenplanung in Form allgemeiner Grundsätze**

- zum Unternehmensgegenstand,
- zur Mitarbeiterführung,
- zum Verhältnis gegenüber eventuellen Beteiligungsgesellschaften,
- zum Umgang mit Geschäftspartnern etc.
- sowie zunehmend zur gesellschaftspolitischen und ökologischen Verantwortung.

Sie sind **übergreifende Leitlinien**, welche die Identität, die »Corporate Identity«, eines Unternehmens nach innen und nach außen prägen. Einerseits sollen Unternehmensziele weit gefasst werden und auf wesentliche Grundsätze konzentriert sein, um eine langfristige Kontinuität zu sichern. Andererseits müssen sie konkret genug sein, um als Richtschnur für die letztendlich aus ihnen abgeleiteten Maßnahmen und Vorgehensweisen des Unternehmens dienen zu können.

Unternehmensziele können Unternehmenskultur gestalten und motivierend wirken auf die Mitarbeiter

Überzeugend formulierte Unternehmensziele können die **Basis für die Orientierung an Wertsystemen** sein und Antwort auf Sinnfragen geben. Zugleich müssen sie im Unternehmen gelebt werden, um glaubwürdig zu sein, sie sind also auch eine Verpflichtung für das Verhalten der Manager. In diesem Sinne können sie Unternehmenskultur gestalten und motivierend wirken auf die Mitarbeiter.

Es ist sinnvoll, die grundlegenden Prinzipien einer Unternehmenspolitik, -verfassung und -kultur möglichst klar und schriftlich festzuhalten. Dies kann im Rahmen eines **normativen Managements** geschehen. Es ist dabei den strategischen und den operativen Ebenen vorgeschaltet, durch die es zugleich im Rahmen der jeweiligen aktuellen Gegebenheiten konkretisiert und umgesetzt wird. Hierbei sind entsprechende Abstimmungen erforderlich und eine Vielzahl wechselseitiger Beeinflussungen zu beachten. Daher kann auch zusammenfassend von einem **Integrativen Management** gesprochen werden.

Management			
Elemente / Prägungen	**normatives**	**strategisches**	**operatives**
Struktur	Unternehmensverfassung	Organisationsstruktur Managementsysteme	Organisatorische Prozesse Dispositionssysteme
Verhalten	Unternehmenskultur	Problemlösungsverhalten	Leistungs- und Kooperationsverhalten
Orientierung	Visionen Leitideen	Schaffung künftiger Erfolgspotenziale	Nutzung bestehender Erfolgspotenziale
Umsetzung	→	Konzepte Programme	Aufträge Maßnahmen Ressourcenzuteilung
Aktivitäten		→	z.B. Budget Handlungsabläufe

Abb. 7.4: Zusammenhänge im Integrativen Management

7.2.2 Strategisches Management

Im Rahmen der strategischen Planung werden **grundsätzliche Wege zur Erreichung der Ziele** aufgezeigt.

→ *Hier gilt es vor allem, zukünftige Erfolgspotenziale zu erkennen, aufzubauen und zu sichern, durch die langfristig Existenz, Erträge und Entwicklung des Unternehmens gewährleistet werden.*

Die strategische Planung gehört zu den wesentlichen Verantwortungsbereichen des Top-Managements. Es geht jedoch nicht nur um die Planung, sondern darüber hinaus um **Umsetzung** und **Überwachung** der gewählten Wege, deshalb wird hier vom **strategischen Management** gesprochen.

Der Entwicklung von Strategien gehen Analysen voraus

Der Entwicklung von Strategien gehen zweckgerichtete Analysen voraus, die sich entsprechend der Zielsetzung nicht nur auf die gegebene Situation beziehen, sondern auf die Entwicklungen und die Zukunft, in der sich die Strategien bewähren müssen. Insoweit sind

Prognosen und Trendanalysen einzubeziehen. Gegenstand der Betrachtungen ist das Umfeld mit seinen Chancen und Risiken sowie das Unternehmen selbst mit seinen Stärken und Schwächen.
Im Mittelpunkt der Strategieentscheidungen stehen:

- Auswahl der **geeigneten Geschäftsfelder**, die einerseits ausreichendes Wachstumspotenzial erwarten lassen und auf denen sich das Unternehmen andererseits erfolgreich behaupten kann.
- Entwicklung einer Strategie, wie das Unternehmen auf diesen Geschäftsfeldern agieren will; von großer Bedeutung ist dabei die Entwicklung so genannter **strategischer Wettbewerbsvorteile**, d.h. der Fähigkeit des Unternehmens, auf dem relevanten Aktivitätsfeld marktgerechte Leistungen und Nutzen zu bieten, die aus der Sicht des Kunden besser bewertet werden als die der Wettbewerber. Inwieweit dies gelingt, zeigt sich auch im (absoluten und relativen) Marktanteil.

Entwicklung einer Strategie

Die Innovationsfähigkeit eines Unternehmens hat wesentlichen Einfluss darauf, wie gut es gelingt, sich erfolgreich auf veränderte Markt- und Umfeldbedingungen einzustellen und entsprechende **Erfolgspotenziale** aufzubauen und zu sichern.

Effektivität: Die richtigen Dinge tun

In Verfolgung des Wirtschaftlichkeitsprinzips geht es beim strategischen Management vorrangig im Sinne von Effektivität darum:

→ *»Die richtigen Dinge zu tun«.*

7.2.3 Operatives Management

Hier steht hingegen im Vordergrund:

→ *»Die Dinge richtig zu tun«,*

Effizienz: Die Dinge richtig tun

also im Sinne von Effizienz zu handeln, d.h. mit einer optimalen Relation zwischen Output und Input (Leistungserbringung zum Mitteleinsatz) ein bestmögliches Ergebnis zu erzielen.

Während beim strategischen Management der Aufbau und die Sicherung von Erfolgspotenzialen im Mittelpunkt steht, ist das operative Management auf die **Ausschöpfung vorhandener Erfolgspotenziale** ausgerichtet und **ergebnisorientiert**. In der operativen Planung werden für einen überschaubaren Zeitraum (zumeist ein Jahr, häufig unterteilt in Monats-/Quartals-Abschnitte) die konkreten Aufgaben (Zielvorgaben) sowie die geeigneten Maßnahmen festgelegt. Zur Durchführung der Maßnahmen sind, bezogen auf Personal- und Sachmittel, entsprechende Ressourcen bereitzustellen.

Es geht um die Fragen: **Wer tut was (wozu), womit und wann?** Restriktionen sind die verfügbaren Ressourcen. Bei der Entscheidung über Alternativen ist die effizienteste auszuwählen.

Operatives Management sollte sich an den Leitlinien der strategischen Planung orientieren, um beispielsweise bei Alternativentscheidungen über den Einsatz begrenzter Ressourcen weniger vergangenheitsbezogen zu denken, sondern **zukünftige Entwicklungen und Chancen zu beachten**. Häufig wird die Ansicht vertreten, dass das operative Management im Wesentlichen die Umsetzung des strategischen sei. Dies erscheint als eine zu enge Sicht – beide Bereiche sind von unterschiedlichen Denkansätzen geprägt:

Wer tut was (wozu), womit und wann?

- die strategische an Aufbau und Sicherung künftiger Potenziale,
- die operative an der sinnvollen Nutzung bestehender.

Anders ausgedrückt kann man auch sagen:

→ *Die operative Planung orientiert sich am Engpass, die strategische versucht, Engpässe zu beseitigen.*

Zum Aufbau solcher künftigen Erfolgspotenziale ist in aller Regel der Einsatz von (sachlichen und personellen) Ressourcen erforderlich, die damit nicht für die Nutzung zur Erzielung von Erträgen in der laufenden Periode (einer wesentlichen Messgröße für das operative Management) zur Verfügung stehen. Insoweit folgt das operative Management nicht nur dem strategischen, sondern kann auch zu ihm in einem Spannungsverhältnis stehen, das es im Rahmen eines integrativen Managements zu beurteilen und zu entscheiden gilt.

Eine besonders weitgehende Fixierung operativer Planung ist das **Budget**, in dem zugleich auch der Mitteleinsatz für Strategieumsetzungen bereitzustellen ist: Mit dem Budget werden einer organisatorischen Einheit (beispielsweise einer Abteilung, einem Profit-Center, einem Projekt etc.) für die Erledigung und Durchführung der ihr übertragenen Aufgaben (Zielvorgaben, Maßnahmen) bestimmte Mittel (ausgedrückt als finanzielle Zielgrößen) für einen festen Zeitraum (Planungsperiode) zur Verfügung gestellt.

Das Budget ist eine besonders weitgehende Fixierung operativer Planung

→ *Mit der Erstellung eines Budgets gewinnt die Planung einen besonders hohen Grad an Detailliertheit, Transparenz und Verbindlichkeit.*

Die folgende Abbildung zeigt nicht nur die Überleitung der geplanten Maßnahmen einer Periode in ein Budget, sondern ebenfalls die verschiedenen Auswertungsmöglichkeiten des Budgets, beispielsweise hinsichtlich der Ergebnisrechnung, der Finanzierung und eventueller Planbilanzen.

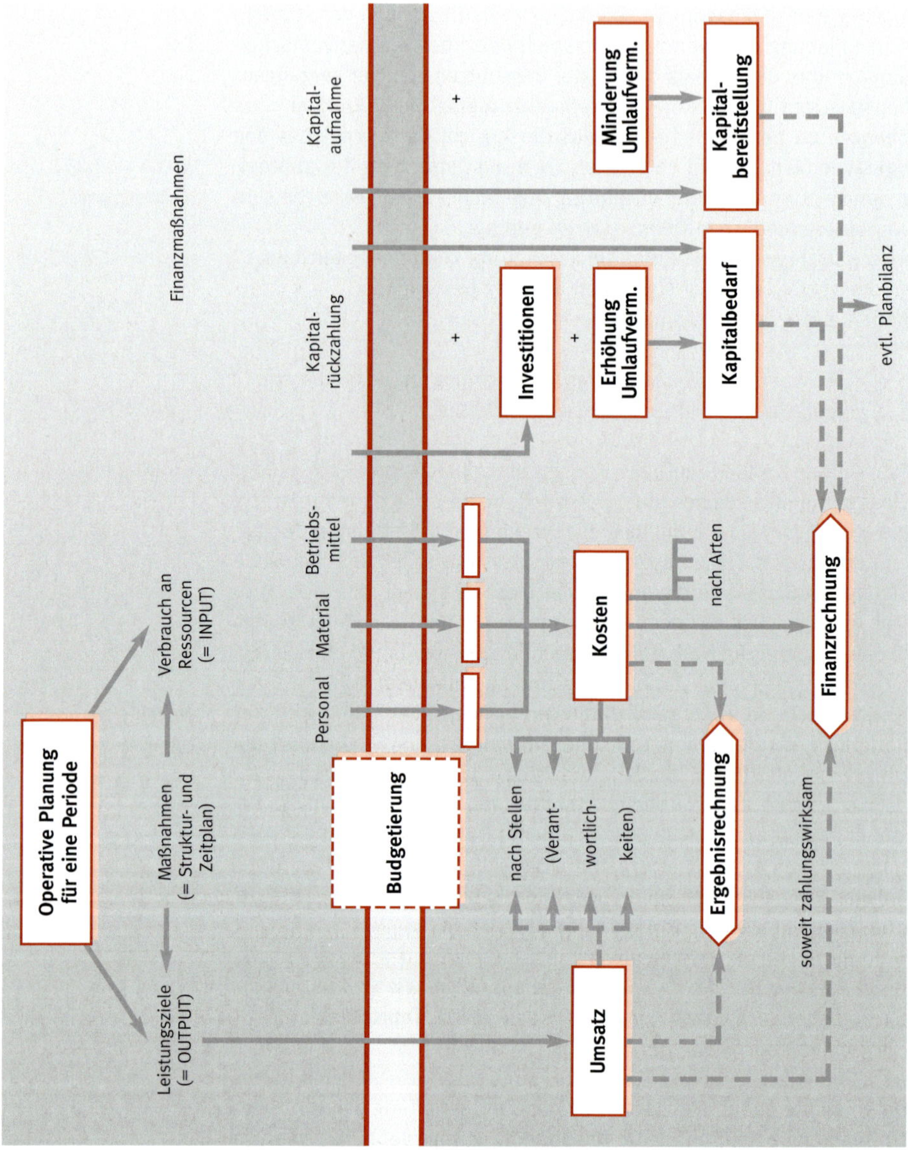

Abb. 7.5: Operative Planung und Budgetierung

Soweit das Unternehmen über einen selbstständigen Controlling-Bereich verfügt, unterliegt die Budgetierung deren Federführung, wenn auch in enger Abstimmung mit dem jeweils zuständigen Management.

Budgetierung fällt in den Controlling-Bereich

7.2.4 Controlling

Das Controlling unterstützt das Unternehmen in den Zielbildungs-, Planungs-, Realisierungs-, Kontroll- und Informationsprozessen, während die Umsetzung in der Verantwortung der Geschäftsführung bzw. der entsprechenden Bereichsleitungen verbleibt.

Zugleich steht Controlling für eine zielorientierte und auf Überprüfbarkeit ausgerichtete Führungskonzeption im Sinne einer Ergebnissteuerung durch Zahlen. Der Begriff leitet sich vom englischen Verb »to control« ab, das mit lenken, steuern, regeln, planen, kontrollieren, überwachen etc. zu übersetzen ist. Dies zeigt, dass Controlling weit über die verwandt klingende Bezeichnung »Kontrolle« hinausgeht.

Controlling hat unterstützende Funktion

Wesentliche Controlling-Funktionen sind:

- **Informationsaufbereitung und Zurverfügungstellung** einschließlich eines entsprechenden Berichtswesens;
- **Unterstützung und Aufeinander-Abstimmen der Planung** im gesamten Unternehmen und für die einzelnen Bereiche, z. B. auch durch Budgetierung und entsprechend einheitliche Richtlinien;
- **Abweichungsfeststellung und Ursachenanalyse**, beispielsweise durch Soll-Ist-Analysen (Vorgabe/Realisierung), Ist-Ist-Analysen im Zeitvergleich oder Plan-Wird-(Ist-Könnte-)Analysen zur Abschätzung und Beurteilung zukunftsbezogener Erwartungen; durch Anregungen für Maßnahmen zur Gegensteuerung bei eingetretenen Störungen; auch wenn die Umsetzungsverantwortung beim jeweiligen Management liegt, kann hier dem Controlling eine bereichsübergreifende Koordinationsfunktion zukommen.

So vielfältig wie die Definitionen des Controllings in der Theorie und die Ausgestaltung in der Praxis sind, ist auch die entsprechende Einbindung innerhalb der Organisation, worauf hier nicht weiter eingegangen wird. Häufig erfolgt heute eine Unterteilung in operatives und strategisches Controlling mit den entsprechenden Zielsetzungen und Schwerpunkten.

7.2.5 Andere Systematisierungen

In der Literatur gibt es eine Fülle unterschiedlicher Einteilungen in Planungs- bzw. Management-Ebenen:

- Bei einer Zweiteilung wird lediglich in strategische und operative Ebene unterschieden, wobei zumeist die Festlegung der Unternehmensziele dann in den strategischen Bereich integriert ist.
- Oftmals wird auch eine zusätzliche **taktische Ebene** ausgewiesen, teilweise zwischen strategischer und operativer angesiedelt, teilweise auch unterhalb der operativen Ebene. Manches mag für eine zusätzliche Unterteilung sprechen, andererseits gehen in der begrifflichen Abgrenzung Trennschärfen verloren.
- Die Entwicklung von Unternehmenszielen wird manchmal als eigenständige Ebene vorgeschaltet, so wie in den vorangegangenen Ausführungen das normative Management im Rahmen eines integrativen Managements.

Durch die verschiedenen Möglichkeiten der Auswahl und Kombination der Ebenen ergeben sich dann zwei-, drei- und viergliedrige Theorieansätze der verschiedenen Autoren.

7.3 Ziele

Ziele haben entscheidende Bedeutung in der Betriebswirtschaft.

→ *Erfolg wird gemessen an der Zielerreichung.*

Ziele sind die gedankliche Vorwegnahme künftiger Entwicklungen und Handlungen

Um Planungen und Handlungen erfolgsorientiert auszurichten, bedarf es also einer Zielklarheit. Ziele sind die gedankliche Vorwegnahme künftiger Entwicklungen und Handlungen. So stehen sie zugleich für den Anfang und für das Resultat am Ende.

Ausgangspunkt für Ziele sind zumeist Wünsche und Bedürfnisse, deren Befriedigung als Nutzen angesehen wird

Ausgangspunkt für Ziele sind zumeist Wünsche und Bedürfnisse, deren Befriedigung als Nutzen angesehen wird. Die Bedeutung, die einem Ziel und seiner Erreichung zugemessen wird, hängt also entscheidend ab von dem dabei erwarteten Nutzen. Dieser Zusammenhang ist von wesentlicher Bedeutung sowohl für das Abwägen zwischen verschiedenen Zielen als auch für die Frage, inwieweit andere für die gleichen Ziele begeistert, motiviert und aktiviert werden können. Insoweit werden die Ziele eines Unternehmens auch geprägt von den jeweiligen Nutzenerwartungen der verschiedenen Beteiligten.

Üblicherweise wird die Beschreibbarkeit von Zielen unterteilt in **qualitative** und **quantitative** (in Zahlen, Messgrößen ausdrückbar), letztere nochmals unterteilt in **monetäre** und **nicht-monetäre**.

7.3.1 Ziele im Verhältnis zueinander

Werden mehrere Ziele und Absichten gleichzeitig verfolgt – was der praktischen Realität häufig entspricht –, so können sie sich gegenseitig ergänzen oder im Widerspruch zueinander stehen und behindern. Entsprechend können Ziele im Verhältnis zueinander sein:

Ziele können sich gegenseitig ergänzen oder im Widerspruch zueinander stehen

- **Komplementär:** D. h., sie fördern sich gegenseitig, die Erreichung eines Zieles führt zugleich zu einer Verbesserung beim anderen.

Beispiel

Verkürzung der Durchlaufzeiten in der Produktion und Minderung der Kapitalbindung.

- **Konkurrierend:** Maßnahmen zur Erreichung des einen Zieles führen gleichzeitig zu einer Minderung beim anderen.

Beispiel

Kleinere Serien bei Auftragsfertigung (statt Produktion auf Lager) gegenüber einer Senkung der Rüstkosten.

- **Indifferent:** Die Ziele sind in ihrer Wirkung zueinander neutral.

Werden Ziele als nicht miteinander vereinbar angesehen, so ergeben sich **Zielkonflikte**. Dies ist zunächst bei tatsächlicher, aber auch bei vermeintlicher Konkurrenz der Fall. Sogar anfangs neutrale oder gar komplementäre Ziele können zu Zielkonflikten führen, wenn bei den zur Erreichung vorgesehenen Maßnahmen auf gleiche – nicht ausreichend vorhandene – Ressourcen zurückgegriffen wird; dies kann sich im Unternehmen in vielfältiger Weise ergeben, häufig auch in Bezug auf verfügbare Finanzierungsmittel. Eine weitere Konfliktmöglichkeit kann sich aus der zeitlichen Perspektive ergeben, indem Maßnahmen langfristig zur Gewinnerhöhung beitragen, für die laufende Periode aber zu einer Gewinneinbuße führen, beispielsweise durch hohe Umstellungskosten.

Auch anfangs neutrale oder gar komplementäre Ziele können zu Zielkonflikten führen

Zielkonflikte können im Betrieb in vielfältiger Weise auftreten: innerhalb eines Sachgebietes, zwischen verschiedenen Unternehmensbereichen und Abteilungen – auch **innerorganisatorischer Konflikt** genannt – oder als **Individualkonflikt**, wenn Spannungen entstehen bei persönlichen Zielen der Beteiligten oder zwischen den persönlichen und betrieblichen Zielen.
Zielkonflikte erfordern besondere Abwägungen und Entscheidungen.

7.3.2 Ziele und Entscheidungen

Entscheidungen werden zunehmend zu einem Zentralbegriff der Betriebswirtschaftslehre – u.a. in der Literatur E. Heinen mit seinem Konzept einer entscheidungsorientierten Betriebswirtschaftslehre. Die Definition des Begriffs »Entscheidung« ist, wie so oft, unterschiedlich, jedoch können als grundlegende Kriterien angesehen werden:

Grundlegende Kriterien für den Begriff »Entscheidung«

- die Möglichkeit der **Wahl** für eine von zwei oder mehreren Alternativen;
- das **bewusste Erfolgen der Wahlhandlung** (dies wird zumindest stillschweigend unterstellt);
- **Verbindlichkeit der Entscheidung;** d. h. der Abschluss gedanklicher Überlegungen und die Vorgabe für anschließendes Verhalten und Handeln.

Hieraus ergeben sich als Fragestellungen:

- Bestimmung relevanter Alternativen,
- Ermittlung der jeweils damit verbundenen Konsequenzen und Auswirkungen,
- Festlegung sinnvoller Entscheidungskriterien für die zu treffende Auswahl.

In der Entscheidungslehre dominieren zwei Konzeptionen:

1) **Normative (preskriptive) Entscheidungstheorie:** Untersucht die logischen Grundlagen und entwickelt formale Regeln für optimale, rational nachvollziehbare Entscheidungen.
2) **Beschreibende (deskriptive) Entscheidungstheorie:** Sie versucht, Antworten zu finden auf die Frage, wie und warum Entscheidungen in der Wirklichkeit so und nicht anders getroffen werden.

Im ersten Fall wird nach weitgehend **objektiven Entscheidungsregeln** gesucht, indem der Entscheider selbst als rein rational handelnd und über die nötigen Informationen verfügend angesehen wird, sog. **»Homo ökonomikus«**, eine Fiktion, die gerade früher in verschiedenen Bereichen der Wirtschaftswissenschaften angewendet wurde.

Im zweiten Fall steht das Entscheidungssubjekt in seiner **Individualität** sowie der **sozialen Verbindung zu anderen**, die mitentscheiden oder beeinflussen, im Vordergrund.

Personen (Subjekte) entscheiden über den Entscheidungsgegenstand (Objekt)

Tatsächlich scheint es so zu sein, dass beide Aspekte zu berücksichtigen sind: Personen (Subjekte) entscheiden über den Entscheidungsgegenstand (Objekt). Der Verfasser hat diese Verbindung als **integrative Entscheidungstheorie** benannt, bei der es im Entscheidungsprozess darum geht, Klarheit zu gewinnen über die Entscheidungsgrundlagen, die Alternativen, deren jeweilige Auswirkungen und Konsequenzen sowie die Entscheidungskriterien.

Abb. 7.6: Entscheidungstheorien

7.3.3 Ziele und Delegation

Da Ziele Grundlage des Handelns sind, muss auch für die Koordination der verschiedenen Tätigkeiten im Betrieb eine entsprechende Zielklarheit herrschen. Gerade auch, wenn Aufgaben mit entsprechender Kompetenz und Entscheidungsfreiheit über die Art der Durchführung delegiert werden sollen, sind eindeutige Zielvorgaben notwendig. Sie dienen in der Planung zur Abstimmung mit Tätigkeiten in anderen Bereichen, in der Umsetzung als Orientierung sowie als Vergleichsmaßstab für Überwachung und Kontrolle. Hierzu müssen die Ziele

Für die Koordination der verschiedenen Tätigkeiten im Betrieb muss Zielklarheit herrschen

- **funktional** sein, d.h. realistisch und realisierbar,
- **operational** sein, also präzise und messbar, sodass sie als Vorgabe und zur Überprüfung dienen können.

Damit **Ziele als Anweisung** dienen können, sind nachfolgende Dimensionen zu spezifizieren:

- **Inhalt:** Um was geht es, z. B. Senkung der Reklamationsquote;
- **Ausmaß:** Konkretisierung zu einer messbaren Vorgabe, z. B. Senkung der Reklamationsquote um 10% oder auf 2% vom Umsatz;
- **Zeit:** Bis wann soll das Ziel erreicht werden bzw. für welchen Zeitraum gilt es, z. B. ab April jeweils im Quartalsschnitt.

Ziel-Dimensionen

Neben diesen drei gebräuchlichen Dimensionen ist es sinnvoll, wegen der Handlungsorientierung von Zielvorgaben zu ergänzen:

- **Personenzuordnung:** Wer soll dafür zuständig sein, beispielsweise der Verkaufsleiter (möglich wäre auch der Produktionsleiter, ein spezielles Projektteam etc.).
- **Handlungsbezug:** Pläne werden erst zu wirklichen Zielen, wenn die notwendigen Handlungen zur Realisation beschlossen werden, dazu ist es erforderlich, auch die benötigten Ressourcen bereitzustellen und ggf. Handlungsbedingungen zu beschreiben.

Im Unternehmen sind eine Fülle von Zielen zu beachten. Die Versuche, Unternehmensentscheidungen allein auf die Gewinnmaximierung als oberstes Ziel auszurichten – und dabei zumeist zusätzlich von der Abstraktion eines »Homo ökonomikus« auszugehen –, sind geeignet, Zusammenhänge aufzuzeigen, spiegeln aber nicht die gesamte betriebliche Wirklichkeit wider. Auch die Versuche, Ordnungssysteme oder Hierarchien der Ziele zu entwickeln, haben nur bedingt zu befriedigenden Lösungen geführt – sie reichen teilweise im Sinne von Kennzahlensystemen zur Analyse, nicht aber, um die vielfältigen Einflüsse auf die betriebliche Willensbildung zu beschreiben.

Zielbestimmungen im Unternehmen sind zugleich auch ein Spiegelbild von Macht- und Interessenvertretungen

Dennoch erscheint es sinnvoll, die Bedeutung der verschiedenen Ziele transparent zu machen. Der Verfasser hat hierfür den Begriff des **Zielszenarios**, eines Zielbildes, gewählt. Hiermit kann verdeutlicht werden, dass Zielbestimmungen im Unternehmen zugleich auch ein Spiegelbild von Macht- und Interessenvertretungen sind – in dem bereits zuvor angesprochenen Sinne, dass hinter Zielen Nutzenerwartungen stehen.

Beispiel

- Kundenorientierte Unternehmenspolitik bedeutet eine Ausrichtung der Unternehmensziele an den Nutzenerwartungen der Kunden, auf deren (unternehmensoptimale) Erfüllung abgezielt wird.
- Aber auch andere Gruppen haben Nutzenerwartungen an das Unternehmen, denen es bei seiner Zielfindung Rechnung tragen muss, wenn es deren Unterstützung erhalten will. Hierzu zählen beispielswei-

se Eigentümer (mit der Nutzenerwartung von Gewinnen und Stabilität, Sicherheit), Banken, sonstige Kreditgeber (Rückzahlung und Zinsen werden erwartet), Arbeitnehmer (vielfältige Erwartungen, u.a. angemessene Entlohnung, Aufstiegschancen, Sicherheit etc.), Lieferanten, Vermieter, öffentliche Hand etc.

Die Vielfalt beschreibt das Spannungsfeld der Zielfindung und der notwendigen Entscheidungen, bei denen es zum Teil auch gilt, Widersprüchliches auszubalancieren (ein Kerngedanke im integrativen Management). Auf Einzelheiten kann hier nicht eingegangen werden, jedoch ist es sinnvoll, ein solches Zielszenario so zu gestalten, dass es die notwendige Transparenz schafft, damit es

Zielszenario so gestalten, dass es die notwendige Transparenz schafft

- das Ableiten hinreichend klarer Zielvorgaben für nachfolgende Ebenen ermöglicht,
- eine Auslegungshilfe bei der Lösung von Zielkonflikten gibt und
- eine Offenheit für Entwicklung und dynamische Anpassung bei Veränderung der Rahmenbedingungen oder in extremen Situationen gewährleistet (Flexibilität).

Inwieweit an eine Person oder eine organisatorische Einheit Entscheidungs-, Realisations- und Kontrollkompetenz delegiert wird, regelt grundsätzlich die Organisation eines Unternehmens.

7.4 Organisation

Die auf den jeweiligen Zweck ausgerichteten Ordnungsstrukturen und Regelungen werden als Organisation verstanden. Im System der betriebswirtschaftlichen Ordnung umfasst sie dabei gleichermaßen die Gestaltung des Ordnungsrahmens für die Beziehungen der einzelnen Einheiten zueinander wie auch die Koordination der Handlungsabläufe. Insoweit wird traditionell gegliedert in:

Unter Organisation versteht man die auf den jeweiligen Zweck ausgerichteten Ordnungsstrukturen und Regelungen

- **Aufbauorganisation:** Hier geht es um die Struktur eines Stellensystems, d.h. die Bildung von Stellen und die Gestaltung ihrer Beziehungen zueinander einschließlich der Verteilung von Kompetenzen, Zuständigkeiten und Verantwortungen.
- **Ablauforganisation:** Ihr Anliegen ist die in Bezug auf die Zielerreichung sinnvolle Regelung der Folge einzelner Arbeitsgänge für die Aufgabenerfüllung.

Zusätzlich wird zunehmend als ein gesonderter Bereich behandelt:

- **Organisation des Informationswesens:** Da Informationsfluss bzw. Informationsaustausch neben den materiellen Arbeitsprozessen zunehmend eine eigenständige Bedeutung erlangt haben.

Dieser Gliederung wird auch hier gefolgt. Teilweise wird die Projektorganisation als selbstständiges Gebiet genannt; bisher überwiegt in der Literatur die Zweiteilung in Aufbau- und Ablauforganisation.

Des weiteren wird der Begriff »Organisation« sowohl im Sprachgebrauch als auch in der Literatur für unterschiedliche Beschreibungen verwendet:

Im Sprachgebrauch kann »Organisation« unterschiedlich verstanden werden

- **Instrumental:** Die Ordnung, die – zumeist auf längere Zeit angelegt und generell verbindlich – einem Unternehmen gegeben wird, in Aufbau- und Ablauforganisation gegliedert.
- **Institutional:** Hier werden Unternehmen, aber auch Behörden, Hochschulen, Verbände und sonstige Institute, auch die arbeitsteilig gestalteten Handlungssysteme selbst als Organisation bezeichnet.
- **Funktional:** Beschreibt Organisation als die zweckdienliche Tätigkeit, beispielsweise wird »ein Fest organisiert, sie hat Karten organisiert« etc.

Entsprechend wäre im Sprachgebrauch zu verwenden: Das Unternehmen *hat* oder *ist* eine Organisation bzw. *wird* organisiert.

Organisation ein wesentliches Hilfsmittel zur Zielerreichung

Für die Unternehmensführung ist Organisation ein wesentliches Hilfsmittel zur Zielerreichung. Bei Wöhe ist Organisation einer der derivativen Faktoren innerhalb des dispositiven Faktors.

7.4.1 Aufbauorganisation

Die Aufbauorganisation zeigt den organisatorischen Rahmen eines Unternehmens, die **Organisationsform**, während die **Rechtsform** den rechtlichen Rahmen bestimmt. Zu den Aufgaben gehören:

- Bildung der Stellen, der betrieblichen Einheiten wie Gruppen, Abteilungen, Bereiche etc.;
- Festlegung der Struktur, wie diese Einheiten zueinander stehen, insbesondere die hierarchische Zuordnung;
- Festlegung der jeweiligen Zuständigkeiten, Kompetenzen und Verantwortungen.

Die Arbeitsschritte dazu bestehen aus:

- **Aufgabenanalyse:** Durch Zerlegen der komplexen Gesamtaufgabe eines Unternehmens werden die Teilaufgaben deutlich.
- **Aufgabensynthese:** Mit ihr werden Teilaufgaben zu zweckdienlichen Einheiten zusammengefasst, die dann die jeweilige Stelle bilden, diese die Abteilungen etc. Als Kriterien gelten dabei Verrichtungs-, Objekt-, Raum- und Sachmittel-Zentralisation.

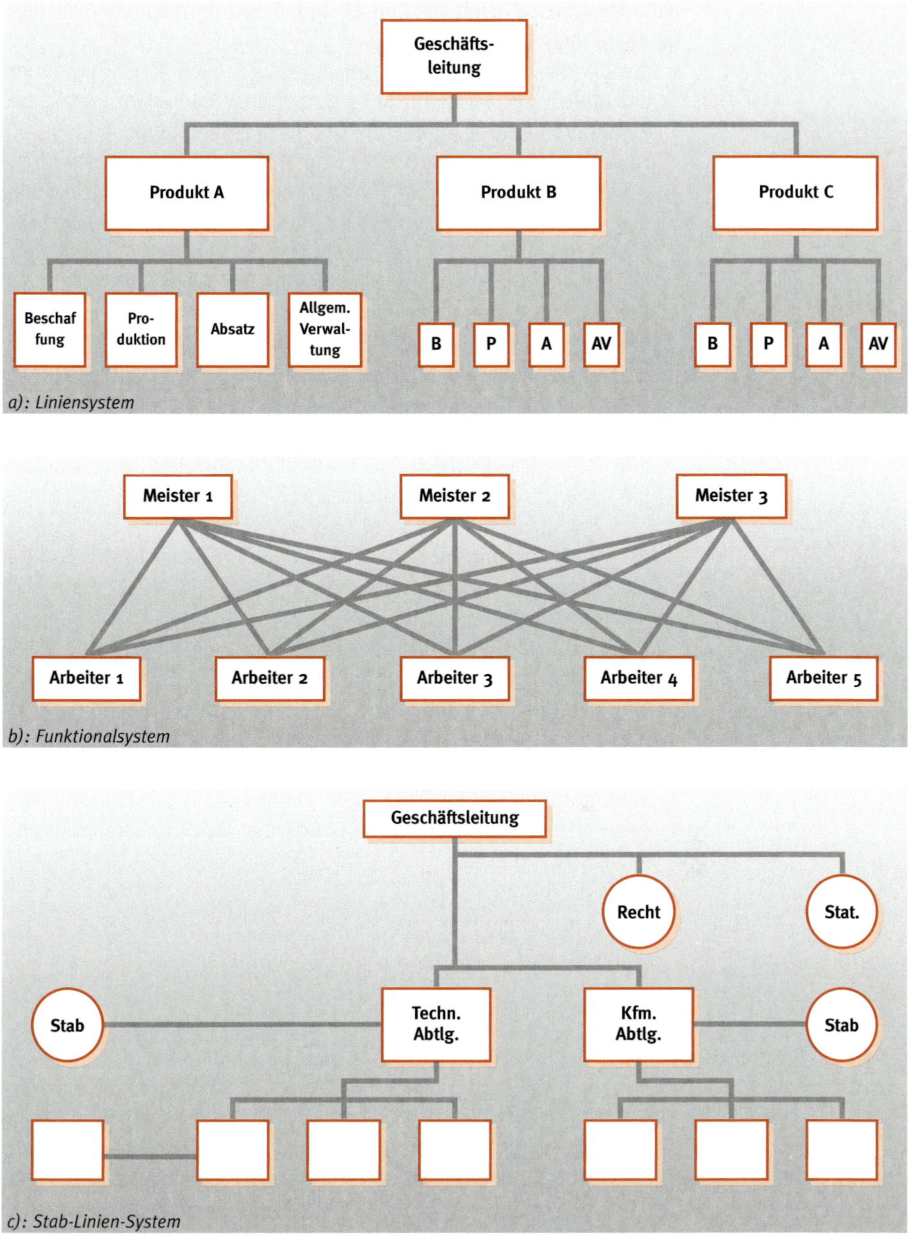

Abb. 7.7: Leitungssystem

Leitungssysteme (Organisationssysteme) werden gegliedert in (vgl. voranstehende Abbildung):

- **Liniensystem:** Es ist gekennzeichnet durch eindeutige Zuordnung der Stellen und einheitliche Instanzenwege nach dem Prinzip der Einheit von Auftragsverteilung und Auftragsempfang.
- **Funktionalsystem:** Auch Mehr-Linien-System oder Taylorsches Funktions-Meister-System genannt, beruht auf dem Prinzip, dass eine Stelle von mehreren Stellen Aufträge empfangen kann (und an sie berichten muss), und zwar jeweils von den Vorgesetzten, die für ein ganz bestimmtes Teilgebiet verantwortlich sind.
- **Stab-Linien-System:** Hier soll die Einheitlichkeit der Leitung und des Auftragsempfangs wie beim Liniensystem erhalten bleiben, jedoch gleichzeitig den Anforderungen nach fortschreitender Spezialisierung Rechnung getragen werden, indem gewisse Aufgaben abgespalten und so genannten »Stabsstellen« zugeordnet wurden, die weder Leitungs- noch Ausführungsstellen sind, sondern die Instanz, der sie zugeordnet sind, unterstützen.

Jedes dieser Leitungssysteme hat seine Vor- und Nachteile, die gegeneinander abzuwägen sind, worauf hier nicht weiter eingegangen werden kann.

Die gewählte Organisationsstruktur wird im Organisationsplan dokumentiert

Die gewählte Organisationsstruktur – also die Organisationseinheiten als Elemente (Abteilungen, Gruppen etc.) sowie ihre Stellung und Verbindung zueinander als Strukturgefüge – findet ihre Dokumentation im **Organisationsplan**, auch Strukturbild oder Organigramm genannt. Typische Organisationsformen sind:

- **Sektoralorganisation:** Nach dem Liniensystem strukturiert, üblicherweise mit der zweiteiligen Gliederung in kaufmännischen und technischen Bereich:

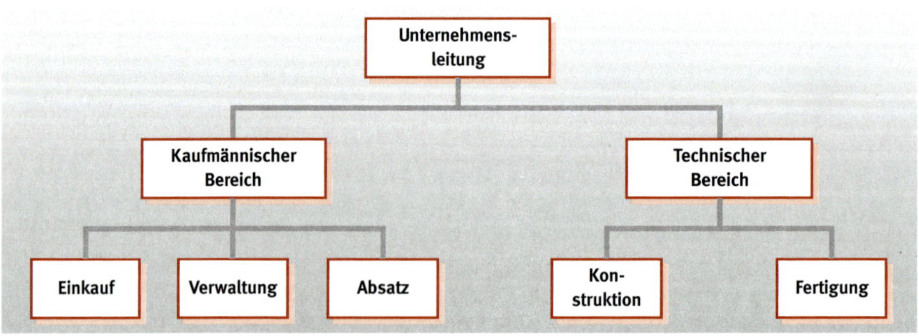

Abb. 7.8: Sektoralorganisation

- **Funktionalorganisation:** Üblicherweise ebenfalls dem Liniensystem folgend, wobei die zweite Hierarchieebene nach Verrichtungen, Funktionen, gegliedert ist:

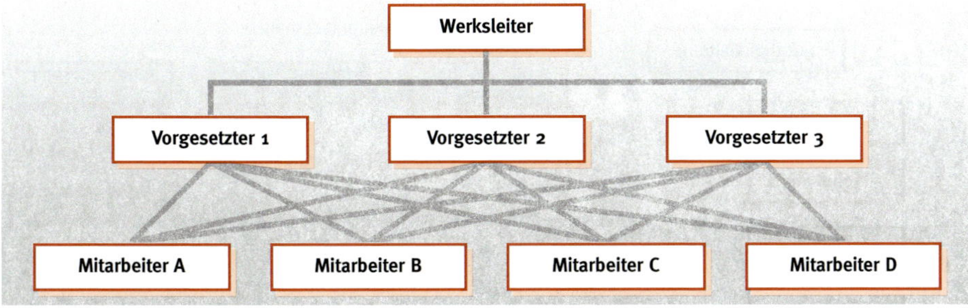

Abb. 7.9: Funktionalorganisation

- **Spartenorganisation:** Für sie ist typisch, dass in der zweiten Ebene Sparten (auch Divisionen genannt, und möglicherweise als Profit-Center ausgebildet) angesiedelt sind, die als Objekt gegliedert werden, z.B. orientiert an Produkten, Kunden, Gruppen oder Regionen. Üblicherweise sind Einzelfunktionen als Dienstleistung für alle Sparten ausgegliedert, entweder übergeordnet in Form von Zentral-Abteilungen oder, wie hier dargestellt, als Stellen in der allgemeinen Verwaltung:

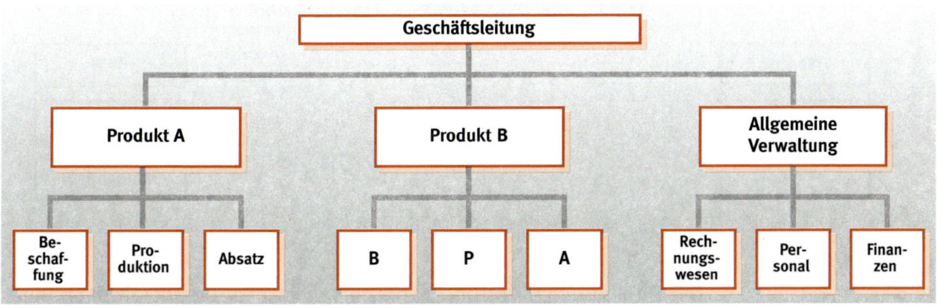

Abb. 7.10: Spartenorganisation

- **Matrixorganisation:** Hier werden zwei Gliederungsmerkmale relativ gleichberechtigt miteinander verknüpft, wie z.B. in der folgenden Abbildung Funktions-(Verrichtungs-)orientierte und Objekt-(Produkt-)orientierte Instanzen oder auch Zentral- und Fachbereiche. Für die sich in den Schnittstellen befindenden Organisationseinheiten ergibt sich daraus eine doppelte Zuordnung, die durch entsprechende Kompetenzregelungen praktikabel zu gestalten ist, um die erwarteten Vorteile einer höheren Flexibilität und Anpassungsfähigkeit tatsächlich zu gewährleisten:

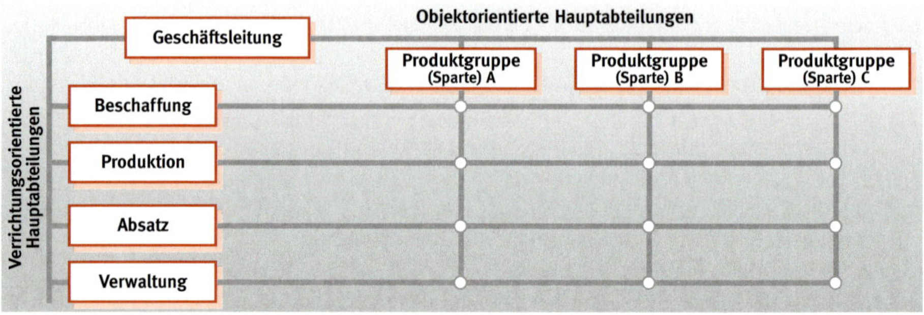

Abb. 7.11: Matrixorganisation

- **Tensor-Organisation:** Sie stellt eine besondere, dreidimensionale Struktur dar, z.B. in der Verknüpfung von Zentral-, Regional- und Unternehmensbereichen, und ist insbesondere für multinationale Großunternehmen geeignet:

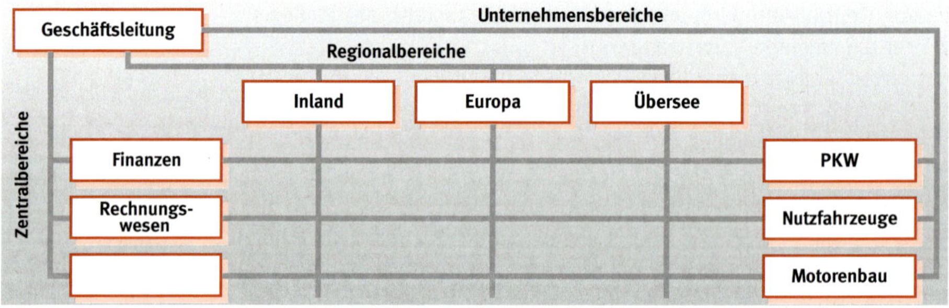

Abb. 7.12: Tensororganisation

Die Projektverantwortung kann beispielsweise organisatorisch einer Stabsstelle zugeordnet sein, einer funktionalen Stelle (beispielsweise externe Projekte im Anlagenbau der Produktion) oder aber als eine Dimension im Rahmen der Matrix-Organisation.

7.4.2 Ablauforganisation

Die Ablauforganisation behandelt die Ordnung von Handlungsabläufen (Arbeitsprozessen) innerhalb der (durch die Aufbauorganisation geschaffenen) innerbetrieblichen Struktur. Es handelt sich also um zwei unterschiedliche Betrachtungsweisen ein und desselben betrieblichen Gebildes. Beide beeinflussen und ergänzen sich gegenseitig. Sie können in der betrieblichen Praxis nicht unabhängig voneinander entwickelt werden, da bestimmte Arbeitsprozessfolgen entsprechende Abteilungsbildungen verlangen und umgekehrt.

Die Ablauforganisation behandelt die Ordnung von Handlungsabläufen

Als **Arbeitsablauf** wird die Folge von einzelnen Arbeitsleistungen, bezogen auf ein bestimmtes Ziel, auf eine Aufgabe, bezeichnet. Bei der Gestaltung von Arbeitsprozessen sind verschiedene Gesichtspunkte zu berücksichtigen:

- Festlegung der Arbeitsinhalte nach Objekt und Verrichtung,
- Ordnung der Arbeitszeit, auch der zeitlichen Reihenfolge,
- Ordnung der Arbeitsräume,
- Arbeitszuordnung zu Personen und Arbeitsmitteln, Zuordnung der Teilaufgaben zu Stellen im Sinne der Aufbauorganisation.

Im Sinne der Prozessstrukturierung sind Planung, Entscheidung, Kontrolle und Verwaltung selbst allgemeine Verrichtungen eigener Art; sie sind also gleichfalls Gegenstand der Ablauforganisation.

Bei der **Prozessgestaltung** können unterschiedliche Schwerpunkte gesetzt werden. Mit dem Ziel einer **Gesamtoptimierung** sind als sich wechselseitig beeinflussende Aspekte zu beachten:

- **Wirtschaftlichkeit:** Sie wird insbesondere beeinflusst durch die mit der Ablaufgestaltung verbundene Kostenstruktur.
- **Durchlaufverbesserung:** Hierzu zählt die Logistik im weitesten Sinne sowie insbesondere Verkürzung der Rüst-, Bearbeitungs-, Liege- und Wartezeiten etc.
- **Arbeitsbedingungen:** Neben der Beachtung gesetzlicher Vorschriften (Arbeitszeitverordnung, Unfallverhütungsvorschriften, Immissionsschutz etc.) zählt hierzu das weite Feld der Arbeitswissenschaften einschließlich Arbeitsplatzgestaltung.
- **Kapazitätsausnutzung:** Sie zielt darauf ab, einerseits Engpässe zu vermeiden und andererseits Leerkapazitäten abzubauen.
- **Produktqualität:** Letztendlich sollte das Leistungsergebnis im Mittelpunkt einer Auftragserledigung stehen; der Produktqualität kann durch entsprechende Qualitätsvorsorge und -kontrolle Rechnung getragen werden.

Die Entwicklung einer Ablauforganisation kann in vier Schritte gegliedert werden:

Entwicklung einer Ablauforganisation

1) **System-Analyse:** Hierbei kann auf die Analysen im Rahmen der Aufbau-Organisation zurückgegriffen werden, wenngleich zumeist bei den Abläufen eine tiefere Gliederung erforderlich wird; bei Überprüfungen bzw. Reorganisation werden die bestehenden Abläufe analysiert, insbesondere auch, um Schwachstellen und Verbesserungsmöglichkeiten zu erkennen. Die Systemanalyse kann weiter gegliedert werden in **Ist-Aufnahme** und **Ist-Analyse**.

2) **System-Gestaltung:** Die Planung kann weiter gegliedert werden in Konzeptionsplanung, eventuelle Untersuchungen und Vorplanungen, Grob-Planung (in der auch die Verbindungen zwischen den verschiedenen Bereichen aufgezeigt werden) sowie Detailplanung.
Am Ende steht die Soll-Konzeption, die Antwort geben soll auf die Fragen: Was muss getan werden? Wer, welche Stelle im Unternehmen, soll es tun, ist zuständig und verantwortlich? Wie sind die Maßnahmen durchzuführen? Womit sind die Aufgaben zu erledigen? Wann soll die Arbeit getan werden? Wo soll die Tätigkeit erfolgen?

3) **System-Einführung:** Sie ist auch entsprechend zu planen und vorzubereiten: Soll eine Einführung oder Umstellung als Ganzes oder in Stufen oder zunächst zur Probe erfolgen? In der Regel ist die System-Einführung abgeschlossen, wenn die Verantwortung von einer eventuell beteiligten Organisationsabteilung oder einer Projektgruppe wieder ganz auf die jeweilige Fachabteilung übergeht.

4) **System-Controlling:** Hier geht es um eine Unterstützung a) im Vorhinein (also in der Vorbereitungs- und Planungsphase), b) während der Analyse-, Gestaltungs- und Einführungsphase und c) im Nachhinein. Außerdem geht es um die Frage, ob tatsächlich nach der neuen Konzeption gearbeitet und gehandelt wird und wie weit sich die Konzeption auch im Alltag bewährt und insbesondere die damit verfolgten Ziele erreicht wurden.

7.4.3 Organisation des betrieblichen Informationswesens

Ein Informationssystem besteht neben der Kommunikation als Informationsübermittlung aus Informationsspeicherung und-verarbeitung

Ein Informationssystem besteht neben der Kommunikation als **Informationsübermittlung** aus **Informationsspeicherung** und **Informationsverarbeitung**. Die Summe aller geregelten betriebsinternen und -externen Informationsverbindungen einschließlich deren technischen und organisatorischen Einrichtungen zur Informationsgewinnung, -verarbeitung und -übermittlung sind Teil des Informationssystems.

Es hat seine eigenständige Bedeutung zum einen aus dem immer stärkeren Einsatz von EDV-Anlagen, PCs und über Netze direkt verfügbaren Informationsbeständen etc. gewonnen. Darüber hinaus hat ein leistungsfähiges Informationswesen für die Effizienz der betrieblichen Arbeit immer zentralere Bedeutung gewonnen, sodass es nicht nur im Rahmen der Leitungssysteme einer Aufbauorganisation hinreichend Berücksichtigung findet, sondern auch die Ablaufstrukturen teilweise mehrfach überlagert, da das Informationswesen Aufgaben zu erfüllen hat für die Vorbereitung von Planungen und Entscheidungen, als Handlungsvorgaben, Steuerungs- und Kontrollfunktionen etc. Die Informatik wird dabei zunehmend nochmals als eigenständiger Bereich behandelt.

Leistungsfähiges Informationswesen wird immer wichtiger

Nach **Art der Daten**, auf die sich die Informationen beziehen, können unterschieden werden:

- faktische **»Ist-Aussagen«** über die Wirklichkeit, in der Regel vergangenheits- und gegenwartsbezogen,
- prognostische, zukunftsbezogene **»Wird-Aussagen«**,
- normative, als **»Soll-Aussagen«** formulierte Ziele, Werturteile oder Normen,
- logische, auf folgerichtige Beziehung ausgerichtete **»Muss-Aussagen«**,
- explanatorische, Ursachen begründende, erklärende **»Warum-Aussagen«**,
- konjunktive, Möglichkeiten aufzeigende **»Kann-Aussagen«**.

Die Entwicklung der Struktur eines Informationswesens kann wie eben bei der Ablauforganisation dargestellt in mehreren Schritten erfolgen, wenn auch mit anderen Gegenständen und Inhalten.
Untersuchungsgegenstand ist:

- das **Kommunikationsnetz:** d. h., wer mit wem über welche Kommunikationswege Informationen austauscht – in gewissem Rahmen auch, worüber; zur Dokumentation der Erhebungen dient beispielsweise das Kommunigramm;
- **Häufigkeit und Zeitgebundenheit der Kontakte:** d. h. die Frage, wie oft und wann, auch wie dringend;
- **Kommunikationsart und Kommunikationsmittel:** d. h., welche organisatorischen und technischen Einrichtungen für die Übermittlung von Informationen eingesetzt werden; bei den Kommunikationsarten kann es sich um persönliche (Besprechung, Konferenzen oder Arbeitsgruppen), fernmündliche oder schriftliche Kontakte handeln; als Kommunikationsmittel dienen, neben dem Telefon,

Sprech- und Gegensprechanlagen, Telefax, Funkgeräte, Rohrpost, Aktennotizen, Boten oder auch Terminals an EDV-Anlagen, E-Mails etc.

Wie schnell, sicher, genau und kostengünstig wird die Informationsübermittlung erwartet?

Die Beurteilung eines Kommunikationssystems hat im Hinblick darauf zu erfolgen, wie schnell, sicher, genau und kostengünstig die Informationsübermittlung bezüglich der verlangten Kommunikationsleistung erwartet wird.

Der durch die Organisation geplante und strukturierte Informationsaustausch wird

- als **formelle** (falls nach festen Regeln verlaufend als formale) Kommunikation/Information bezeichnet,
- daneben gibt es die **informelle** (informale) Kommunikation im Rahmen zwischenmenschlicher Kontakte außerhalb des geplanten Informationsflusses.

Ein weiterer Bereich des Informationswesens ist das Berichtswesen

Ein weiterer Bereich des Informationswesens (wenn auch teilweise unter Verantwortung eines Controlling-Bereiches) ist das **Berichtswesen**, das die Fragen beantworten will, **»wozu wer wem was wann und wie berichtet«** mit der Untergliederung in:

- **Berichtsfluss:** Wer erhält ggf. wie und auf welchem Weg eine Ausfertigung des Berichts?
- **Berichtshäufigkeit:** Handelt es sich um einmalige, ereignisorientierte oder (zu bestimmten Terminen oder Anlässen) wiederkehrende Berichte?
- **Berichtsinhalt:** Dieser ist weitgehend sachabhängig, sollte aber empfängerbezogen ausgestaltet sein; ggf. bietet es sich an, ein die wichtigsten Inhalte enthaltendes Deckblatt zu verwenden mit entsprechenden Anlagen über Details.
- **Berichtsform:** Die Darstellung kann verbal erfolgen (frei, formalisiert oder standardisiert), mathematisch (z.B. mit Gleichungen, Kennziffern, Matrix etc.), tabellarisch oder grafisch.

Das Berichtswesen wird abgerundet durch eine entsprechende Dokumentation.

Das im Unternehmen und vor allem in den Köpfen der Mitarbeiter vorhandene Wissen transparent und nutzbar machen

Zunehmendes Interesse findet das so genannte **Wissens-Management**, welches sowohl darauf ausgerichtet ist, das im Unternehmen und vor allem in den »Köpfen der Mitarbeiter« vorhandene Wissen transparent und nutzbar zu machen als auch es in geeigneter Form zu speichern, sodass es ebenfalls für andere Betriebsmitglieder verfügbar wird und möglichst nach Ausscheiden der ursprünglichen Wissensträger erhalten bleibt.

7.4.4 Prozessorientierung

Oben wurde bereits die Organisationsentwicklung angesprochen, mit der insbesondere auch die Mitarbeiter in die Gestaltung der Organisation einbezogen werden – »Betroffene zu Beteiligten machen«. Weitere innovative Anstöße für die Organisationsgestaltung ergeben sich aus der prozessorientierten Sicht. Sie ist mehr als die Verbesserung der Verfahrensprozesse im Rahmen der Produktionswirtschaft:

Betroffene zu Beteiligten machen

→ *Die Arbeitsabläufe sollen in ihrer Gesamtheit als Prozess gesehen und letztendlich optimiert werden.*

In der üblichen Ablauforganisation werden die einzelnen Arbeitsgänge, Teilaufgaben und Arbeitspakete einer Organisationsstelle zur Erledigung zugewiesen, die diese möglichst in ihrem Rahmen optimiert ausführt und dann den Vorgang weiterreicht.

Arbeitsabläufe in ihrer Gesamtheit als Prozess sehen

Für Aufgaben, an deren Erledigung mehrere Organisationseinheiten beteiligt sind, sind folglich auch mehrere verantwortlich, die jeweiligen Stellenleiter. In der Prozessorientierung soll die Aufgabe als Ganzes gesehen werden, möglichst unter der Verantwortung eines Prozessverantwortlichen, eines **Prozessagenten**.

Beispiel

Bei einem Kundenauftrag wäre so ein Prozessagent verantwortlich vom Eingang der Bestellung über die einzelnen Tätigkeiten im Unternehmen in verschiedenen Abteilungen bis hin zur Auftragserledigung gegenüber dem Kunden.

Durch eine solche Gesamtverantwortung und Gesamtoptimierung sollen sowohl die Produktivität, Wirtschaftlichkeit und die Durchlaufzeit erhöht werden als auch die Qualität der Auftragserledigung. Zugleich besteht die Möglichkeit, dass der Kunde einen einzigen Ansprechpartner erhält.

In der Prozessorientierung soll die Aufgabe als Ganzes gesehen werden

Hilfestellung für eine solche Ausrichtung bietet die **Prozesskostenrechnung** im Rahmen des betrieblichen Rechnungswesens. Außerdem kann diese Vorgehensweise unterstützt werden durch bereichübergreifende Strukturen, teilweise auch als Querschnittsfunktionen benannt, wie beispielsweise ein modernes Logistik-System, ein umfassendes Informationswesen, ein üblicherweise bereichübergreifend-koordinierendes Controlling sowie nicht zuletzt ein Management – auch in den Bereichen der zweiten und dritten Ebene – das nicht nur abteilungsorientiert, sondern dem Ganzen verpflichtet denkt.

7.5 Globalisierung

Die Ausweitung des Handlungsraumes, insbesondere von Unternehmen, auf die gesamte Erde (Globus) wird als Globalisierung bezeichnet. Sie umfasst aber auch staatliches Verhalten und wirkt sich generell auf die Lebensbedingungen der Menschen aus. Wesensmerkmale sind internationale Zusammenarbeit und Handel sowie Internationalisierung von Einkauf, Absatz, Produktion oder Dienstleistungen aller Art.

Ähnliche Herausforderungen gab es schon früher. Als sich aus Kleinstaaten und freien Städten mit eigenen Währungen, Masseinheiten, Zöllen, Ständeordnungen etc. landesweite Wirtschaftsräume entwickelten. Bei aller Wahrung regionaler Eigenartigkeit sind sie heute nicht mehr fortzudenken.

7.5.1 Internationalisierung

Multinationalität bezeichnet über Vertrieb hinausreichende internationale Aktivitäten

Von multinational bzw. international tätigen Unternehmen wird i.d.R. dann gesprochen, wenn die Aktivitäten über den bloßen Vertrieb bzw. die Beschaffung – also Export und Import als länderübergreifenden Warenaustausch – hinausgehen. Hierfür gibt es vielfältige Gründe, unterschiedliche Vorgehensweise und Abstufungen sowie damit verbunden zusätzliche Herausforderungen für die Unternehmensführung.

Entscheidungsrelevant sind Erhebungen zufolge oft Konkurrenzsituation und Absatzchancen um Märkte zu sichern oder neue zu erschließen. Dazu gehört ebenfalls, standortbedingte Wettbewerbsverzerrungen zu vermeiden. Weitere Motive beziehen sich auf die Sicherung von Ressourcen und Energiequellen. Hinzu kommen Kostenüberlegungen bezogen auf Personal, Steuern und Abgaben etc. Dabei sind Vor- und Nachteile abzuwägen (z.B. Infrastruktur, Ausbildungsstand des Personals), siehe auch 8.4 Standortwahl.

7.5.2 Globale Strategien

Internationales Marketing meint Strategieanpassung an ausländische Märkte

Vom internationalen Marketing wird üblicherweise gesprochen, wenn nicht nur Produkte, die auch für das Inland erzeugt wurden, im Ausland verkauft werden sollen, sondern sich bereits die Marketing-Strategien an den Besonderheiten des bzw. der ausländischen Märkte orientieren. Grundsätzlich wird unterschieden in:

- **national marketing**, also eine länderspezifische Ausrichtung der Marketing-Strategien; sie tragen den unterschiedlichen Gegebenheiten des jeweiligen Landes Rechnung, wie spezielle Kundenwünsche, Wettbewerbssituation, Handelsgepflogenheiten, rechtlichen und steuerlichen Aspekten etc.
- **global marketing**, die Internationalisierung von Marketing-Strategien; hier steht die Entwicklung einer international ausgerichteten Strategie im Mittelpunkt, die versucht, durch ein möglichst hohes Maß an Vereinheitlichungen Synergieeffekte und Kosteneinsparungen zu realisieren. So tendieren globale Strategien dazu, beispielsweise strengeren Bestimmungen, die in einem Lande gelten, generell als Norm Rechnung zu tragen, also auch dort, wo sie nicht oder noch nicht gefordert werden. So kann ein einheitliches evtl. trendsetzendes Image geschaffen werden , möglichst in Abgrenzung zum Wettbewerb.

Mittelwege sind vielfach wirtschaftlich

Vielfach liegt die wirtschaftlichste Lösung nicht in einem der beiden Richtungen, sondern in einem optimalen Mittelweg zwischen internationaler Standardisierung und nationaler oder gar regionaler Differenzierung. Je nachdem, welche Tendenz überwiegt, wird von partiell national marketing oder partiell global marketing gesprochen. Der Absatz im Ausland kann über eigene Vertreter, eigene Niederlassungen, Importeure oder eventuell mit Exklusivrechten ausgestatteter Handelspartner erfolgen.

→ *Von wirklich multinationalen Unternehmungen wird üblicherweise erst gesprochen, wenn auch Produktionsstätten auf mehrere Länder verteilt errichtet werde.*

Zum Teil erfolgt dies auch mit örtlichen Beteiligungen. Handelt es sich dabei um rechtlich selbständige Unternehmen, so entsteht ein **multinational tätiger Konzern**. Prinzipiell können drei **Grundhaltungen** bei der Gestaltung internationaler Unternehmen prägend sein:

- **Ethnozentrisch**; die Bedingungen des Stammlandes (Heimatland der Muttergesellschaft) dominieren die Unternehmenspolitik. Schlüsselpositionen in den Auslandsgesellschaften werden häufig durch Personen des Mutterlandes besetzt.
- **Polyzentrisch**; hier haben Aspekte des Landes, in dem die Auslandsinvestition erfolgte (Gastland), Vorrang, um die Besonderheiten jedes Landes zu berücksichtigen. Oft werden Schlüsselpositionen durch Personen des jeweiligen Landes besetzt.

- **Geozentrisch**, die weltweite Einheitlichkeit dominiert gegenüber der Unterschiedlichkeit der Standortländer.
  Führungsgremien – auch der Muttergesellschaft – sind zumeist durch Personen verschiedener Nationalität besetzt. Sie erscheint häufig für die strategische Ausrichtung sinnvoll, oft weniger auf den operativen Ebenen.

Internationale Unternehmen haben oft neue, komplexe Entscheidungsprobleme

Der vielfältigere Handlungsspielraum internationaler Unternehmen führt zugleich auch zu komplexeren, teilweise neuartigen Entscheidungsproblemen. Hinzu kommt, dass sich die Rahmenbedingungen in den einzelnen Regionen unterschiedlich entwickeln können. Dies kann zu weiteren Unsicherheiten in den Prognosen und zu Risiken führen.

7.5.3 Dynamischer Wandel

Internationalisierung geht auch auf technischen Wandel und Wertewandel zurück

Nicht nur aus internationalen Verflechtungen und Entwicklungen, sondern auch aus technischen und wissenschaftlichen Fortschritt, gesellschaftlichen Veränderungen – Stichwort Wertewandel – ergibt sich die Dynamik des Wandels. Dabei lassen sich **drei wesentliche Einflussbereiche** unterscheiden, die zusätzlich noch in Wechselbeziehung stehen:

Die zunehmende **Vielzahl von Informationen** ergibt sich bereits, wenn durch die Ausdehnung der Aktionsfelder – z.B. auch bei Internationalisierung – immer mehr verschiedenartige Daten, Gesetze und Regelungen als Rahmenbedingungen bei Entscheidungen zu beachten sind. Die rasante Entwicklung der Informatik hilft einerseits bei deren Beherrschbarkeit, weckt andererseits jedoch die Begehrlichkeit nach weitergehender Differenzierung und damit wachsender Vielzahl.

Komplexität betont demgegenüber den Aspekt, dass die Informationen vielfach in wechselseitiger Beziehung zueinander stehen. Im systemischen Zusammenhang sind somit bei den Auswirkungen von Entscheidungen zunehmend Abhängigkeiten zu berücksichtigen, die sich zudem in ihren Wechselwirkungen verändern können.

Schnelligkeit betont die Zeitkomponente. In immer kürzeren Intervallen kommen neue Informationen und Vernetzungen hinzu und werden bestehende ausgetauscht, verändert oder erweitert. Dies bedeutet zugleich, dass früher gezogene Schlussfolgerungen an Gültigkeit verlieren.

Käme es über eine längere Zeitspanne zu keinen nennenswerten Veränderungen, so führt dies zur Kontinuität, die wiederum Vorhersehbarkeit, Prognosen und sichere Planung ermöglicht. Gelerntes bleibt über längere Zeit gültig. Traditionelle Organisationsstrukturen sind verstärkt auf Kontinuität, Bewahrung sowie Sicherung von Verhaltensweisen und Arbeitsabläufen ausgerichtet.

Diskontinuität erfordert Flexibilität

Die Dynamik des Wandels führt jedoch zur Diskontinuität, bei der die zuvor genannten Grundsätze nur eingeschränkt gelten – ihre Einhaltung sogar zu unrealistischen und damit ungünstigen Ergebnissen führen kann. Beständigkeit wird durch Flexibilität ergänzt. In Führung und Controlling sollen Frühwarnsysteme eine schnellere Anpassung unterstützen. In diesem Zusammenhang wird oft von lernenden Organisationen gesprochen.

7.5.4 Umgang mit Veränderungen

Unternehmen können ähnlich wie Regierungen, andere Organisationen und Privatpersonen **auf Veränderungen** in unterschiedlicher Weise **reagieren**:

Veränderungen werden nicht wahrgenommen

- Beim Prinzip der **Beharrung** werden Veränderungen nicht ausreichend wahrgenommen oder ignoriert; oft liegt der Grund für diese Starrheit in fehlendem Bewusstsein über Handlungsalternativen.

Umfeldveränderungen sollen zumindest neutralisiert werden

- Es wird versucht, **Umfeldveränderungen** rückgängig zu machen oder doch zumindest zu neutralisieren. Der Ruf nach Wettbewerbsregulierungen, Subventionen und sonstigen Unterstützungen soll helfen, trotz des Wandels am bisherigen Verhalten weitgehend festhalten zu können. Inwieweit dies gelingt, ist oft eine Machtfrage im Beziehungsgeflecht. Jedoch führt die Verzögerung sinnvoller Anpassungsprozesse zumeist zu aufgestauten Handlungsbedarf mit langfristig ungünstigen Auswirkungen.

Verhaltensweisen werden verändert:

- Ändern und Anpassen eigener **Verhaltensweisen** an die neue Situation. Hier kann wiederum unterschieden werden in:

  – erst reaktiv

  - **Reorganisation**; sie können – wiederum verspätet – von außen im Rahmen von Sanierungsaktionen erfolgen oder im günstigen Fall von Führungs- und Leitungsinstanzen des Unternehmens, oftmals jedoch erst, wenn ein entsprechender Wettbewerbs- oder sonstiger Veränderungsdruck entstanden ist.

  – lernend und proaktiv

  - **Selbstorganisation** als Fähigkeit einer Organisation, sich aus sich selbst heraus zu gestalten und zu verändern. Die Impulse entstehen zumeist von außen, aber der Prozess wird von innen aus dem Unternehmen heraus entwickelt. Im Unterschied zur Reorganisation ist der Vorgang weniger re-aktiv, sondern eher pro-aktiv. Insoweit setzt die Anpassung in aller Regel deutlich früher ein und erlaubt oft konstruktiver geplante statt hektische Maßnahmen.

Lernende Organisationen

In Zeiten schneller und oft tiefgreifender Veränderungen bietet ein **Prozess permanenter Entwicklung** einen Ausgleich zwischen Evolution und Kontinuität (als kontinuierlicher Veränderungsprozess), der organisatorisch eingebunden werden kann. Dabei lernen die Organisationen und die in ihr Tätigen mit sich ständig wechselnden Herausforderungen umzugehen. Es entstehen so lernende, lebendige und dynamische Organisationen.

Der Prozess kann in drei Schritten gegliedert sein:
- Veränderungsbedarf erkennen und akzeptieren,
- sinnvolle Aktionen, Handlungsalternativen entwickeln und entscheiden sowie
- Auswirkungen, Rückmeldungen (Feedback) beachten und gegebenenfalls Korrekturen (erneuter Veränderungsbedarf) einleiten.

Insoweit gilt die Binsenwahrheit: Nur der Wandel ist beständig. Die erfolgreiche Einordnung des Unternehmens in sein Umfeld muss immer wieder neu gefunden und gestaltet werden. Das geht trotz sorgfältiger Planung nicht immer ohne „Versuch und Irrtum".

7.5.5 Globalisierung: Herausforderung und Chance

Weltweites Agieren-können bietet Wettbewerbsvorteile

Aus den Möglichkeiten, über die Grenzen des eigenen Landes hinaus nahezu in der ganzen Welt agieren zu können, ergeben sich neue Chancen für Wettbewerbsvorteile. Sie zu erkennen, wahrzunehmen und konsequenter umzusetzen bedeutet zugleich eine Herausforderung, denn „Chancen werden genutzt, ergreifen wir sie nicht, tut es die Konkurrenz". Zum Optimierungspotential multinational agierender Konzerne gehört die **Standortwahl**. Hierzu sind die Voraussetzungen der Länder zu bewerten (siehe Rating, 4.4). Damit konkurrieren selbst Staaten miteinander um die Präferenz bei den Unternehmen. Insoweit sind auch Staaten und Regierungen durch die Globalisierung herausgefordert und sollten im geeigneten Umgang mit Veränderungen ihre Chancen nutzen. Dazu gehört nicht nur, die Attraktivität für Unternehmen zu verbessern, sondern zugleich die Stärken des Landes zu nutzen und so zum Wohl aller zu handeln. Dies wird nicht immer konfliktfrei geschehen, ist aber nicht zwangsläufig ein Widerspruch: Gut ausgebildetes Personal ist ein Standortvorteil und bietet damit zugleich Beschäftigungschancen.

Wesentlich ist die Standortwahl

Herausforderung für die Regierungen

Für die Wirtschaftswissenschaften kann Globalisierung an Hinweis sein, **Volkswirtschaft** und **Betriebswirtschaft** enger zu **verzahnen**.

8 Konstitutionelle Entscheidungen

8.1 Phasen

Das »Leben« eines Unternehmens lässt sich in verschiedene Phasen einteilen:

- Gründung,
- Entwicklung,
- Krise,
- Auflösung.

Alle sollen nachfolgend kurz angesprochen werden, wobei die beiden letzten dabei in einem Punkt zusammengefasst werden.

Im Mittelpunkt dieses Kapitels stehen die konstitutionellen Entscheidungen, die insbesondere in der Gründungsphase zu treffen sind, aber auch in der weiteren Entwicklung, insbesondere bei Expansion und Wachstum, zumindest überprüft werden müssen und ggf. zu revidieren und zu ergänzen sind.

8.1.1 Gründung

In der Gründungsphase sind wichtige Grundsatzentscheidungen zu treffen

Am Anfang einer Unternehmensgründung stehen die Idee, die Vision und der Wille eines Unternehmers zur Selbstständigkeit, falls es sich nicht bei der Gründung des Unternehmens um die Ausgliederung aus einem bereits bestehenden handelt, was teilweise auch im Rahmen der Entwicklung zu sehen wäre. Auf die besonderen Motivationen und Voraussetzungen der gerade auch in neuerer Zeit im Rahmen der Existenzgründungen an Aufmerksamkeit gewinnenden Aspekte der Unternehmensgründung soll hier nicht weiter eingegangen werden, wie beispielsweise persönliche Eignung, finanziell ausreichende Mittel oder die formalen Aspekte der handelsregisterlichen Anmeldung etc. Besondere Bedeutung haben jedoch in diesem Zusammenhang die nachfolgend in gesonderten Abschnitten behandelte Wahl der Rechtsform und die Standortwahl.

Unternehmen sind in den ersten Jahren besonders anfällig für Krisen

Hingewiesen werden muss darauf, dass Unternehmen gerade in den ersten Jahren besonders anfällig sind für Krisen, die auch zur Insolvenz führen können, zu ungewollten Unternehmensschließungen. Dies mag einerseits mit der oftmals ungenügenden Eigenkapitalausstattung zusammenhängen, andererseits damit, dass manchmal der Start mit bestimmten Projekten und Aufträgen erfolgt, die auf speziellen Kenntnissen oder Verbindungen des Existenzgründers beruhen; gerade der engagierte Einsatz für diese Aufgaben kann zur Vernachlässigung der Bemühungen um Nachfolgeaufträge führen. Sicher ist jedenfalls:

→ *Eine Strategieplanung, die Entwicklung einer geeigneten Organisation und der Aufbau eines aussagefähigen Rechnungswesens etc. unterstützen den erfolgreichen Start.*

8.1.2 Entwicklung

Alle in den vorangegangenen Kapiteln angesprochenen Themen sind relevant für die Führung eines bestehenden Unternehmens. Dabei können je nach Entwicklung die Akzente unterschiedlich gesetzt sein.

Mit einem Unternehmenswachstum, das grundsätzlich positiv zu bewerten ist, sind auch eine Reihe zusätzlicher Herausforderungen verbunden:

Entwicklung bringt neue Herausforderungen

- Zum einen kann bei einem überproportionalen Wachstum der Kapitalbedarf stärker steigen als die Möglichkeit der Eigenkapitalbildung.
- Stößt dabei auch die Fremdkapitalaufnahme an Grenzen, so ist ggf. rechtzeitig über die Zuführung neuen Eigenkapitals nachzudenken, falls dies nicht aus dem Kreis der bisherigen Gesellschafter bzw. des Einzelunternehmers erfolgen kann, ggf. durch Aufnahme neuer Gesellschafter – eine Möglichkeit, die auch im Rahmen der Wahl der Rechtsform kurz angesprochen werden wird.
- Zumeist ergibt sich in der »Wachstumsphase« eines Unternehmens auch die Notwendigkeit, Führungs- und Organisationsstrukturen zu überprüfen und ggf. anzupassen oder zu ändern, denn häufig steht am Anfang in kleinerem Rahmen der unmittelbare Kontakt zum Unternehmer im Vordergrund, während die Entwicklung und steigende Mitarbeiterzahlen die Schaffung zusätzlicher Organisations- und Hierarchie-Ebenen und damit verbundener Delegationen erforderlich machen.

Lösungen immer wieder überprüfen

Insoweit sind auch Lösungen, die zu Themen aus den in den vorangegangenen Kapiteln angesprochenen Gebieten zunächst gefunden wurden, nicht endgültig, sondern immer wieder zu überprüfen, sowohl wegen des Wandels im Markt und im weiteren Umfeld als auch auf Grund innerbetrieblicher Veränderungen, insbesondere in Zeiten schnelleren Wachstums.

8.1.3 Auflösung

Die Auflösung eines Unternehmens kann erfolgen, weil der mit der Unternehmensgründung verfolgte Zweck erfüllt ist, sowie auch auf freiwilliger Basis, wenn der Unternehmer bzw. die Gesellschafter dies beschließen, beispielsweise aus Altersgründen, wegen anderweitiger Interessen oder weil langfristige Zukunftsperspektiven zurückhaltend beurteilt werden.

Es erfolgt dann eine freiwillige Liquidation. Nach dem Liquidationsbeschluss steht im Mittelpunkt nicht mehr die Unternehmensfortführung, sondern seine Auflösung und die Verwertung und Verteilung des Unternehmensvermögens.

Krisen entstehen, wenn die Erreichung elementarer Unternehmensziele gefährdet ist

Oftmals erfolgt die Unternehmensauflösung auch unfreiwillig. Zumeist geht ihr eine **Krise** voraus. Krisen sind kritische Situationen, die entweder bewältigt, also zum Positiven gewendet werden können oder sich negativ entwickeln. Sie entstehen, wenn die Erreichung elementarer Unternehmensziele gefährdet ist, z. B.:

- Sicherung der Liquidität,
- Sichern einer ausreichenden Rendite, eines Gewinns (falls nicht in besonderen Situationen Kostendeckung ausreicht oder entsprechende Zuschüsse gewährleistet sind),
- Sicherung ausreichender Erfolgspotenziale; dieser Aspekt wird zunehmend bei der Behandlung des Krisenmanagements einbezogen.

Nach den Phasen, in denen sich eine Krise befindet, wird unterschieden in:

Krisen entstehen oft nicht plötzlich, sondern entwickeln sich

Entsprechende Sensibilität kann helfen, sie frühzeitig zu erkennen

- **Potenzielle Krise:** Hier ist noch keine Unternehmenskrise gegeben, sondern lediglich möglich; zu beachten ist jedoch, dass eine Fülle von Entscheidungen, die auf die Wahrnehmung von Chancen ausgerichtet sind, zugleich auch das Eingehen von Risiken bedeuten – und somit die Grundlage potenzieller Krisen sein können.
- **Latente Unternehmenskrise:** Sie ist dadurch gekennzeichnet, dass sich aus der möglichen Krise bereits Gefährdungen entwickeln, jedoch unterschwellig verdeckt und nahezu unmerklich für das übliche betriebswirtschaftliche Kontrollinstrumentarium; Vorsorge bieten hier beispielsweise die so genannten »Frühwarnsysteme« im Rahmen des Controllings.
- **Akute, aber noch beherrschbare Krise:** Während in der vorhergehenden Phase eine wesentliche Schwierigkeit in der frühzeitigen Erkennung liegt, tritt hier mit der Akutwerdung diese Problematik zumeist in den Hintergrund, Gefährdungen in der Zielerreichung werden erkennbar, durch entsprechendes Krisenmanagement wird eine Umkehr möglich.
- **Akute, aber nicht beherrschbare Unternehmenskrise:** Hier ist die Gefährdung, insbesondere der liquiditäts- und ergebnisbezogenen Ziele, so weit fortgeschritten, dass sie im Unternehmen aus eigener Kraft nicht mehr bewältigt werden kann.

Insbesondere die vierte Phase führt zur Anmeldung eines **Insolvenzverfahrens**, in dem entweder unter dem Schutz des Insolvenzgerichts und eines Insolvenzverwalters eine Sanierung ermöglicht wird oder aber die Liquidation des Unternehmens erfolgt. Im Vorfeld kann auf freiwilliger Basis eine Unternehmenssanierung durchgeführt werden. Auf Krisenmanagement, Insolvenzverfahren und Liquidation kann hier nicht weiter eingegangen werden, verwiesen wird auf das Handbuch »Krisenbewusstes Management«.

8.2 Wahl der Rechtsform

Durch die Organisation ist die innere Struktur eines Unternehmens zu gestalten. Mit der Wahl der Rechtsform wird die juristische Struktur bestimmt, die zwar auch Einfluss nach innen hat – beispielsweise auf Beschlussfassungen der Unternehmensleitung –, aber auch erhebliche Außenwirkungen, z.B. bezüglich Haftung und Vertretungsrecht. Auf Grund der zahlreichen mit der Wahl einer Rechtsform verbundenen Konsequenzen ist dieser Frage besondere Aufmerksamkeit zu widmen (in der Regel werden fachkundige Berater hinzugezogen), zumal ein Wechsel der Rechtsform zwar möglich, aber mit Aufwand und Kosten, gelegentlich auch mit steuerlichen Belastungen verbunden ist.

Mit der Wahl der Rechtsform wird die juristische Struktur bestimmt

Die Rechtsformen privater Unternehmen – also ohne jene von Körperschaften des öffentlichen Rechts – werden üblicherweise eingeteilt in Einzelunternehmen, Personengesellschaften, Kapitalgesellschaften und sonstige Rechtsformen, entsprechend sind auch die Unterabschnitte gegliedert. Zunächst werden jedoch die Entscheidungskriterien im Zusammenhang behandelt, bevor die einzelnen Rechtsformen mit ihren typischen Merkmalen skizziert werden.

Wechsel der Rechtsform zwar möglich, aber mit Aufwand und Kosten, gelegentlich auch mit steuerlichen Belastungen verbunden

8.2.1 Entscheidungskriterien

Die Gewichtung der einzelnen Gesichtspunkte hängt jeweils vom konkreten Einzelfall und im gewissen Rahmen auch von den Präferenzen der Beteiligten ab. Vor einer Entscheidung sollten jedoch die wesentlichsten Kriterien in ihrer jeweiligen Bedeutung und auch in der Wechselwirkung beachtet werden.

- **Haftung:** Hierzu zählt das Risiko des Vermögensverlustes über eine begrenzte (zunächst gezeichnete) Kapitalbeteiligung hinaus, wie sie durch die persönliche Haftung begründet ist, z.B. bei Einzelunternehmen, oHG-Gesellschaftern, Vollhaftern einer KG oder KGaA sowie bei BGB-Gesellschaftern.

- **Entscheidungsbefugnis:** Sie gliedert sich in die nach innen gerichtete Geschäftsführung und Entscheidungsfindung, in die nach außen orientierten Vertretungsbefugnisse und in Kontrollrechte.

Bei Einzelunternehmungen fallen sie zusammen, im Übrigen sind entsprechende Regelungen zu treffen, üblicherweise im Gesellschaftsvertrag (Satzung), wobei gesetzliche Regelungen zu beachten sind, die bei Kapitalgesellschaften weniger Gestaltungsfreiraum lassen als bei Personengesellschaften.

Zusätzliche Eigenkapitalbeschaffung oder Fremdkapitalbeschaffung

- **Finanzierungsmöglichkeiten:** Hier muss unterschieden werden in die Möglichkeit zusätzlicher Eigenkapitalbeschaffung und der Fremdkapitalbeschaffung. Wenn z. B. die geplante Entwicklung mit entsprechend großem Wachtstum einen steigenden Kapitalbedarf erwarten lässt, ist dieser Frage besondere Beachtung zu widmen. Gerade bei auf persönliche Haftung abgestellten Einzelunternehmen und Personengesellschaften reichen oftmals die Eigenmittel der Gründer und die mögliche Selbstfinanzierung während der Wachstumsphase nicht aus, um das für eine solide und risikosichere Gesamtfinanzierung notwendige Eigenkapital bereitzustellen. Dies macht dann (falls nicht auf Wachstum verzichtet werden soll) oftmals die Aufnahme weiterer Gesellschafter erforderlich mit entsprechenden Konsequenzen, notwendigen Umstrukturierungen, ggf. auch einem Wandel der Rechtsform etc., sodass entsprechende Überlegungen sinnvollerweise möglichst früh anzustellen sind.

- **Steuerliche Belastung:** Früher bestehende Doppelbesteuerung und damit verbundene zusätzliche Belastungen für Kapitalgesellschaften ist inzwischen praktisch aufgehoben (Reform des Körperschaftsteuerrechts 1977, Nichterhebung der Vermögenssteuer seit 01.01.1997). Unterschiedliche Behandlungen ergeben sich noch durch die bei Gründung und Kapitalerhöhung anfallende Gesellschaftssteuer, bei der Einbringung von Grundstücken in das Gesellschaftsvermögen sowie der Gewinnermittlung; da Kapitalgesellschaften eine selbstständige juristische Person darstellen, können Verträge zwischen Gesellschaftern und Gesellschaft mit unterschiedlicher steuerlicher Auswirkung abgeschlossen werden. Der Gesetzgeber plant weitere Differenzierungen.

- **Ergebnisbeteiligung:** Hierbei ist zwischen der Gewinn- und Verlustbeteiligung sowie der Teilnahme an stillen Reserven und der Einflussmöglichkeit auf Gewinnentnahmen zu unterscheiden. Dazu gehört beispielsweise, inwieweit die Einstellung von Gewinnen in die Rücklagen, also nicht Ausschüttung, gegen das Votum einzelner Gesellschafter beschlossen werden kann.

- **Flexible Vertragsgestaltung:** Die gesetzlichen Bestimmungen sind für die einzelnen Rechtsformen unterschiedlich streng, was Auswirkungen darauf hat, inwieweit sie durch vertragliche Vereinbarungen ersetzt oder ergänzt werden können. Grundsätzlich gilt, dass bei Personengesellschaften der Gestaltungsspielraum größer ist und bei Aktiengesellschaften am engsten.

- **Besondere Anforderungen:** Diese können sich z.B. auf das Rechnungswesen, Prüfungspflichten und Publizität beziehen. Auch hier gelten grundsätzlich bei Kapitalgesellschaften und insbesondere bei der Aktiengesellschaft strengere Regelungen.

Bei der Wahl der Rechtsform sind mehrere Aspekte zu berücksichtigen

- **Besondere Kosten:** Dabei handelt es sich neben den laufenden Kosten – zu denen auch die Aufwendungen für die besonderen Anforderungen, insbesondere der Prüfung und der Publikation, gehören – um die Kosten bei Gründung oder Kapitalerhöhung, die bei den Aktiengesellschaften am höchsten sind.

- **Besondere Voraussetzungen:** Es ist zu beachten, inwieweit für bestimmte Rechtsformen ein Mindestkapital oder Mindesteinlagen gefordert sind oder eine Mindestzahl von Gesellschaftern verlangt wird. Teilweise ist für bestimmte Betriebe auch die Wahl der Rechtsform eingeschränkt, im Unterabschnitt »Sonstige Rechtsformen« wird dies nochmals angesprochen.

- **Eigene Rechtsfähigkeit:** Diese ist nur bei Kapitalgesellschaften, Genossenschaften, Stiftungen privaten Rechts sowie Sonderformen gegeben, nicht jedoch bei Einzelunternehmen und Personengesellschaften.

- **Veräußerungsfähigkeit:** Hierzu gehören die Fragen, wie leicht sich ein Gesellschafter von seinem Engagement zurückziehen kann und von seinen Verpflichtungen als Gesellschafter entlassen wird, den Gegenwert seiner Beteiligung ausbezahlt erhält und inwieweit er weiteren Haftungsverpflichtungen Dritten gegenüber unterliegt. Grundsätzlich gilt, dass bei Personengesellschaften die Bindung des einzelnen Gesellschafters höher ist als bei Kapitalgesellschaften. Bei einer AG können beispielsweise die Anteile (Aktien) veräußert werden, ohne dass dies unmittelbar die Gesellschaft berührt. Gerade bei Personengesellschaften (je nach Satzung, ggf. auch abgemildert bei GmbHs) entsteht mit dem Ausscheiden eines Gesellschafters dessen Anspruch auf Auszahlung eines Auseinandersetzungsguthabens – dies kann zu Kapitalabfluss führen, falls nicht zusätzliche neue Gesellschafter gefunden werden oder die alten Gesellschafter aufstocken können. Hieraus ergibt sich ein Spannungsfeld zwischen den Interessen des Unternehmens (langfristige Kündigungs- bzw. Auszahlungsfristen im Hinblick auf finanzielle Stabilität) und den Bedürfnissen eines ausscheidungswilligen Gesellschafters. Vielfach werden zur Sicherung des Unternehmens die gesetzlichen Bestimmungen durch vertragliche Regelungen ergänzt und erweitert. Für persönlich haftende Gesellschafter gelten bestimmte Haftungsregeln, auch nach deren Ausscheiden.

- **Anpassungsfähigkeit:** Im Sinne einer Anpassung an künftige Veränderungen sind zum einen die Fragen bezüglich des Ausscheidens bzw. Neueintritts von Gesellschaftern oder unterschiedlicher Teilnahme an Kapitalerhöhungen zu beachten. Hierzu zählen aber auch Überlegungen im Hinblick auf Nachfolge- und Erbschaftsregelungen. Sie werden oftmals bei der Unternehmensgründung gegenüber den »vorrangigen« Themen vernachlässigt, da sie zum Teil sehr weit in die Zukunft reichen, schwer abschätzbar und von persönlichen Aspekten überlagert sind. Grundsätzlich gilt, dass bei Einzelunternehmen und Personengesellschaften die Verbindung zu »persönlichen Lebensplanungen« enger ist – was wiederum auch zu Spannungen führen kann, wenn diese sich bei den einzelnen Gesellschaftern unterschiedlich entwickeln. Andererseits bieten Personengesellschaften, wie bereits angesprochen, gegenüber Kapitalgesellschaften, insbesondere der AG, einen größeren Gestaltungsspielraum bei Abschluss und Änderung des Gesellschaftsvertrages, der Satzung.

8.2.2 Einzelunternehmen

Der Einzelunternehmer trägt das volle finanzielle Risiko

Der Einzelunternehmer trägt das **volle finanzielle Risiko**, indem er für Ansprüche gegenüber der Gesellschaft auch mit seinem Privatvermögen einzustehen hat. Im Falle einer Insolvenz durch Zahlungsunfähigkeit und/oder Überschuldung kann dies dazu führen, dass er am Ende nicht nur sein gesamtes (auch privates) Vermögen verliert, sondern darüber hinaus noch Schuldner bleibt für alle nicht befriedigten Verbindlichkeiten. Auf der anderen Seite ist er in seiner **Gestaltungsmöglichkeit am freiesten**, da es für ihn neben den allgemeinen und einzuhaltenden gesetzlichen Bestimmungen – insbesondere auch des Handels- und Gewerberechts – keine besonderen einschränkenden Regelungen gibt.

Er ist in seiner Gestaltungsmöglichkeit am freiesten

Ca. 90% der kaufmännischen und handwerklichen Betriebe werden als Einzelunternehmungen geführt; sie beschäftigen etwa 40% der Erwerbstätigen. Hieraus wird ersichtlich, dass ihre Bedeutung für die Volkswirtschaft größer ist als die Beachtung, die sie manchmal in der öffentlichen Diskussion finden.

8.2.3 Personengesellschaften

Unter Gesellschaft wird der Zusammenschluss mehrerer Personen zur Erreichung eines gemeinsamen Zweckes verstanden. Grundlage ist der Gesellschaftsvertrag (die Satzung), durch den der gemeinsame Zweck, die Rechtsform, die Beteiligung, die Haftung, die Vertretung, die Gewinn- und Verlustverteilung etc. geregelt werden.

Grundlage ist der Gesellschaftsvertrag

→ *Personengesellschaften entstehen bereits mit dem Abschluss dieses Gesellschaftsvertrages – demgegenüber werden Kapitalgesellschaften erst mit Eintragung ins Handelsregister als juristische Person existent.*

Der entscheidende Unterschied zwischen Personen- und Kapitalgesellschaften besteht eben darin, dass letztere als juristische Person unabhängig von ihren Mitgliedern im Rechtsverkehr auftreten, während bei Personengesellschaften die Gesellschafter selbst Träger aller gesellschaftlichen Rechte und Pflichten sind, es entsteht also keine eigene Rechtsfähigkeit.

Grundform der Personengesellschaften ist die »Gesellschaft des bürgerlichen Rechts«, auch BGB-Gesellschaft genannt, da sie im BGB (Bürgerliches Gesetzbuch) geregelt ist. Betreibt sie ein Handelsgewerbe, so entsteht eine Handelsgesellschaft (so genannte qualifizierte BGB-Gesellschaft), beispielsweise in Form einer oHG oder einer KG. In Deutschland werden etwa dreimal so viele Unternehmen in Form einer Personengesellschaft betrieben wie als Kapitalgesellschaft.

Es gibt unterschiedliche Formen der Personengesellschaften

8.2.3.1 Offene Handelsgesellschaft (oHG)

Eine oHG entsteht, wenn **zwei oder mehrere Personen**, die alle **persönlich und unbegrenzt haften** (entsprechend dem Einzelunternehmer), sich zum Betrieb eines Handelsgeschäfts unter gemeinschaftlicher Firma zusammenschließen. Gesellschafter können natürliche und/oder juristische Personen sein. Gesetzlich geregelt ist die oHG im Handelsgesetzbuch.

Abgesehen von der persönlichen Haftung jedes einzelnen Gesellschafters und der Einhaltung einiger Mindestrechte und -pflichten

Die oHG gewährt den Beteiligten große Gestaltungsfreiheit

gewährt die oHG den Beteiligten **große Gestaltungsfreiheit**, durch einen Gesellschaftsvertrag Regelungen zu treffen, die den konkreten Bedürfnissen des Einzelfalles gerecht werden. Dies betrifft insbesondere die Gewinnverteilung, das Recht auf Entnahmen und den Umfang der Mitwirkung im Unternehmen sowie sonstige Regelungen im Innenverhältnis.

Wegen der Vollhaftung der Gesellschafter und entsprechend ihrer Bonität besitzt die oHG eine relativ hohe Kreditwürdigkeit. Soll die Gesellschaft jedoch über die Möglichkeiten der bisherigen Gesellschafter hinaus mit Eigenkapital ausgestattet werden, so ist es oft recht schwer, zusätzliche Gesellschafter zu finden, da diese nicht nur eine Kapitaleinlage zu erbringen haben, sondern insbesondere durch die Vollhaftung mit der Gesellschaft und ihrem Schicksal auch persönlich eng verbunden werden. In solchen Fällen können Überlegungen angebracht sein, die oHG in eine KG umzuwandeln.

8.2.3.2 Kommanditgesellschaft (KG)

Wie die oHG ist die KG eine Personengesellschaft mit **zwei oder mehreren Gesellschaftern**. Charakteristisch ist – und darin unterscheidet sie sich von der oHG –, dass es **zwei Gesellschaftergruppen** gibt:

- **Komplementär:** Die Gesellschaft muss mindestens einen **Vollhafter** haben, dessen Haftung und Rechtsstellung der eines oHG-Gesellschafters entspricht.
- **Kommanditist:** Daneben gibt es einen oder mehrere **Teilhafter**, also Gesellschafter, welche nur für die von ihnen gezeichnete Einlage – die mit der Betragshöhe im Handelsregister eingetragen wird – haften. Auch bei Verlusten entsteht keine Nachschusspflicht der Kommanditisten, sondern der zu übernehmende Verlustanteil wird einem Sonderkonto des Teilhafters zugebucht und mit eventuellen späteren Gewinnen verrechnet, bevor eine Gewinnausschüttung erfolgen kann, die nicht als Kapitalrückzahlung anzusehen ist. Der Kommanditist ist von der Geschäftsführung sowie von der Vertretung der Gesellschaft nach außen hin ausgeschlossen. Erhält er dennoch Vertretungsrechte, so ist er, unabhängig von seiner Kommanditisten-Stellung, entweder als Prokurist oder Handlungsbevollmächtigter etc. zu bestellen.

Auch bei der KG besteht eine weitestgehende Gestaltungsfreiheit beim Gesellschaftsvertrag

Auch für die KG sind die wesentlichen gesetzlichen Regelungen im HGB enthalten in Ergänzung zu denen der oHG. Wie bei der oHG besteht auch bei der KG eine **weitestgehende Gestaltungsfreiheit** beim Gesellschaftsvertrag, der ebenfalls formlos erfolgen kann, also beispielsweise nicht der notariellen Beurkundung bedarf; jedoch erfolgt die Anmeldung zum Handelsregister in der Regel über einen

Notar. Dabei wird auch die Höhe der (gezeichneten) Kommanditeinlage festgelegt; liegt die gezahlte Einlage darunter, so haftet der Kommanditist noch für den Differenzbetrag, die ausstehende Einlage. Die Beurteilung der Kreditfähigkeit einer KG ist – abgesehen von den speziellen Einzelheiten des konkreten Falles – ähnlich der einer oHG. Die Haftungsbegrenzung der Kommanditisten erleichtert in aller Regel die Aufnahme zusätzlichen Eigenkapitals.

8.2.3.3 GmbH & Co. KG

Hierbei handelt es sich um eine Kommanditgesellschaft, bei der der Vollhafter, **Komplementär**, keine natürliche Person ist, sondern eine **juristische Person**, eine GmbH, also eine Kapitalgesellschaft, die zwar persönlich haftet, deren Gesellschafter jedoch nur beschränkt haften (siehe GmbH).

GmbH & Co. KG: Gründe für die Wahl einer GmbH als Komplementärin liegen häufig in der Haftungsbegrenzung

Gründe für die Wahl einer GmbH als Komplementärin liegen häufig in dieser **Haftungsbegrenzung**, weshalb zumeist daneben auch keine natürlichen Personen Komplementärstellung übernehmen. Möglich ist es jedoch auch, eine GmbH als Komplementärin in die KG aufzunehmen zur besseren Sicherung der Kontinuität des Unternehmens, z. B. bei Tod einer natürlichen Person als Vollhafterin oder um über die GmbH die Geschäftsführung zu regeln. Trotz anfänglicher erheblicher Bedenken hat sich die GmbH & Co. KG als Rechtsform der Kommanditgesellschaft durchgesetzt und in der Praxis eine hohe Bedeutung erlangt. Oftmals besteht eine (zumindest teilweise, eventuell auch in der Beteiligungsquote differenzierte) Identität zwischen Kommanditisten und Gesellschaftern der GmbH.

Durch den faktischen Fortfall bzw. die Begrenzung einer persönlichen Haftung ist die Kreditaufnahmemöglichkeit ebenfalls begrenzt.

8.2.3.4 Gesellschaft bürgerlichen Rechts (GbR)

Sie wird, wie bereits eingangs gesagt, auch als BGB-Gesellschaft bezeichnet und ist der Zusammenschluss von **mindestens zwei (natürlichen und/oder juristischen) Personen**, die sich durch einen Vertrag zur Verfolgung gemeinsamer Zwecke zusammenschließen. Rechtsgrundlagen sind im BGB geregelt. Der Gesellschaftsvertrag ist **formlos** abschließbar, abgesehen von bestimmten Sonderfällen, beispielsweise, wenn Grundstücke eingebracht werden. Die Gesellschafter **haften persönlich und unbeschränkt** mit ihrem Privatvermögen.

GbR: Die Gesellschafter haften persönlich und unbeschränkt mit ihrem Privatvermögen

Die GbR ist häufig anzutreffen als Zusammenarbeit und Bürogemeinschaft von Freiberuflern und sonstigen Nichtkaufleuten. Für die gewerbliche Wirtschaft liegt ihre Bedeutung vor allem in der zeitlich oder auf ein Projekt begrenzten Zusammenarbeit. Hierzu zählen Arbeitsgemeinschaften, z. B. der Zusammenschluss mehrerer Bauunternehmer bei einem Großprojekt, der Zusammenschluss von Versicherungen zur Abdeckung größerer Risiken oder Konsortien von Banken, z. B. zur gemeinsamen Emission von Aktien etc.

8.2.3.5 Partnerschaftsgesellschaft

Für die freien Berufe ist seit dem 01.07.1998 der Zusammenschluss in Form einer so genannten Partnerschaftsgesellschaft möglich, die in ein Partnerschaftsregister eingetragen wird, ähnlich dem Handelsregister beim Amtsgericht. Sie ist stark der BGB-Gesellschaft angenähert.

8.2.3.6 Europäische wirtschaftliche Interessenvereinigung (EWiV)

Ebenfalls nur der Vollständigkeit halber angesprochen werden soll diese Gesellschaftsform, die seit dem 01.07.1989 im Handelsregister eingetragen werden kann, mit einigen Besonderheiten der oHG angenähert ist und den grenzüberschreitenden Zusammenschluss zur Zweckverfolgung auf dem Weg zu einem gemeinsamen Europa fördern soll.

8.2.3.7 Stille Gesellschaft

Eine stille Gesellschaft entsteht, wenn sich ein Kapitalgeber (stiller Gesellschafter, so genannter **Stiller**) an einem Handelsgewerbe in der Weise beteiligt, dass **seine Einlage in dessen Vermögen** übergeht. Sowohl der stille Gesellschafter als auch der Geschäftsinhaber können natürliche oder juristische Personen sein, also Einzelunternehmen, Personen- oder Kapitalgesellschaften.

Die stille Gesellschaft wird nicht ins Handelsregister eingetragen

Die stille Gesellschaft ist eine rechtsfähige Personengesellschaft, jedoch keine Handelsgesellschaft und unterscheidet sich von der BGB-Gesellschaft dadurch, dass die **Verlustbeteiligung des Stillen** auf die von ihm geleistete Einlage **beschränkt** ist. Die stille Gesellschaft wird auch nicht im Handelsregister eingetragen und unterscheidet sich im Übrigen von der oHG und KG dadurch, dass auch kein Handelsgewerbe unter einer gemeinschaftlichen Firma betrieben wird. Auch wenn dem Stillen grundsätzlich **geringere Kontrollrechte** zustehen, so ist beim stillen Gesellschaftsvertrag eine **große Gestaltungsfreiheit** gegeben, die von der Stellung und Abhängigkeit der Beteiligten zueinander bestimmt wird. So kann beispielsweise eine Verlustbeteiligung ganz oder teilweise durch Vertrag ausgeschlossen werden, für die Gewinnbeteiligung können Mindest- oder Höchstgrenzen festgelegt werden etc.

In der Praxis sind zwei Grundformen zu unterscheiden:

- **Typische** stille Gesellschaft: Bei ihr ist der Stille nicht an den stillen Reserven des Unternehmens beteiligt.
- **Atypische** stille Gesellschaft: Hier nimmt der stille Gesellschafter am Wertzuwachs teil, er erhält also bei seinem Ausscheiden seinen Anteil an den gebildeten stillen Reserven einschließlich Firmenwert – daher ist der atypische stille Gesellschafter steuerrechtlich ein Mitunternehmer.

Ist in einer typischen stillen Gesellschaft die Verlustbeteiligung ausgeschlossen, so entspricht sie praktisch einem patriarchalischen Darlehen mit gewinnabhängiger Verzinsung. Die stille Gesellschaft bietet einige Vorteile als Instrument der Finanzierung, beispielsweise an Stelle oder in Vorbereitung einer künftigen »echten« Beteiligung, möglicherweise auch als Form einer Mitarbeiterbeteiligung.

Die stille Gesellschaft bietet einige Vorteile als Instrument der Finanzierung

8.2.4 Kapitalgesellschaften

Als Grundform der Kapitalgesellschaften gilt der Verein, der im BGB geregelt ist. Es handelt sich um **juristische Personen**, die unabhängig von ihren Mitgliedern im Rechtsverkehr auftreten. Zu den Kapitalgesellschaften (auch Körperschaften genannt) im gewerblichen Bereich zählen insbesondere die GmbH, die AG, die KGaA sowie die eingetragene Genossenschaft; sie alle sind in jeweiligen Sondergesetzen geregelt. Die Kapitalgesellschaft wird **erst mit ihrer Eintragung ins Handelsregister** (bzw. Genossenschaftsregister oder Vereinsregister) **als juristische Person existent**.

Als Grundform der Kapitalgesellschaften gilt der Verein

Die Körperschaften können auf einen **beliebigen rechtsfähigen Zweck** ausgerichtet sein, sie sind also nicht auf ein Handelsgeschäft beschränkt.

Die Kapitalgesellschaft wird erst mit ihrer Eintragung ins Handelsregister als juristische Person existent

8.2.4.1 Gesellschaft mit beschränkter Haftung (GmbH)

Rechtsgrundlage ist das GmbH-Gesetz. Das nominale Beteiligungskapital einer GmbH wird **Stammkapital** genannt und muss insgesamt **mindestens 50.000 DM / 25.000 €** betragen; jede Stammeinlage im Minimum 500 DM / 250 €. Davon muss bei der Anmeldung zum Handelsregister eine Mindesteinzahlung von 25 % auf jede Stammeinlage erfolgt sein, mindestens aber 25.000 DM / 12.500 € auf das Stammkapital (50.000 DM / 25.000 € bei einer Ein-Mann-GmbH).

Die Kapitaleinbringung ist als Geld- oder Sacheinlage möglich, bei Letzterer ist eine entsprechende Bewertungsprüfung notwendig. Die **Haftung des einzelnen Gesellschafters beschränkt** sich auf die Erbringung der von ihm gezeichneten Einlage. Dabei ist jedoch zu beachten – was in der Praxis oftmals übersehen wird –, dass die Gesell-

Kapitaleinbringung ist als Geld- oder Sacheinlage möglich

schafter insgesamt **für ausstehende Einlagen haften**, wenn mit der Gründung nicht bereits das gesamte Stammkapital eingebracht wurde (in der Gründungsphase vor Eintragung ist noch keine Kapitalgesellschaft entstanden!).

Im Gesellschaftervertrag sind Firma und Sitz sowie Gegenstand der Gesellschaft festzulegen, neben dem Gesamtbetrag des Stammkapitals und der Höhe der Stammeinlagen je Gesellschafter. Zusätzliche Vereinbarungen sind möglich, soweit sie nicht zwingenden Regelungen des GmbH-Gesetzes zuwiderlaufen.

Organe der GmbH

Organe der GmbH sind:

- **Gesellschafterversammlung:** In diesem obersten Gesellschaftsorgan können alle wesentlichen Entscheidungen durch formlosen Beschluss mit einfacher Mehrheit erfolgen, soweit nicht im Gesellschaftsvertrag eine qualifizierte Mehrheit vereinbart wurde. Zu den Aufgaben zählen insbesondere: Feststellung des Jahresabschlusses und die Gewinnverteilung, Einforderung von Einzahlungen auf die Stammeinlage, Rückzahlungen von Nachschüssen, Teilung und Einziehung von Geschäftsanteilen, Bestellung und Abberufung von Geschäftsführern sowie deren Entlastung, Maßregeln zur Prüfung und Überwachung der Geschäftsführung, Bestellung von Prokuristen und Handlungsbevollmächtigten, Geltendmachung von Ersatzansprüchen, welche der Gesellschaft aus der Gründung oder Geschäftsführung gegenüber Geschäftsführern oder Gesellschaftern zustehen, Vertretung der Gesellschaft in Prozessen, welche sie gegen die Geschäftsführer führen muss.
  Daneben können weitere Maßnahmen als zustimmungsbedürftig im Vertrag geregelt sein (mit einfacher oder qualifizierter Mehrheit).
- **Geschäftsführer:** Es können ein oder mehrere Geschäftsführer bestellt werden, die entweder allein oder zusammen gerichtlich und außergerichtlich die Gesellschaft vertreten. Während im Innenverhältnis durch Gesellschaftsvertrag oder Beschluss der Gesellschafterversammlung eine Einengung vorgenommen werden kann, gilt nach außen eine unbeschränkbare Vertretungsmacht. Verletzt der Geschäftsführer jedoch seine Vertretungsbefugnis, haftet er der Gesellschaft für den entstandenen Schaden. Zu Geschäftsführern können sowohl Gesellschafter als auch Nichtgesellschafter bestellt werden.
- **Aufsichtsrat:** Die Gesellschaft kann (bei mehr als 500 Arbeitnehmern muss sie) einen Aufsichtsrat bestellen, sofern dies im Gesellschaftsvertrag vorgesehen ist.

Vorteile einer GmbH gegenüber den Personengesellschaften bestehen in der **beschränkten Haftung aller ihrer Gesellschafter** (ohne dass, wie bei der GmbH & Co. KG, eine zusätzliche Gesellschaft gegründet werden muss); in der Praxis führt oftmals die enge persönliche Bindung der Gesellschafter einer GmbH dazu, dass dieser Vorteil durch die Abgabe von Bürgschaften, insbesondere Banken und Großgläubigern gegenüber, aufgeweicht wird. Verglichen mit einer AG besteht ein **größerer Spielraum für die vertragliche Gestaltung** – grundsätzlich ist sie eher für kleinere und mittlere Unternehmen konzipiert worden.

Insgesamt hat die Rechtsform der GmbH an Bedeutung gewonnen, auch in Ablösung von Personengesellschaften.

8.2.4.2 Aktiengesellschaft (AG)

Rechtsgrundlage ist das Aktiengesetz (AktG). Das Nominalkapital der AG – **Grundkapital** genannt – wird durch den Gesellschaftsvertrag (Satzung) festgelegt und muss mindestens 100.000 DM / 50.000 € betragen. Das Grundkapital wird zerlegt in Anteile, Aktien genannt, die einen Mindestnennbetrag von 5,– DM / 1 € habe; heute erfolgt die Zerlegung überwiegend in Stückanteilen (‰-Anteil am Grundkapital). Jemand wird **Gesellschafter** einer AG, indem er **Aktien erwirbt**, **ohne persönlich** für die Verbindlichkeiten der Gesellschaft **zu haften**. Für die Gründung bedarf es einer notariellen Beurkundung. Die Ausgabe der Aktien muss mindestens zum Nennbetrag erfolgen, d.h., eine so genannte »Ausgabe unter pari« ist unzulässig. Bei einem höheren Ausgabekurs wird der den Nennbetrag übersteigende Wert nach Abzug der Gründungskosten einer gesetzlichen Kapitalrücklage zugeführt. Eine Einlage kann als Geld- oder Sacheinlage erfolgen. Bei Letzterer wird wiederum eine Wertprüfung notwendig; hierbei ist zu beachten, dass auch das Einbringen von Forderungen als Sacheinlage gilt.

Jemand wird Gesellschafter einer AG, indem er Aktien erwirbt, ohne persönlich für die Verbindlichkeiten der Gesellschaft zu haften

Grundsätzlich gewähren Aktien:

- das **Stimmrecht** in der Hauptversammlung,
- das Recht auf **Dividende** am ausgeschütteten Gewinn,
- das **Bezugsrecht** bei der Ausgabe von Aktien, z.B. durch die Umwandlung von Rücklagen,
- die Teilnahme am **Liquidationserlös**.

Aktien gewähren verschiedene Rechte

Auf Differenzierungen, wie sie sich insbesondere durch die Ausgabe unterschiedlicher Aktien als Stamm- oder Vorzugsaktien und als Inhaber- oder Namensaktien (auch vinkuliert) ergeben, wird hier nicht weiter eingegangen.

Mit der Übereignung der Aktie geht das Mitgliedschaftsrecht auf den Neuerwerber über. Dieser Übergang, ebenso wie die Höhe des

Der Preis, zu dem eine Aktie gehandelt wird, ist der Kurs

Kaufpreises, bleibt ohne direkten Einfluss auf die Aktiengesellschaft. Der Preis, zu dem eine Aktie gehandelt wird, ist der Kurs, bei an der Börse gehandelten Aktien der Börsenkurs.

Organe von Aktiengesellschaften

Gesetzlich zwingend vorgeschrieben sind drei Organe:

- **Hauptversammlung:** Sie besteht aus den Aktionären, die ihre Auskunftsrechte wahrnehmen und insbesondere entscheiden über: die Bestellung der Mitglieder des Aufsichtsrates (soweit sie nicht entsendet oder von den Arbeitnehmern zu wählen sind), die Verwendung des Bilanzgewinnes (mit Einschränkungen), die Entlastung der Mitglieder des Vorstandes und des Aufsichtsrates, die Bestellung des Abschlussprüfers, Satzungsänderungen, Maßnahmen der Kapitalbeschaffung und der Kapitalherabsetzung, Bestellung von Gründungs- und Sonderprüfern sowie die Auflösung der Gesellschaft.
- **Aufsichtsrat:** Er ist das Kontrollorgan der Aktiengesellschaft und hat die Geschäftsführung zu überwachen. Zu seinen Aufgaben zählt auch, die Vorstandsmitglieder zu bestellen und abzuberufen.
- **Vorstand:** Er ist das geschäftsführende Organ der AG und vertritt diese im Rechtsverkehr nach außen. Die Mitglieder werden auf die Dauer von höchstens 5 Jahren durch den Aufsichtsrat bestellt, wiederholte Bestellung ist zulässig.

Aktiengesellschaften, insbesondere solchen, die an Börsen gehandelt werden, bietet sich in besonderer Weise Zugang zu Kapitalmärkten. Weitere Vorteile liegen in der **Haftungsbeschränkung**, der **Trennung zwischen Kapitalgeber und Geschäftsführer** sowie dem **unproblematischen Erwerb bzw. der Übertragbarkeit der Aktien**, soweit nicht, wie beispielsweise im seltenen Fall der vinkulierten Namensaktien, Einschränkungen bewusst vorgenommen wurden. Nachteile sind insbesondere die **hohen Kosten** bei der Gründung sowie auch hohe laufende Kosten für Prüfungs- und Publikationspflichten, Abhaltung und Beurkundung der Hauptversammlung etc.

8.2.4.3 Kommanditgesellschaft auf Aktie (KGaA)

Hier sind Elemente der AG und der KG miteinander verbunden

Hier sind Elemente der AG und der KG miteinander verbunden. Sie hat **mindestens einen persönlich haftenden Gesellschafter**, der oder die als »geborene« Mitglieder den Vorstand bilden. Im Übrigen erfolgt die **Einlage auf das Grundkapital durch die Ausgabe von Aktien**; die Kommandit-Aktionäre tragen wie bei der AG lediglich das Risiko des Verlustes ihrer Einlage.

Die KGaA ist eine Kapitalgesellschaft, also eine juristische Person. Rechtsgrundlage sind §§ 278 bis 290 AktG und §§ 161 bis 177 HGB.

Die Organe sind: persönlich haftende Gesellschafter als Vorstand, Aufsichtsrat und Hauptversammlung.

Persönlich haftender Gesellschafter einer KGaA kann auch eine GmbH sein, für die dann deren Geschäftsführer handeln.

8.2.5 Sonstige Rechtsformen

Als sonstige privatrechtliche Rechtsformen können in Betracht kommen Vereine, Genossenschaften und Stiftungen. Für einige Betriebe ist die Rechtsform zwingend vorgeschrieben oder eine Wahlmöglichkeit doch erheblich eingeschränkt, beispielsweise Hypothekenbanken, bestimmte Versicherungsunternehmen und Kapitalanlagegesellschaften. Spezielle Rechtsformen wie Reederei oder bergrechtliche Gewerkschaft sind besonderen Betätigungen vorbehalten.

8.2.5.1 Verein

Der Zweck eines Vereins muss nicht auf einen wirtschaftlichen Geschäftsbetrieb gerichtet sein. Man unterscheidet in **nicht rechtsfähige und rechtsfähige Vereine**, Letzterer wird zur juristischen Person durch Eintragung in das Vereinsregister (e.V.) des zuständigen Amtsgerichts. Vereine, sowohl rechtsfähige als auch nicht rechtsfähige, handeln im Rechtsverkehr durch ihre Organe. Dies sind der Vorstand sowie die Mitgliederversammlung, die den Vorstand wählt.

8.2.5.2 Eingetragene Genossenschaft (e.G.)

Die e.G. ist nach Art des Vereins eine rechtsfähige Körperschaft, die die Förderung des Erwerbs oder der Wirtschaft ihrer Mitglieder durch einen gemeinschaftlichen Geschäftsbetrieb zum Gegenstand hat und deren Mitgliederzahl nicht geschlossen ist. Basis ist das Genossenschaftsgesetz.

Basis ist das Genossenschaftsgesetz

Im Gegensatz zur AG und GmbH ist die Genossenschaft ihrem Wesen nach prinzipiell nicht auf eigenes Gewinnstreben ausgerichtet, sondern gründet mehr auf dem Selbsthilfegedanken ihrer Mitglieder und deren Erwartung, durch den Zusammenschluss ihre Interessen besser vertreten zu können. Bekannt sind z.B. Bezugs-, Absatz-, Kredit-, Produktiv-, Verkehrs-, Wohnungsbau- oder Konsumgenossenschaften. Die Gründung einer Genossenschaft erfordert die Verabschiedung einer **Satzung** – eines Statuts –, in der auch geregelt sein muss, ob die Genossen im Falle einer Insolvenz unbeschränkt Nachschüsse zu leisten haben oder beschränkt auf eine bestimmte Haftsumme oder überhaupt nicht (mit beschränkter Haftpflicht). Organe der Genossenschaft sind: Generalversammlung (Vertreterversammlung), Vorstand und Aufsichtsrat.

8.2.5.3 Stiftung

Stiftungen des privaten Rechts sind juristische Personen, ohne Gesellschaften zu sein. Sie erlangen ihre Rechtsfähigkeit durch staatliche Genehmigung. Der Stifter stattet die Stiftung mit Vermögen aus und bestimmt, welchem Zweck dies gewidmet werden soll. In der Abfassung der Stiftungsverfassung hat der Stifter weitgehende Entscheidungsfreiheit, lediglich der Vorstand ist als Organ vorgeschrieben.

8.3 Zusammenschlüsse und Doppelgesellschaften

Die Vereinigung rechtlich selbstständiger Unternehmen zu größeren wirtschaftlichen Einheiten wird als Unternehmenszusammenschluss bezeichnet.

Dabei können die Intensität der Verbindung und die damit verfolgten Ziele im konkreten Fall sehr unterschiedlich sein. Es wird unterschieden in:

Unternehmenszusammenschluss: Vereinigung rechtlich selbstständiger Unternehmen zu größeren wirtschaftlichen Einheiten

- **Kooperation:** Zur Erreichung gemeinsamer Ziele geben die einzelnen rechtlich selbstständig bleibenden Unternehmen einen (mehr oder weniger großen, eventuell auch nur zeitlich begrenzten) Teil ihrer wirtschaftlichen Selbstständigkeit auf, während sie in übrigen Bereichen die Selbstständigkeit bewahren.
- **Konzentration:** Hier verlieren die eingebundenen Unternehmen ihre wirtschaftliche Selbstständigkeit, manchmal auch die rechtliche, beispielsweise durch Fusion.

Die Tendenzen zur Konzentration und Kooperation scheinen zuzunehmen im Bemühen, die Stellung im Wettbewerb zu stärken, nicht zuletzt auch im Hinblick auf internationale Konkurrenz. Teilweise werden Kooperationen auch erforderlich, wenn Aufgaben in ihrem Volumen, ihren finanziellen Anforderungen und Risiken für ein Unternehmen zu groß werden. Durch Vereinbarungen mit Wettbewerbern oder z.B. auf der Beschaffungsseite wird angestrebt, die wirtschaftlichen Voraussetzungen zu verbessern und Risiken zu mindern.

Grenzen vom Gesetzgeber

Hierbei kann es zu Konflikten zwischen den Bestrebungen und Zielen der Unternehmen und dem Funktionieren eines ausreichenden Wettbewerbs als Basis für eine marktwirtschaftliche Ordnung kommen. Daher sind ordnungspolitisch vom Gesetzgeber Grenzen gesetzt. Neben den allgemeinen Regeln des **»Gesetzes gegen den unlauteren Wettbewerb«** (UWG) haben hier besondere Bedeutung das **»Gesetz gegen Wettbewerbsbeschränkungen«** (GWB) sowie zunehmend europäisches Recht. Hier sollen nur einige Begriffe zum Unternehmenszusammenschluss, auch Kartell genannt, angeführt werden; im Übrigen wird auf das gesonderte Gebiet des Wirtschaftsrechts verwiesen.

An Stelle umfassender Kartelldefinitionen im Schrifttum wird hier § 1 I GWB zitiert: *»Verträge, die Unternehmen oder Vereinigungen von Unternehmen zu einem gemeinsamen Zweck schließen, und Beschlüsse von Vereinigungen von Unternehmen sind unwirksam, soweit sie geeignet sind, die Erzeugung oder die Marktverhältnisse für den Verkehr mit Waren oder gewerblichen Leistungen durch Beschränkung des Wettbewerbs zu beeinflussen. Dies gilt nicht, soweit in diesem Gesetz etwas anderes bestimmt ist.«*

Es gilt also grundsätzlich das **Kartellverbot** bei einer Reihe von Ausnahmen:

Auch bei Zusammenschlüssen, Kartellen, soll der Wettbewerb gewahrt bleiben

- Anmeldekartelle: Hierzu zählen Normen- und Typenkartelle, Kalkulationsverfahren-Kartelle sowie reine Exportkartelle, die durch eine Anmeldung bei der zuständigen Kartellbehörde wirksam werden. Die Information dient als Basis für eine eventuelle Missbrauchskontrolle.
- Widerspruchskartelle: Zu ihnen sind zu rechnen Konditionen-, Rabatt-, Spezialisierungs- sowie Kooperations-Kartelle. Sie sind zunächst der Kartellbehörde anzumelden und werden erst wirksam, wenn diese nicht innerhalb von 3 Monaten widerspricht. Hier wird zwar eine Beeinträchtigung des freien Wettbewerbs vermutet, die jedoch unter dem Gesichtspunkt verbesserter Wirtschaftlichkeit in vielen Fällen hingenommen wird.
- Erlaubniskartell: Die hierzu gehörenden Struktur-, Rationalisierungs-, Import- und Sonder-Kartelle sowie Exportkartelle mit Inlandsbindung bedürfen der ausdrücklichen Genehmigung der Kartellbehörde oder in bestimmten Fällen des Bundesministers für Wirtschaft. Bei den Import- und Sonderkartellen besteht kein Anspruch auf Erlaubnis, anders bei den übrigen, wenn gesetzliche Voraussetzungen erfüllt werden. Die Kartelle werden erst wirksam, wenn die Erlaubnis erteilt ist.

Weiter zu beachten sind in diesem Zusammenhang:

Nicht die Marktbeherrschung an sich ist verboten, sondern deren Missbrauch

- **Missbrauchsaufsicht über marktbeherrschende Unternehmen:** Ebenfalls geregelt im GWB, wobei nicht die Marktbeherrschung an sich verboten ist, sondern deren Missbrauch. Eine marktbeherrschende Stellung ist gemäß § 22 GWB gegeben, wenn das Unternehmen ohne Wettbewerber oder ohne wesentlichen Wettbewerb ist oder im Verhältnis zu seinen Wettbewerbern eine überragende

Marktstellung besitzt oder bestimmte Marktanteile erreicht hat. Marktbeherrschung wird vermutet, wenn
– ein Unternehmen einen Marktanteil von mindestens 1/3,
– 3 oder weniger Unternehmen zusammen wenigstens 50% und
– 5 oder weniger Unternehmen zusammen mindestens 2/3 Marktanteil haben sowie bestimmte Umsatzgrößen erreicht werden.

- **Kontrolle:** Verhindert werden soll der Zusammenschluss, der die Schaffung oder den Ausbau einer marktbeherrschenden Stellung erwarten lässt, es sei denn, die beteiligten Unternehmen weisen nach, dass durch den Zusammenschluss Verbesserungen der Wettbewerbsbedingungen zu erwarten sind und dass diese Verbesserungen gegenüber den Nachteilen der Marktbeherrschung überwiegen.

8.3.1 Kooperationen

Zwischenbetriebliche Kooperationen können nach verschiedenen Gesichtspunkten betrachtet und gegliedert werden:

Kooperation kann sich auf fast alle betrieblichen Funktionen erstrecken

Intensitätsstufen der Zusammenarbeit:

- Informationsaustausch
- Erfahrungsaustausch
- Absprachen
- Gemeinschaftsarbeiten ohne Ausgliederung oder
- mit Ausgliederung einer/mehrerer Unternehmensfunktion/en
- Gütergemeinschaft
- Bildung eines Kooperationsmanagements
- Gemeinschaftsgründung, z. B. eigene Gesellschaft
- rechtliche Ausgliederung des Kooperationsmanagements

Nach den **beteiligten Wirtschaftsstufen**:

- **Horizontal:** Also Unternehmen einer gleichen Wirtschaftsstufe, beispielsweise im Handel.
- **Vertikal:** Zwischen Unternehmungen verschiedener Wirtschaftsstufen, zumeist in einem wirtschaftlichen Zusammenhang, beispielsweise Hersteller-Handelsstufe, Großhandel mit Einzelhandel.

Diese Form der Zusammenarbeit kann sich dabei auf nahezu alle betrieblichen Funktionen erstrecken (Beschaffung, Produktion, Absatz, Forschung, Logistik, Dienstleistung, Rechnungswesen, EDV, Finanzierung, Personalschulung etc.) und sich dabei entweder auf eine oder wenige Funktionen konzentrieren (teilfunktionell bzw. sektoral) oder umfassend (gesamtfunktionell) sein. Darüber hinaus kann eine Zusammenarbeit auch regional begrenzt sein bzw. auf Auslandsaktivitäten.

Von der **Dauer** her kann die Kooperation zunächst unbegrenzt, zeitlich begrenzt oder auf die Erreichung eines bestimmten Zweckes hin (beispielsweise bei Arbeitsgemeinschaften) ausgerichtet sein.

Zu den **Kooperationsformen** im Handel zählen beispielsweise Einkaufsgenossenschaften, Einkaufskontore, Service-Kooperationen, Vertragshändler-Systeme oder freiwillige Ketten und Franchising. In der Industrie, beispielsweise im Baugewerbe, Anlagenbau etc., können Arbeitsgemeinschaften (ARGE) gebildet werden, die entweder nach außen in Erscheinung treten oder nur innergesellschaftliche Beziehungen in Form von Sub-Unternehmungen ausweisen. Konsortien sind weitere Formen von Gelegenheitsgesellschaften zur Durchführung bestimmter, genau abgegrenzter Aufgaben, beispielsweise zwischen Banken bei der Vergabe von Großkrediten oder der Emission von Wertpapieren.

8.3.2 Unternehmenszusammenschlüsse und Konzerne

Der Zusammenschluss rechtlich selbstständiger Unternehmen unter einheitlicher Leitung wird als **Konzern** bezeichnet. Zumeist sind die Unternehmen untereinander oder über eine Obergesellschaft finanziell verbunden. Auf Grund der einheitlichen Leitung sind die beherrschten Unternehmen in ihrer internen Willensbildung nicht selbstständig. Grundlage können Kapitalverflechtungen sein oder ein Beherrschungsvertrag (Beteiligungs- oder Vertrags-Konzern).

Konzern: Zusammenschluss rechtlich selbstständiger Unternehmen unter einheitlicher Leitung

Nach Art der produktionstechnischen Zusammenfassung wird auch hier unterschieden in horizontale, vertikale und diagonale Konzerne, letztere auch als Mischkonzerne bezeichnet.

Die **Fusion** ist ein Unternehmenszusammenschluss, bei dem durch Verschmelzung von zwei oder mehreren rechtlich selbstständigen Unternehmen eine neue wirtschaftliche und auch rechtliche Einheit entsteht. Demgegenüber ist der Konzern selbst keine Rechtsperson und somit auch kein Träger von Rechten und Pflichten. Besondere Pflichten, z.B. zur Aufstellung eines Konzernabschlusses, entstehen für den Konzernführer, die Muttergesellschaft, vertreten durch ihre jeweiligen Gremien.

Fusion: Zusammenschluss, bei dem durch Verschmelzung von zwei oder mehreren rechtlich selbstständigen Unternehmen eine neue wirtschaftliche und auch rechtliche Einheit entsteht

Die einzelnen Konzerngesellschaften (auch Tochtergesellschaften) sind rechtlich selbstständig, wenn auch durch die einheitliche Leitung in ihren Entscheidungen wirtschaftlich eingebunden. Insoweit hat auch jedes Unternehmen für sich einen Jahresabschluss aufzustellen. Eine tatsächliche wirtschaftliche Beurteilung wird jedoch häufig erst möglich, wenn darüber hinaus ein Gesamtabschluss (so genannter **Konzernabschluss**) erstellt wird, ausgehend von der Fiktion, die einbezogenen Unternehmen insgesamt wären ein einziges Unternehmen, dessen Vermögens-, Finanz- und Ertragslage verdeutlicht werden soll durch einen von Abschlussprüfern zu testierenden Konzernabschluss einschließlich eines Konzernlageberichts. Dabei wird neben einer Kapitalkonsolidierung die Eliminierung konzerninterner Zwischenerfolge durchgeführt sowie eine Forderungs-/Schulden-Konsolidierung. Aufstellungspflicht und Durchführung sind im HGB geregelt.

Für die Berechnung der Steuern bleiben die jeweiligen Einzelabschlüsse der Konzerngesellschaften maßgeblich.

8.3.3 Betriebsaufspaltung

Betriebsaufspaltung: Eine zunächst als wirtschaftliche Einheit gedachte Unternehmung wird in rechtlich selbstständige (zwei oder mehr) Unternehmen aufgeteilt, die in der Regel unterschiedliche Rechtsformen erhalten

Das Wesen der Betriebsaufspaltung liegt darin, dass eine zunächst als wirtschaftliche Einheit gedachte Unternehmung in rechtlich selbstständige (zwei oder mehr) Unternehmen aufgeteilt wird, die in der Regel unterschiedliche Rechtsformen erhalten. In diesem Zusammenhang wird auch von **»Doppelgesellschaft«** gesprochen.

So können z. B. dem einen Unternehmen die wesentlichen Vermögensteile übertragen werden **(Besitzgesellschaft)**, die dieses Unternehmen dann zur Nutzung gegen Entgelt (Miete) dem zweiten Unternehmen überlässt, in welchem die eigentliche Betriebstätigkeit erfolgt **(Betriebsgesellschaft)**.

Eine andere Form der Aufteilung ist die in eine **Produktions- und eine Vertriebsgesellschaft**. Auch können regional für die verschiedenen Standorte unterschiedliche Unternehmen gegründet werden mit oder ohne eine »Dachgesellschaft« für die zentralen Dienstleistungen.

Den Zielen solcher Betriebsaufspaltungen liegen insbesondere folgende Gedanken zu Grunde:

Gründe für eine Betriebsaufspaltung

- **Risikoverteilung:** beispielsweise Vermögenswerte in einer Besitzgesellschaft werden aus dem Haftungsverbund der Betriebsgesellschaft herausgehalten oder für als besonders risikoreich angesehene Betätigungsfelder werden eigenständige GmbHs gegründet.
- **Steuerrechtliche Überlegungen:** Sie haben nach Einstellung der Vermögensbesteuerung an Bedeutung verloren.
- **Differenzierte Beteiligung:** Beispielsweise kann der für einen funktionalen oder regionalen Bereich verantwortliche, bei Verselbstständigung in einer eigenen Gesellschaft tätige und geschäftsführende Gesellschafter mit entsprechenden Rechten und Pflichten eingebunden werden, ohne gleichzeitig an den Aktivitäten und Gesellschaften beteiligt zu sein, sei es, weil für eine

umfassende Beteiligung die finanziellen Mittel nicht ausreichten oder hier die Einbindung für andere offengehalten werden soll.

- **Sonstige Überlegungen:** Die Vermögens-/Besitzgesellschaft kann dazu dienen, in der Erbfolge der Familie erhalten zu bleiben, auch wenn für die eigentliche unternehmerische Tätigkeit kein geeigneter Nachfolger zur Verfügung steht und in der Betriebsgesellschaft ein zusätzliches Management bestellt wird.
  Zum Teil werden auch Absichten mit Blick auf das Betriebsverfassungsgesetz und die Mitbestimmungsfragen verfolgt.

Die Aufteilung kann entweder bereits bei der Gründung vorgesehen werden oder aber später erfolgen. Im letzteren Fall sind die entsprechenden steuerrechtlichen Regelungen zu beachten, um unnötige Belastungen zu vermeiden.

8.4 Standortwahl

Die Wahl eines Standortes gehört mit zu den grundlegenden Entscheidungen eines Unternehmens. Es handelt sich um eine langfristige Bindung, die eine entsprechend sorgfältige Planung erfordert, denn:

→ *Die Möglichkeit, eine Standortentscheidung zurückzunehmen, ist zumeist gering oder mit hohen Kosten verbunden.*

Die freie Wahl des Standortes ist manchmal eingeschränkt, wenn beispielsweise Bindungen an geografische Voraussetzungen vorliegen (beispielsweise Bergbau) oder enge Verflechtungen mit anderen Unternehmungen und deren Standort gegeben sind (beispielsweise Zulieferer). Hinzu kommen oft persönliche Gründe wie Geburtsstadt, Präferenz für eine Region, ererbtes Grundstück etc. – sie sind bedeutsam, sollten aber nicht allein entscheidungsrelevant sein.

Abwägen zwischen den standortbedingten Vorteilen und den standortbedingten Nachteilen

Eine auf Wirtschaftlichkeit orientierte Standortwahl hat abzuwägen zwischen den standortbedingten Vorteilen und den standortbedingten Nachteilen, die möglichst in Erträge und Kosten quantifiziert werden (wenn auch gelegentlich nur prognostisch), um so die absolute und relative Wirtschaftlichkeit zu ermitteln (vergleichbar den Investitionsrechnungen).

Unter **Standortfaktoren** werden üblicherweise die Tatbestände verstanden, die als determinant für die Wahl eines Standortes unter ökonomischer Sichtweise maßgeblich sind. Nicht eingeschlossen sind somit die vorgenannten persönlichen Beweggründe, die dennoch die Standortwahl beeinflussen können.

Als Kriterien kommen insbesondere in Betracht:

- **Orientierung am Absatzmarkt:** Sie spielt gerade für den stationären Handel und entsprechende Dienstleistungsunternehmen eine besondere Rolle und hat einerseits die demografischen und sozio-ökonomischen Faktoren zu berücksichtigen, aus denen sich das Absatzvolumen am Standort ableiten lässt, bezogen auf die ausgewählte Zielgruppe.

  Bestehende Wettbewerbssituation am Ort analysieren

  Neben dieser Kundenseite ist andererseits die bestehende Wettbewerbssituation am Ort zu analysieren, um letztendlich die eigenen Marktchancen abschätzen zu können im Verhältnis zu Alternativstandorten. Bei Zuliefererfirmen kann die Nähe zu den wichtigsten Abnehmern bedeutsam sein.
- **Orientierung an Beschaffungs- und Produktionsgegebenheiten:** Neben der bereits eingangs angesprochenen Ortsgebundenheit bei Bergwerken, die ähnlich auch gegeben ist für andere Betriebe der Bodengewinnung, Wasserkraftwerke, Schiffbau und konzessionsabhängige Betriebe, gilt es hier, darüber hinaus die Nähe des Standortes zu den notwendigen Produktionsfaktoren zu beachten einschließlich der damit verbundenen Transportaufwendungen und -zeiten, letztendlich in ihrer Kostenauswirkung. Häufig wird nochmals unterschieden in:

  – **Materialorientierung:** So entstehen beispielsweise manche Industriebetriebe in der Nähe von Rohstoffvorkommen; jedoch kann gerade auch bei immer arbeitsteiligerer Produktion die Nähe zu Vorlieferanten zu beachten sein.

  – **Arbeitsorientierung:** Das Augenmerk ist hier darauf gerichtet, ob, wie und zu welchen Kosten sich das Unternehmen an den infrage stehenden Standorten mit dem erforderlichen Personal versorgen kann. Kriterien sind beispielsweise Lohnniveau – insbesondere bei arbeitsintensiven Unternehmungen – sowie Fragen der Qualifikation. Wenn bestimmte Fachkräfte benötigt werden oder wenn hoch qualifizierte Spezialisten etc. für das Unternehmen gewonnen werden sollen, kann auch die Attraktivität des Standortes (schulische Versorgung, Freizeitwert, Wohnqualität) für die Anzuwerbenden von Bedeutung sein neben Lebenshaltungskosten und Mieten.

  – **Energieorientierung** (auch Kraftorientierung genannt): Nachdem die Kohle heute vielfach durch die leichter transportierbare Elektrizität ersetzt wurde, spielt dieser Aspekt heute zumeist eine geringere Rolle, abgesehen von tariflichen Unterschieden oder wenn andere Energiequellen, beispielsweise Wasser, genutzt werden.

- **Orientierung an der Infrastruktur:** Über die Transportkosten hinaus kann die Verkehrsanbindung eines Standortes von Bedeutung sein, beispielsweise bei regem Publikumsverkehr, Besuchen von Geschäftspartnern oder der Notwendigkeit, dass eigenes Personal (Monteure, Kundenbetreuer etc.) vom Standort aus zu Kunden reisen müssen. Neben dem Straßen- und Autobahnnetz können Bahnverbindungen oder die Nähe zu einem Flughafen von Bedeutung sein. Zur Infrastruktur gehört auch, inwieweit in der Nähe benötigte Dienstleistungsunternehmen ansässig sind, ggf. auch Forschungsinstitute und Hochschulen.

Oft sind Wegezeiten aussagefähiger als km-Entfernungen

- **Orientierung an Abgaben und sonstigen Kosten:** Unterschiedlich hohe Steuern (vor allem Gemeindesteuern), Gebühren und Beiträge gehören zu den standortabhängigen Abgaben. Auf der anderen Seite können für bestimmte Standorte steuerliche Entlastungen im Rahmen von Förderungsprogrammen vorgesehen sein. Ist die Standortentscheidung ausgedehnt auf Alternativen in verschiedenen Ländern, so sind im internationalen Vergleich auch die Unterschiede der einzelnen Steuersysteme und -belastungen zu analysieren.

Gibt es an einem Standort bestimmte steuerliche Entlastungen?

- **Grundstückspreise und Mieten:** Sie können von Standort zu Standort sehr stark variieren und sind daher mit in die Betrachtungen einzubeziehen.

Als weitere Aspekte werden zunehmend auch Umweltorientierung und die Landschaftsorientierung aufgeführt, ohne dass hier darauf eingegangen werden soll.

Ein anderes Gliederungsschema teilt die Standortfaktoren ein in:

a) **Input-bezogen:** Beispielsweise Boden, Rohstoffe, Energieversorgung, Arbeitsmarktbedingungen, Fremddienste, Zulieferer, Nachrichtenverbindungen etc.
b) **Throughput-bezogen:** Politische, soziale, technologische, geologische und klimatische Bedingungen.
c) **Output-bezogen:** Marktnähe, Konkurrenz, Kontakt zu Absatzmittlern, staatliche Absatzhilfen, Rückstandsbeseitigung etc.

Die konkrete Standortbewertung erfolgt zumeist in mehreren Schritten:

- **Grundsätzliche Standortwahl** (Land, Region, Stadt): Bei Neugründung, Betriebsverlagerung oder Erweiterung durch zusätzliche Standorte ist zunächst eine Vorentscheidung über Stadt, Region oder Land zu treffen. Grundlage der Analysen sind die zuvor genannten Standortfaktoren, aus denen in der Gesamtbewertung abzuleiten ist, ob ein ausreichendes Betriebsergebnis am Standort zu erwarten ist.

Konkrete Standortbewertung in mehreren Schritten

- **Lokale Standortwahl:** Hier geht es um die Lage innerhalb der Stadt und die Bewertung der einzelnen Standorte (beispielsweise als 1a-, 1b-, 2- etc. Lage) unter den Beurteilungskriterien der Verkehrsanbindung, Erreichbarkeit mit Fahrzeug, Parkmöglichkeiten, Käuferströme etc. sowie andererseits die entsprechenden Grundstückspreise. Für manche Geschäfte (z. B. des Handels) ist die Lage in hochfrequentierten Fußgängerzonen bedeutsam, für andere Bereiche würde dies zu unnötigen Kosten führen.
- **Innerbetriebliche Standortwahl:** Auch hier sind, wie im vorigen Abschnitt in besonderer Weise, die konkreten Gegebenheiten und Voraussetzungen des Einzelfalles zu berücksichtigen. Unter diesem Punkt geht es vor allem um die Überprüfung, wie weit an dem Standort das betriebliche Konzept auch in der Ablaufgestaltung und räumlichen Zuordnung realisiert werden kann und welche Einflüsse eventuelle Alternativen auf die Betriebsprozesse, die Ablauforganisation und die Kosten haben.

Neben den Strukturen durch Rechtsform und Organisationsgestaltung gibt die Standortwahl dem Unternehmen einen sichtbaren Rahmen.

9 Entwicklung und Standortbestimmung

9.1 Spiegel der Vielfalt

Nachfolgend werden einige Akzente skizziert, die sowohl Schritte in der Entwicklung der BWL markieren als auch unterschiedliche Betrachtungsweisen des Erfahrungsobjekts »Betrieb« mit entsprechenden Erkenntnisschwerpunkten.

Teilweise sind sie geprägt durch ein **verändertes Umfeld** (geschichtliches) mit entsprechenden Herausforderungen, z.B. Gesellschaft, die aus Untertanen Staatsbürger werden ließ, oder Wandel vom Verkäufer- zum Käufermarkt.

Weitere Einflüsse kamen aus der **technischen Entwicklung**, die neue Möglichkeiten erschloss, wie beispielsweise EDV bezüglich des Informationswesens und der Verarbeitung größerer Datenmengen in der Statistik oder umfassenderer mathematischer Systeme, wie u.a. Operations Research.

Schließlich ist die **stärkere Interdependenz zu anderen Wissenschaften** und die Öffnung zur Management- und Führungslehre von wesentlicher Bedeutung.

Unterschiedliche Akzentuierungen sind zugleich ein Spiegel der Vielfalt des betrieblichen Alltags

Auch wenn auf Einzelheiten und diverse Schwerpunkte in der Literatur hier nicht detaillierter eingegangen werden kann, erfolgt doch eine kurze Erwähnung. Sie soll die Orientierung im Literaturstudium erleichtern und den Blick der Studierenden für unterschiedliche Akzentuierungen öffnen, die zugleich ein Spiegel der Vielfalt des betrieblichen Alltags sind.

9.1.1 Geschichtliche Entwicklung

Handel und Fertigung wurden seit alters her betrieben. Entsprechend gibt es auch Aufzeichnungen zu Geld- und Warenverkehr, Wirtschaftsrechnen, kaufmännischem Schriftverkehr und Buchhaltung aus dem Altertum und dem Mittelalter. Weitere Zusammenhänge wurden zunächst behandelt im Rahmen der Nationalökonomie.

Kontorwissenschaften im Vordergrund

Zumeist wird der Beginn der Betriebswirtschaftslehre als selbstständige Disziplin in der Gründung der ersten Handelshochschulen 1898 im deutschsprachigen Raum gesehen.

Zunächst standen noch die »Kontorwissenschaften« im Vordergrund, darüber hinaus galt das Bemühen, die BWL als wissenschaftliches System – überwiegend normativ und ethisch verwurzelt – zu entwickeln, z.B. **Hellauer, Nicklisch, Schär** u.a. (1910 bis 1914). Einen »empirisch-realistischen« Ansatz suchte **Schmalenbach** etwa zur gleichen Zeit und später, allerdings weniger in geschlossenen Lehrsystemen, sondern bei der Behandlung betriebswirtschaftlicher Spezialthemen.

Dies führt zum ersten Methodenstreit 1912 und dem zweiten 1936 (siehe auch »Kölner Schule« und Schmalenbach-Gesellschaft). In seiner Tradition ist neben **Walb, Mellerowitsch** etc. **Gutenberg** zu sehen, der den faktortheoretischen Ansatz formulierte.

9.1.2 Pluralismus

Seit Mitte bis Ende der 60er Jahre ist der faktortheoretische Ansatz nicht mehr das dominierende Paradigma der BWL, nachdem deutlich wurde, dass hiermit (zumindest allein) keine befriedigenden Antworten auf die verschiedenen Fragenkomplexe gegeben werden konnten. So rückten zusätzlich Themen in den Mittelpunkt des Interesses, denen mit neuen Ansätzen entgegnet wurde. Diese Konzeptionen waren nicht einheitlich. Sie differierten in vielfältiger Hinsicht: im Fokus der Betrachtungsschwerpunkte, der Methodik, bei den Lösungswegen und/oder der Übernahme von Erkenntnissen aus anderen Wissenschaften.

Die Orientierung erfolgte beim klassisch-traditionellen Ansatz entweder an Aufgaben und Technik oder an Personen, spezielle Ansätze konzentrieren sich auf besondere Herausforderungen, Themen und Situationen, während übergreifende Ansätze die Wechselwirkungen und Vernetzungen betonen. Entsprechend sind die nachfolgenden drei Abschnitte gegliedert. Diese Vielfalt und Entwicklungsphase – die auch heute noch anhält – wird als Pluralismus bezeichnet. Gegenüber dem Dogmatismus gewinnen zwei Prinzipien an Bedeutung:

Entwicklungsphase hält auch heute noch an

- das Finden und Einnehmen möglichst vieler alternativer Standpunkte und Betrachtungen und
- das Bewahren von Theorien, die aktuell nicht leistungsfähig oder unmodern erscheinen. Sie werden nicht mehr vorschnell eliminiert.

Im letzten Abschnitt Ausblick werden Entwicklungsfelder und ein integrativer Ansatz skizziert.

9.2 Klassisch-traditionelle Ansätze

Die einzelnen Entwicklungsstufen sind nicht immer klar abgrenzbar und auch nicht fortlaufend aufeinander aufbauend. Parallel (im Sinne des Pluralismus) zu den Bemühungen um methodische Klärungen setzten die Managementlehren andere Schwerpunkte, z.T. mit wesentlicher Akzentuierung aus dem anglo-amerikanischen Raum. Nachfolgend wird dies in zwei Ansätzen behandelt.

Mechanistische Managementtheorie betont die Aspekte der Produktivität

Zunächst wird die mechanistische Managementtheorie vorgestellt. Sie betont die Aspekte der Produktivität, Fragen der Standardisierung und steigender Effizienz. Humanistische Anliegen werden hier weitgehend vernachlässigt.

Demgegenüber stehen soziologische Ansätze und die Berücksichtigung personenbezogener Gesichtspunkte (Humanpotenzial) im Zentrum einer etwa 1930 beginnenden Bewegung.

9.2.1 Technologische Orientierung

»Scientific Management«

Im Mittelpunkt stehen hier die von **Taylor** 1911 aufgestellten Prinzipien, die auch als Ursprung einer wissenschaftlichen Betriebsführung, eines »Scientific Managements« gesehen werden. Im Mittelpunkt stand der rationale Einsatz von Menschen und Maschinen im Produktionsprozess. Folgende Akzente prägten das Konzept:

- Trennung zwischen Planung und Ausführung,
- leistungs- und effizienzorientiertes Denken (Gewinnmaximierung),
- wissenschaftliche Arbeitsmethoden,
- systematische Zeitstudien,
- Kontrolle durch Management,
- funktionale Organisation.

Das Konzept ist vor dem Hintergrund des industriellen Umbruchs zu betrachten. In diesem Zusammenhang ist auch der französische Betriebswirtschaftler **Fayol** (1841–1925) zu sehen, der neben den einzelnen Funktionsbereichen ein Konzept der Unternehmensführung entwickelte mit den Sequenzen Planung, Organisation, Mitarbeiterführung, Koordination und Kontrolltätigkeit. In der Entwicklung der Unternehmensführung sah er den ausschlaggebenden Weg zum Erfolg und formulierte zur Unterstützung 14 allgemeine Prinzipien des Managements.

Schließlich ist der deutsche Soziologe **Weber** (1864–1920) zu nennen, der den Idealtypus Bürokratie entwickelte mit klar abgegrenzten Kompetenzbereichen und Leistungspflichten, Arbeitsvertrag, fixierter Laufbahn, definierten Qualifikationserfordernissen für Stelleninhaber, Zuordnung der Befehlsgewalt, aktenmäßiger und regelgebundener Amtsführung sowie dem Prinzip der Amtshierarchie (Instanzen).

Ford wurde bekannt durch konsequente Umsetzung. In Deutschland ist die Gründung von RKW und REFA 1924 zu nennen.

9.2.2 Personenorientierung

Basis der Personenorientierung sind verhaltenswissenschaftliche, soziologische und humanistische Ansätze

Basis sind verhaltenswissenschaftliche, soziologische und humanistische Ansätze, die dann zunächst vor allem im angelsächsischen Raum besonders weiterentwickelt wurden.

Im deutschsprachigen Raum gilt **Münsterberg**, der auch viel in den USA lehrte, mit seinem 1912 erschienenen Buch »Psychologie und Wirtschaftsleben« als Begründer der angewandten Psychologie, die später als Psychotechnik bezeichnet wurde.

Gegenstand der Untersuchung waren:

- Anpassung des Menschen an die Arbeit mit den Fragen der Eignung, der Auswahl und der Schulung etc.;
- Anpassung der Arbeit an den Menschen mit den Fragen der Arbeitsplatzgestaltung, des Abbaus von Belastungen wie Hitze, Schmutz, Monotonie etc.

Die Aspekte zur Optimierung hatten Einfluss auf die Sichtweise des Betriebs als technisches sowie als soziales System.

Besonders berühmt geworden ist die **Hawthorne-Studie** des amerikanischen Nationalökonomen und Psychologen **Mayo** mit **Roethlisberger, Dickson, Homans** und **Whitehead**, die 1924 begann und zunächst die Einwirkung von Beleuchtungsart und -stärke auf die Leistung der Arbeitenden untersuchen sollte und letztendlich (1927) eine überraschende Wendung fand, indem Experimente zeigten, dass weniger die Fakten, sondern vor allem die erhöhte Aufmerksamkeit, die den Teilnehmern des Experimentes entgegengebracht wurde, zu Leistungsverbesserungen führte. Damit war das Interesse an sozialwissenschaftlichen Untersuchungen des menschlichen Verhaltens in Organisationen geweckt.

Die erhöhte Aufmerksamkeit, die den Teilnehmern des Experimentes entgegengebracht wurde, führte zu Leistungsverbesserungen

Ein weiterer Ansatz war die Motivationsforschung. Hier sind aus den Anfangszeiten vor allen Dingen **Maslow** (Bedürfnispyramide), **Herzberg** (2-Faktoren-Theorie, Hygiene- und Motivationsfaktoren) sowie **McGregor** (Theorie X und Theorie Y) zu nennen.

Auf den Psychologen und Vertreter der Berliner Schule der Gestaltspsychologie **Lewin** (1890–1947, ab 1933 in den USA) gehen die Erforschung der Gruppenphänomene und sozialen Interaktionen sowie der klassischen Führungsstile zurück. Weitere Bedeutung erlangte er durch die Entwicklung »Feldtheorie für die Sozialwissenschaften« (Abhängigkeit des Verhaltens von der Person und dem Umfeld, vgl. 6.4.2) und entsprechende Einflüssen auf die Organisationsentwicklung.

Der sozio-technische Systemansatz ist verbunden mit dem 1960 gegründeten »Tavistock Institute of human relations« in London.

9.3 Spezialisierte Ansätze

In der Weiterentwicklung wurden besondere Schwerpunkte in den Mittelpunkt gestellt, auf die unter zwei Aspekten in diesem Abschnitt eingegangen wird.

9.3.1 Besondere Ausrichtung

Zu nennen sind hier vor allem:

- Marketingansatz, Steuerung vom Markt her (Meffert/Nieschlag),

- EDV-Ansatz, Informationsmanagement (Scheer),
- Ökologieansatz, ökologisches Wirtschaften und Arbeiten (Pfriem),
- arbeitsorientierte Einzelwirtschaftslehre, Orientierung an Arbeitnehmerinteressen.

Hier stehen Reaktionen auf besondere Themen und Herausforderungen des Umfelds im Vordergrund, wie sie bereits unter 9.1 angesprochen wurden. Spezialisierung bedeutet dabei jedoch nicht, dass die Fragestellungen isoliert behandelt werden können.

9.3.2 Kontingenztheoretische Ansätze, Situationsorientierung

Der Zwiespalt zwischen dem Anspruch auf mehr oder weniger allgemeingültige Erkenntnisse und Regelungen einerseits sowie in Einzelfällen erfolgreiche Aussagen und Handlungsanweisungen andererseits wurde bereits im 2. Kapitel angesprochen. In der Betonung des Kontextbezugs rückt die absolute Gültigkeit zurück gegenüber der Anwendung in konkreten Fällen, also der Zweckmäßigkeit für vergleichbare Situationen.

Anwendung in konkreten Fällen

Grundlagen sind in aller Regel empirische Untersuchungen und die Aufarbeitung praktischer Fälle. Die Aussagen gelten unter den jeweiligen Rahmenbedingungen.

Eine Reihe von Impulsen dieser kasuistischen, fallweise bezogenen Ausrichtung geht auf anglo-amerikanische Management-Lehren zurück.

Im Hintergrund steht jedoch bei dieser Spezialisierung durchaus das Wissen vielfältig vernetzter Zusammenhänge innerhalb des Unternehmens sowie in und mit seinem Umfeld, sodass eine umfassende Beschreibung und Schlussfolgerung letztendlich – zumindest in einigermaßen handhabbarer Form – unmöglich erscheint.

Der eingeschlagene Weg ist die Relativierung der Schlussfolgerungen auf bestimmte zu Grunde gelegte Situationen und Verhaltensweisen. Mit dieser Konzentration wird die praktische Anwendbarkeit erleichtert; bei der Übertragung auf einen konkreten Einzelfall ist jedoch jeweils zu überprüfen, ob tatsächlich vergleichbare Gegebenheiten vorliegen.

9.4 Übergreifende Ansätze

Im Gegensatz zu den so genannten element-orientierten und auch den situationsorientierten Ansätzen, die verstärkt einen einzelnen Aspekt in den Mittelpunkt ihrer Betrachtungen stellen, werden bei den nachfolgenden, auch als integrierte Ansätze bezeichneten Konzepten die übergreifenden Verbindungen betont.

9.4.1 Entscheidungsorientierung

Dieser Ansatz geht davon aus, dass die Unternehmung nicht als eine Entscheidungseinheit gesehen werden kann. Im Mittelpunkt steht die dem Handeln gedanklich vorausgehende Entscheidung sowohl in ihrem Zustandekommen als auch in der Umsetzung.

Bei den als integrierte Ansätze bezeichneten Konzepten werden die übergreifenden Verbindungen betont

Aus der Konkretisierung sozialwissenschaftlicher Betrachtungen für die Betriebswirtschaftslehre ergaben sich Impulse in Richtung einer »Unternehmensführungslehre«, für die im deutschsprachigen Raum vor allem **Heinen** (»Grundfragen der entscheidungsorientierten Betriebswirtschaftslehre«, 1976) Anstöße gab.

Er gliedert in die Phasen:

- Willensbildung: unterschieden in die Schritte Anregung, Suche und Auswahl;
- Willensdurchsetzung: gegliedert in Vollzug und Kontrolle.

Einflussgrößen bilden die Ziel-, Informations- und Sozialsysteme.

Im Mittelpunkt steht die dem Handeln gedanklich vorausgehende Entscheidung

Die erweiterte Sicht des Entscheidungsverhaltens in Organisationen geht u.a. zurück auf **Simon**, der 1978 den Nobelpreis für Wirtschaftswissenschaften erhielt für seine Veröffentlichungen ab 1945.

Mit der umfassenderen Einbeziehung insbesondere auch des Verhaltens, der persönlichen Ziele, des Rollenverständnisses etc. der Entscheidungsträger (Subjekte) ist die Entscheidung nicht mehr rein objektiv bzw. normativ – wie unter der Annahme reiner Rationalität und Transparenz im Sinne eines »homo ökonomikus« – zu betrachten.

9.4.2 Systemorientierung

Charakteristisch für diese Richtung ist die Interpretation der betriebswirtschaftlichen Erkenntnisobjekte als Systeme. Ein System besteht aus einer Menge geordneter Elemente (mit jeweiligen Eigenschaften), die verknüpft sind durch Relationen, die als Strukturen oder Organisation bezeichnet werden.

Interpretation der betriebswirtschaftlichen Erkenntnisobjekte als Systeme

Man unterscheidet in natürliche (organisch und anorganisch) sowie künstliche Systeme (z.B. logische, mechanische, soziale oder kombinierte). Von weiterer Bedeutung ist, ob in einem offenen System mindestens ein Element zugleich auch in Wechselwirkung zu Elementen anderer Systeme steht oder ob dies nicht der Fall ist, so genannte geschlossene Systeme. Die Unternehmung ist ein künstliches (vom Menschen geschaffenes) und offenes (in Relation zum Umfeld stehendes) System. Es lässt sich darüber hinaus in Sub-(Unter-)Systeme gliedern, z.B. Abteilungen, Stellen etc., und ist zugleich Teil von Obersystemen im Markt, vom gesellschaftlichen Umfeld etc.

Basis ist die Systemtheorie einschließlich Systemanalyse und Kybernetik (Regeltechnik). Das Unternehmen wird als Regelsystem aufgefasst, für das Stellgrößen entwickelt werden müssen und bei Abweichungen zwischen Ist- und Soll-Werten entsprechende Korrekturentscheidungen zu treffen sind. Darüber hinaus stellen die so genannten Anpassungsentscheidungen eine besondere Problematik dar als Reaktion sich verändernder Umfeldbedingungen. In mehrdimensionaler Vernetzung wird der Regelkreis selbst Teil eines Systems von Regelkreisen. Neben Elementen und Struktur, neben materieller und funktioneller Ebene gewinnen Betrachtungen zur Sinnebene zusätzlichen Raum.

Basis ist die Systemtheorie einschließlich Systemanalyse und Kybernetik (Regeltechnik)

Die systemorientierte Betriebswirtschaftslehre ist geprägt durch die Sankt Gallener Schule Anfang der 70er Jahre, zunächst vor allem von **Ulrich** (»Die Unternehmung als produktives soziales System«) und später fortgeführt z. B. von **Kirsch** und **Malik**. Durch die umfassende Betrachtungsweise und den hohen Theoretisierungsgrad hat das Modell zwar große Beachtung und Anerkennung gefunden; Aufnahme und Umsetzungen in der Praxis sind aber eher zurückhaltend.

Mewes betrachtet in seinem Konzept (»Die kybernetische Management-Lehre« in 12 Bänden als Urfassung des EKS-Lehrganges 1970–1978) die Unternehmung ebenfalls als ein komplexes, vielfach vernetztes System, das als Ganzes zu sehen ist. Als Methodik einer wirkungsvollen Umsetzung entwickelte er die »Engpass-konzentrierte Strategie« (EKS, teilweise auch als energo-kybernetische Strategie bezeichnet), die sich auf den wirksamsten Mangel (Minimumgesetz) konzentriert.

9.5 Ausblick

Zum einen ist zu erwarten, dass sich Sichtweisen auch künftig erweitern im Bemühen, den Betrieb in seinen vielfältigen Verflechtungen zu betrachten und dabei Erkenntnisse aus anderen Wissenschaften zu integrieren. Dabei wird ebenfalls die Verantwortung gegenüber Gesellschaft und Umwelt benannt.

Andererseits werden besondere Konzepte für spezielle Anliegen entwickelt. Teilweise wird diese Konzentration im Sinne situationsorientierter Ansätze betont. Gelegentlich erscheint es wie »alter Wein in neuen Schläuchen«, wenn Themen in den Mittelpunkt rücken, die auch früher bekannt waren, evtl. bei konkreten Bedingungen jedoch aktuelle Bedeutung erlangen.

Im nachfolgenden Abschnitt werden die Zusammenhänge zu Entwicklungsfeldern aufgezeigt. Der abschließende Teil ist einem integrativen Ansatz gewidmet.

Sichtweisen werden auch künftig erweitert, um den Betrieb in seinen vielfältigen Verflechtungen zu betrachten und dabei Erkenntnisse aus anderen Wissenschaften zu integrieren

9.5.1 Entwicklungsfelder

Abgesehen von allgemeinen oder speziellen Themenstellungen sind die Entwicklungsfelder von zwei Tendenzen geprägt:

- rein rationale Betrachtung oder Berücksichtigung auch soziologischer und nicht rationaler Einflüsse im Sinne sozio-technischer Sicht des Betriebes;
- ausgehend von der Systemorientierung (9.4.2) die Unterscheidung, inwieweit geschlossene oder offene Systemen betrachtet werden.

Geschlossene Systeme gründen auf vollständig gegebenen Prämissen und vollständig formulierter Entscheidungssituation mit bekannter Verknüpfung der Sachverhalte, aus denen sich Regeln zu optimaler Zielerreichung ableiten lassen.

Bei **offenen Systemen** ist mindestens eine Prämisse unbekannt und/oder der Strukturzusammenhang zwischen den Elementen ist nicht vollständig beschreibbar. Informationen liegen nur unvollständig und ungenau vor. Äußere Einflussfaktoren entziehen sich in ihrer Wirkungsweise (zumindest weitgehend) eigener Steuerung.

Die folgende Abbildung zeigt die Entwicklungsfelder in Form einer Matrix auf.

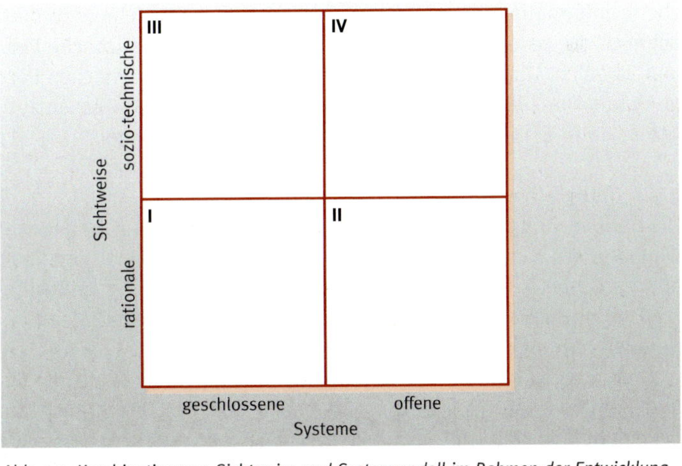

Abb. 9.1: Kombination von Sichtweise und Systemmodell im Rahmen der Entwicklung von Managementbetrachtungen

Feld I repräsentiert das rationale Verhalten in geschlossenen Systemen. Hier werden in den Theorien häufig die unkalkulierbaren subjektiven und individuellen Einflüsse durch die Prämisse eines »homo ökonomikus« ausgeschaltet; es wird also ausgegangen von einem rein nach dem Rationalitätsprinzip handelnden Menschen, dem alle notwendigen Informationen zur Verfügung stehen, oftmals durch die Annahme entsprechender Prognosen.

In **Feld II** ist die Prämisse vollständiger Informationen aufgehoben, sodass nach dem Rationalitätsprinzip auch bei Unsicherheit Verhaltensregeln logisch abgeleitet werden sollen, evtl. durch Berücksichtigung von Wahrscheinlichkeiten.

In **Feld III** ist das soziale Verhalten in geschlossenen Systemen abgebildet, eine Entwicklung, die ihre theoretischen Grundlagen aus der Human-Relations-Bewegung, dem sozio-technischen Ansatz, den Motivationstheorien und der Gruppendynamik findet und den Menschen nicht mehr vorrangig als Faktor Arbeit betrachtet, sondern in seiner Individualität und seinem sozialen Verhalten.
Führungsverhalten, Führungsstil und Motivationsanreize gewinnen hier an Bedeutung.

Feld IV steht für die sozio-technische Sicht in offenen Systemen, also für eine Führungslehre, die durch Verzicht auf komplexitätsreduzierende Prämissen der Realität gerechter werden will.
Dies bedeutet oftmals: gegenüber theoretischer Eindeutigkeit stärker den konkreten Handlungsbezug zu betonen. Vielfach muss das Management entscheiden und handeln, ohne ausreichende und gesicherte Informationen zu besitzen. Der »Mut zum Handeln« erfordert zugleich die Bereitschaft zu Korrekturen, wenn der tatsächliche Verlauf abweicht. Damit werden die scharfen Trennungen zwischen Planung und Durchführung als zeitlich aufeinander folgende Phasen aufgelöst unter Einbeziehung eines begleitenden Controllings.

9.5.2 Integrativer Ansatz

Zwei (oder mehreren) widersprüchlichen Gedanken, Zielen und Herausforderungen gleichzeitig gerecht werden

Die Beherrschung der Widersprüche ist der Weg vom Denken in »entweder–oder« zum »sowohl-als-auch«, was der Vielfältigkeit der Realität gerechter wird. Der erfolgreiche Weg zeigt sich in der Fähigkeit, zwei (oder auch mehreren) widersprüchlichen Gedanken, Zielen und Herausforderungen gleichzeitig gerecht zu werden.

Spannungen können sich ergeben beim Wirtschaftlichkeitsprinzip und dem Streben nach Gewinn einerseits und der Beachtung von Sicherheit und finanziellem Gleichgewicht andererseits, zudem zwischen sach- und personenbezogenen Ansprüchen, den Zielen und Nutzenvorstellungen der verschiedenen, mit dem Unternehmen in

Verbindung stehenden Interessengruppen, den operativen Anforderungen und der strategischen Ausrichtung etc.

Im Controlling wird dies z. B. durch »Balanced Scorecard« unterstützt.

Balance im Weg zwischen den Widersprüchlichkeiten finden

Die »Kunst der Unternehmensführung« besteht also darin, sich der vielfältigen Wechselwirkungen bewusst zu sein, eine Balance im Weg zwischen den Widersprüchlichkeiten zu finden und auf die Komplexität mit möglichst einfachen und verständlichen Methoden zu antworten (vgl. Abb. 7.4).

Die Betonung spezieller Ausrichtungen in verschiedenen Ansätzen der Entwicklung in der Betriebswirtschaft kann dabei Hilfestellung sein, die Vielfalt zu erkennen und situationsgerecht Schwerpunkte zu setzen sowie gleichzeitig die Vernetzung zu beachten und integrative Lösungen zu finden.

Literaturverzeichnis

Albach, H.: Betriebswirtschaftslehre als Wissenschaft vom Management. In ZfB, 67. Jg., 1997, Seiten 1257-1283
Bamberg, G/Coenenberg, A.G.: Betriebswirtschaftliche Entscheidungslehre. 12. Aufl., München, 2004
Baus, J.: Bilanzpolitik. Berlin 1999
ders.: Controlling. 3. Aufl.,Berlin, 2003
Bienert, M. L.:Standortmanagement. Methoden und Konzepte für Handels- und Dienstleistungsunternehmen. Wiesbaden, 1996
Birker, K.: ders.: Betriebliche Kommunikation. 3. Aufl., Berlin, 2004
ders.: Führungsstile und Entscheidungsmethoden. Berlin, 1997
ders.: Kosten- und Leistungsrechnung. Berlin 1996
ders.: Managementtechniken und Organisation. Berlin, 1998
ders.: Organisationsentwicklung als zusätzliche Dimension. In: Treude, B.: Organisationsentwicklung. Hamburg, 1981
ders.: Teisman/Birker – Handbuch Praktische Betriebswirtschaft. 4. Aufl., Berlin, 2002
Birker, K. (Hrsg.): Das neue Lexikon der BWL. 2. Aufl, Berlin, 2005
Birker, K./Pepels, W. (Hrsg.): Krisenbewusstes Management. Berlin, 2000
Bleicher, K.: Normatives Management. Frankfurt/New York, 1994
Busse, F.-J.: Grundlagen der betrieblichen Finanzwirtschaft. 5. Aufl., München/Wien, 2002
Coenenberg, A.G.: Jahresabschluss und Jahresabschlussanalyse. 17. Aufl., Landsberg a. L., 2000
Danne, H. T.: Personalwirtschaft. 2. Aufl., Berlin, 2000
Deyhle, A.: Arbeitshandbuch Gewinn-Management. 5. Aufl., Landsberg a. L., 1985
Gabler, Wirtschaftslexikon. 16. Aufl., Wiesbaden 2005
Groschla, E.: Unternehmensorganisation. Hamburg, 1972
Gutenberg, E.: Grundlagen der Betriebswirtschaftslehre.
– Band 1: Die Produktion. 24. Aufl., Berlin/Heidelberg/New York, 1983
– Band 2: Der Absatz. 17. Aufl., Berlin/Heidelberg/New York, 1984
– Band 3: Die Finanzen. 8. Aufl., Berlin/Heidelberg/New York, 1987
Hauschildt, J.: Innovationsmanagement. 3. Aufl., München, 2004
Heinen, E.: Einführung in die Betriebswirtschaftslehre. 9. Aufl., Wiesbaden, 1992
ders.: Grundlagen betriebswirtschaftlicher Entscheidungen. 3. Aufl., Wiesbaden, 1976
ders.: Grundfragen der entscheidungsorientierten Betriebswirtschaftslehre. München, 1976

Hopfenbeck, W.: Allgemeine Betriebswirtschafts- und Managementlehre. 14. Aufl., Landsberg a. L., 2002
Horvath, P.: Controlling. 10. Aufl., München, 2006
Jeserich, W.: Handbuch der Weiterbildung für die Praxis in Wirtschaft und Verwaltung. (Bd.I) Mitarbeiter auswählen und fördern. München/Wien, 1981
ders.: Personal-Förderkonzepte. München/Wien, 1996
Karst, K.: Strategisches Management. Berlin, 1998
Kirsch, W./Esser, W./Gabele, E.: Das Management des geplanten Wandels von Organisationen. Stuttgart, 1979
Kosiol, E.: Organisation der Unternehmung. Wiesbaden, 1962
Kremin-Buch, B.: Strategisches Kostenmanagement. 3. Aufl.,Wiesbaden, 2004
Külpmann,B.: Grundlagen Controlling. Berlin 2005
Mann, R.: Das ganzheitliche Unternehmen. 7. Aufl., Stuttgart, 2004
Mann, R.: Praxis strategisches Controlling mit Checkliste und Arbeitsformularen. 5. Aufl., Landsberg a. L., 1989
Meffert, H.: Marketing. Grundlagen marktorientierter Unternehmensführung. 9. Aufl., Wiesbaden, 2000
Mellerowicz, K.: Betriebswirtschaftslehre der Industrie. Freiburg, 1968
ders.: Unternehmenspolitik. Band I: Grundlagen. 3. Aufl., Freiburg, 1976
Mewes, W.: EKS aktuell. Frankfurt, 1984
Michel, R. M.: Know-how der Unternehmensplanung. 2. Aufl., Heidelberg/Zürich, 1991
Nicklisch, H.: Die Betriebswirtschaft. 7. Aufl., Stuttgart, 1932
Nieschlag, R./Dichtl, E./Hörschgen, H.: Marketing. 19. Aufl., Berlin, 2002
Olfert, K./Rahn, H.-J.: Einführung in die Betriebswirtschaftslehre. 8. Aufl., Ludwigshafen, 2005
Olfert, K./Rahn, H.-J.: Lexikon der Betriebswirtschaftslehre. 5. Aufl., Ludwigshafen, 2004
Pepels, W. (Hrsg.): ABWL. Eine praxisorientierte Einführung in die moderne Betriebswirtschaftslehre. Köln, 1999
ders.: Marketing. 4. Aufl., München/Wien, 2004
Peters, T.J./Waterman, R.H.: Auf der Suche nach Spitzenleistungen. 9. Aufl., Landsberg a. L., 2003
Raffee, H./Abel, B. (Hrsg.): Wissenschaftstheoretische Grundfragen der Wirtschaftswissenschaften. München, 1979
Schierenbeck, H.: Grundzüge der Betriebswirtschaftslehre. 16. Aufl. München/Wien, 2003

Schmalenbach, E.: Kostenrechnung und Preispolitik. Köln/Opladen, 1963
Schneider, D.: Geschichte betriebswirtschaftlicher Theorien – Allgemeine Betriebswirtschaftslehre für das Hauptstudium München/Wien, 1981
Schreyögg, G.: Umwelt, Technologie und Organisationsstruktur. Stuttgart, 1978
Simon, H. A.: Entscheidungsverhalten in Organisationen. Landsberg a. L., 1981
Steinmann, H./Schreyögg, G.: Management. 6. Aufl., Wiesbaden, 2005
Tietz, B.: Marketing. 4. Aufl., Düsseldorf, 1999
Tietz, B.: Der Handelsbetrieb. 2. Aufl., München, 1993
Treude, B. (Hrsg.): Organisationsentwicklung. Hamburg, 1981
Ulrich, H.: Management – Philosophie für die Zukunft. Bern/Stuttgart, 1981
Ulrich, H.: Unternehmenspolitik. Bern, 1981
Ulrich, H.: Die Unternehmung als produktives, soziales System. Bern/Stuttgart, 1970
Ulrich, P./Fluri, E.: Management. 7. Aufl., Bern/Stuttgart, 1995
Walleyo, S./Melzer, K.: IFRS. Berlin 2005
Walz, H./Gramlich, D.: Investitions- und Finanzplanung. i. Aufl., Heidelberg, 2004
Wöhe, G./Döring, U.: Einführung in die Allgemeine Betriebswirtschaftslehre. 22. Aufl., München, 2005
Ziegler, F. (Hrsg.): Betriebswirtschaftliches Grundwissen. Essen, 1982

Stichwortverzeichnis

Cornelsen

Klausurvorbereitung.

Der Band gibt einen Überblick über das Bürgerliche Recht und das Handelsrecht. Daneben macht er mit der Technik der Fallbearbeitung (Subsumtionstechnik) vertraut. Mit Klausurtipps und Prüfschemata.

Harald Danne / Tilo Keil
Wirtschaftsprivatrecht I

3., aktualisierte Auflage
256 Seiten, kartoniert
ISBN 3-589-23820-8
(ab 2007:
ISBN 978-3-589-23820-0)

Erhältlich im Buchhandel. Weitere Informationen zum Programm gibt es dort oder im Internet unter *www-cornelsen-berufskompetenz.de*

Cornelsen Verlag
14328 Berlin
www.cornelsen.de

Cornelsen

Kosten sparend.

Beruflich am Ball bleiben, sich rasch informieren oder gezielt Wissen aneignen – dabei hilft die Reihe *Pocket Business:* mit aktuellen Themen, von kompetenten Autoren geschrieben.

Bernd Külpmann
Grundlagen Controlling
128 Seiten, kartoniert
ISBN 3-589-21920-3
(ab 2007:
ISBN 978-3-589-21920-9)

Bernd Külpmann
Kennzahlen im Betrieb
128 Seiten, kartoniert
ISBN 3-589-21974-2
(ab 2007:
ISBN 978-3-589-21974-2)

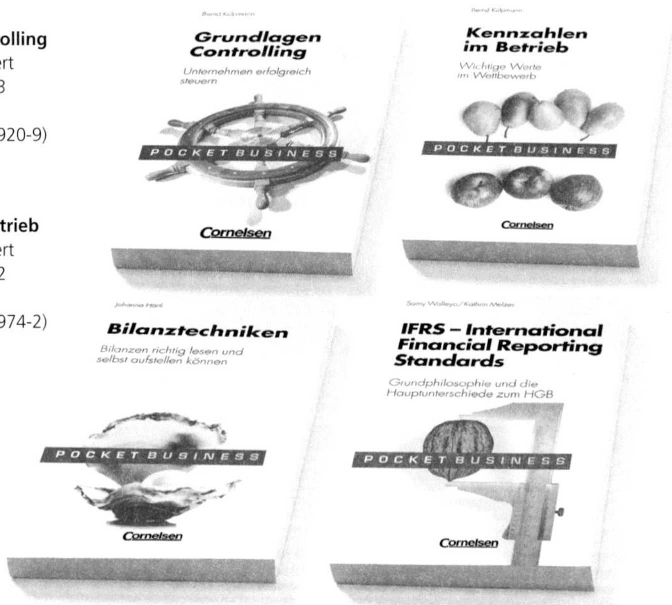

Johanna Härtl
Bilanztechniken
128 Seiten, kartoniert
ISBN 3-589-21900-9
(ab 2007:
ISBN 978-3-589-21900-1)

Samy Walleyo/Kathrin Melzer
IFRS – International Financial Reporting Standards
136 Seiten, kartoniert
ISBN 3-589-21973-4
(ab 2007:
ISBN 978-3-589-21973-5)

Erhältlich im Buchhandel. Weitere Informationen zur Reihe *Pocket Business* gibt es dort oder im Internet unter *www.cornelsen-berufskompetenz.de*

Cornelsen Verlag
14328 Berlin
www.cornelsen.de